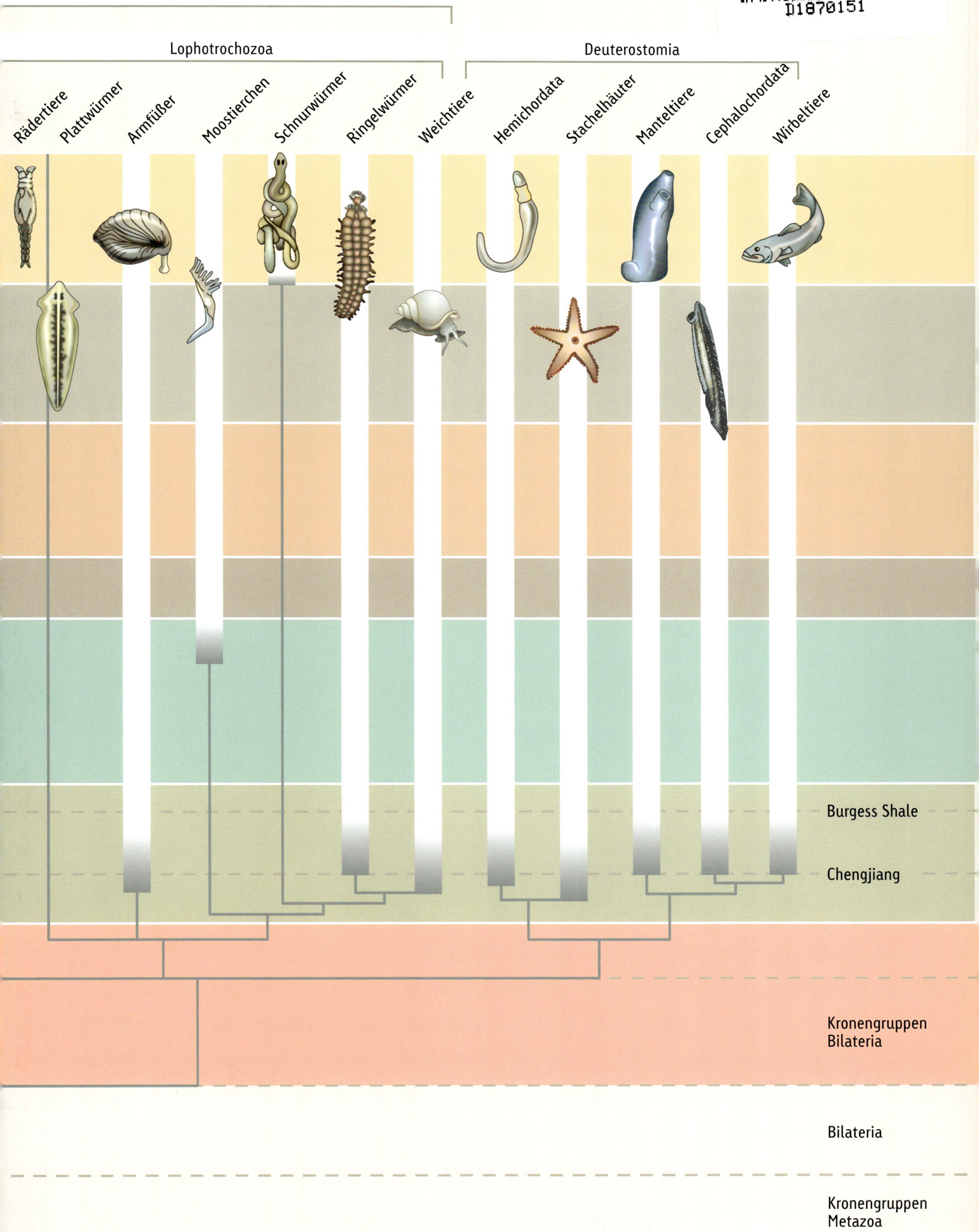
Lophotrochozoa
Deuterostomia
Rädertiere
Plattwürmer
Armfüßer
Moostierchen
Schnurwürmer
Ringelwürmer
Weichtiere
Hemichordata
Stachelhäuter
Manteltiere
Cephalochordata
Wirbeltiere
Burgess Shale
Chengjiang
Kronengruppen Bilateria
Bilateria
Kronengruppen Metazoa

Jes Rust

# Fossilien

Jes Rust

# Fossilien

## Meilensteine der Evolution

Die Deutsche Nationalbibliothek verzeichnet diese Publikation in der Deutschen Nationalbibliografie; detaillierte bibliografische Daten sind im Internet über http://dnb.d-nb.de abrufbar.


Die Herausgabe des Werkes wurde durch die Vereinsmitglieder der WBG ermöglicht.
Layout, Satz und Prepress: schreiberVIS, Seeheim
Gedruckt auf säurefreiem und alterungsbeständigem Papier
Printed in Germany

Besuchen Sie uns im Internet: **www.wbg-wissenverbindet.de**

ISBN 978-3-534-17987-9

Die Buchhandelsausgabe erscheint beim Primus Verlag
Umschlaggestaltung: Jutta Schneider, Frankfurt
Bild: Trilobit mit „Stielaugen", gehört zu den Gliederfüßern (Arthropoda), © Steinmann-Institut für Geologie, Mineralogie und Paläontologie, Bonn

**www.primusverlag.de**

ISBN 978-3-89678-717-0

Elektronisch sind folgende Ausgaben erhältlich:
eBook (PDF): 978-3-534-71919-8 (für Mitglieder der WBG)
eBook (epub): 978-3-534-71920-4 (für Mitglieder der WBG)
eBook (PDF): 978-3-86312-623-0 (Buchhandel)
eBook (epub): 978-3-86312-624-7 (Buchhandel)

# Inhalt

# Vorwort

3,5 Milliarden Jahre – dieses unvorstellbar langen Zeitraums bedurfte es, um die heutige, scheinbar unerschöpfliche Vielfalt der Organismen in einem einmaligen historischen Prozess hervorzubringen. Der enorme Reichtum von verschiedenartigen Lebensformen ist ohne Zweifel das eindrucksvollste Ergebnis der biologischen Evolution. Auch wenn wir mit etwa 1,7 Millionen beschriebenen Arten weit davon entfernt sind, die lebende biologische Vielfalt auch nur annähernd vollständig zu kennen, sollte nicht vergessen werden, dass gegenwärtig nur etwa 1 % aller Arten lebt, die jemals existiert haben. Das Schicksal der übrigen 99 % der Arten aufzudecken, ist die Aufgabe der Paläontologie, die sich als Wissenschaft mit den Lebewesen der Vorzeit beschäftigt. Der einmalige Prozess der Evolution der Organismen und damit der Entstehung und Dynamik der Biodiversität wird durch die Überreste vergangener Organismen als Fossilien dokumentiert, die wie in einem erdgeschichtlichen Archiv in Gesteinsablagerungen eingebettet sind.

Der Fossilbericht bringt oft erstaunliche Lebensformen ans Tageslicht, die heute nicht mehr existieren und in manchen Fällen unsere Vorstellungskraft sprengen, wie etwa die Dinosaurier oder die bizarren Gliederfüßer aus dem Kambrium. Fossilien liefern uns aber auch Hinweise auf dramatische Veränderungen der ehemaligen Umwelt, wie z. B. Klimawandel, starker Vulkanismus oder Veränderungen der ozeanischen Strömungsmuster, die im Extremfall zu großen Massenaussterben und tief greifenden, globalen Veränderungen ganzer Ökosysteme geführt haben. Angesichts der gegenwärtigen, vom Menschen verursachten Veränderungen des Klimas und der gesamten Biosphäre sind diese Informationen auch für unsere eigene Zukunft von großer Bedeutung. Schließlich liefert uns der Fossilbericht einen konkreten zeitlichen und räumlichen Rahmen für die Entwicklung der Biodiversität und er gibt Auskunft über langfristige Ablaufformen und Muster der Evolution, die aus der Untersuchung der lebenden Organismen allein nicht erschlossen werden können.

Die Aufdeckung dieser historischen Entwicklungen und der ihnen zugrunde liegenden Prozesse kann freilich nicht direkt an den Fossilien beobachtet werden. Erst durch ihre sorgfältige Interpretation, z. B. im Rahmen von evolutionsbiologischen, stammesgeschichtlichen, ökologischen, genetischen oder geologischen Hypothesen können Fossilien die Rekonstruktion der Entwicklung der organismischen Vielfalt ermöglichen und wesentliche Beiträge zur Evolutionsforschung liefern. Dieser Anspruch an eine theoriegeleitete, biologisch orientierte Analyse der Fossilien wird oft unterschätzt, was nicht zuletzt gerade im deutschen Sprachraum mit der traditionell engen Anbindung der Paläontologie an die Geowissenschaften und die vorwiegend stratigraphische Nutzung paläontologischer Daten zu tun hat. Letztere spiegelt sich auch in klassischen paläontologischen Lehrbüchern wider.

Die moderne paläontologische Evolutionsforschung, die ihren Anfang vor etwa 40 Jahren in der sogenannten „Paläobiologischen Revolution" in Amerika nahm, hat sich zu einer hochgradig interdisziplinären Wissenschaft entwickelt. Sie ist sehr stark von Theorien abhängig und setzt Kenntnisse aus vielen Bereichen der Biologie, wie etwa Zoologie, Botanik, Ökologie, Genetik, Physiologie, Entwicklungsbiologie und natürlich Morphologie, Evolutionsbiologie und Phylogenetik, voraus. Aber auch andere Fächer wie Chemie, Astrophysik oder Klimatologie liefern wesentlich Impulse und selbstverständlich sind die Geowissenschaften nach wie vor eine wichtige Säule paläontologischer Evolutionsforschung.

Dieses breite Spektrum von Wissensgebieten macht es jedem, der an Fossilien und der Evolution interessiert ist, ob von Berufs wegen oder aus persönlichem Interesse, nicht ganz einfach den Überblick zu behalten und die vielfältigen Entwicklungen auf allen Gebieten zu verfolgen. Erschwerend kommt hinzu, dass die Literatur zur paläontologischen Evolutionsforschung sehr breit in Büchern und Zeitschriftenaufsätzen verstreut und zum allergrößten Teil auf Englisch verfasst ist. In dem vorliegenden Buch habe ich deshalb versucht, die paläontologische Evolutionsforschung einem breiteren Leserkreis zugänglich zu machen. Dem Naturliebhaber und Fossiliensammler soll es eine etwas tiefer gehende Sicht auf die Bedeutung von Fossilien für die Rekonstruktion der Geschichte des Lebens ermöglichen. Das Buch wendet sich aber auch an Lehrer, Schüler und Studenten der Geo- und Biowissenschaften, die sich im Rahmen ihrer Ausbildung mit Paläontologie und Evolutionsforschung befassen und tiefer in die Materie eindringen möchten. Um diesen Zugang zu ermöglichen, enthält jedes Kapitel relativ umfangreiche Literaturzitate, wobei auf die Aktualität und Zugänglichkeit der Publikationen, soweit es möglich war, besonders geachtet wurde.

Natürlich ist es unmöglich, das gesamte Forschungsfeld in seiner ganzen Breite zu behandeln und dabei gleichzeitig noch sämtliche Grundkenntnisse zu vermitteln. Ein gewisses Maß an Vorkenntnissen, die sich aber in übersichtlichen Grenzen halten, wird deshalb vorausgesetzt. Nicht alle Themen sind zudem im gleichen Maße einer populären Darstellung zugänglich. So erfordert z. B. die Behandlung der Stammesgeschichtsforschung eine präzise Terminologie, die zu Beginn etwas kompliziert erscheint, aber in der modernen Phylogenetik gleichsam zum Alltag gehört. Wegen der Menge des Stoffes musste ich schließlich eine Auswahl an Themen treffen, die natürlich keinen Anspruch auf Vollständigkeit erheben kann. Um diese Defizite möglichst gering zu halten, wird deshalb im letzten Kapitel ein Ausblick auf eine Reihe moderner Forschungsgebiete gegeben, die sich zukünftig als besonders fruchtbar erweisen könnten.

Fossilien sind aber nicht nur Objekte des Studiums und der Erkenntnis, sondern sie besitzen oft auch einen hohen ästhetischen Wert und faszinieren z. B. durch ihre ungewöhnliche Form oder ihre oft überraschend gute Erhaltung. Diesem Aspekt wurde durch die Einbindung von Originalaufnahmen Rechnung getragen, die immer wieder auch die Schönheit von Fossilien als einmalige Naturobjekte zum Ausdruck bringen sollen. Soweit es in den Bildunterschriften nicht anders angegeben ist, stammen alle abgebildeten Fossilien aus der Sammlung des Goldfuß-Museums des Steinmann-Institutes der Universität Bonn.

Wenn es mir schließlich gelingen sollte, den Lesern etwas von der Faszination moderner paläontologischer Forschung zu vermitteln, sie zu begeistern und zur weiteren Beschäftigung mit Fossilien anzuregen, wäre sicherlich das wichtigste Ziel des Buches erreicht.

## Danksagung

Mein ganz besonderer Dank gilt dem langjährigen Mitarbeiter des Steinmann-Institutes Herrn G. Oleschinski, der die fossilen Objekte mit großer Professionalität und sicherem ästhetischen Gespür auf höchstem Niveau fotografisch in Szene gesetzt hat.

Viele Anregungen und Hinweise zu verschiedenen Themen in diesem Buch verdanke ich der langjährigen Diskussion mit Kolleginnen und Kollegen, die meine eigenen Überlegungen auf vielfältige Weise bereichert haben. Besonders danken möchte ich dabei: Dr. C. Bartels, Bochum; Prof. Dr. C. Brauckmann, Clausthal-Zellerfeld; Prof. Dr. D. E. G. Briggs, Yale; Prof. Dr. E. N. K. Clarkson, Edinburgh; Prof. Dr. M. S. Engel, Lawrence; Prof. Dr. P. D. Gingerich, Ann Arbor; Dr. M. Glaubrecht, Berlin; Dr. D. Grimaldi, New York; Prof. Dr. W. v. Koenigswald, Bonn; Prof. Dr. M. Langer, Bonn; Prof. Dr. T. Litt, Bonn; Dr. H. Lutz, Mainz; Prof. Dr. T. Martin, Bonn; Prof. Dr. M. Sander, Bonn; Prof. Dr. K. P. Sauer, Bonn; Prof. Dr. J. Schneider, Freiberg; Prof. Dr. D. Waloszek, Ulm; Dr. T. Wappler, Bonn; Dr. S. Wedmann, Frankfurt a. M.; Prof. Dr. W. Wichard, Köln; Prof. Dr. R. Willmann, Göttingen sowie Dr. M. Wuttke, Mainz.

Für die Bereitstellung von zusätzlichem Bild- und Fossilmaterial bin ich folgenden Kolleginnen und Kollegen zu großem Dank verpflichtet: Dr. C. Bartels, Bochum; Dr. G. Bechly, Stuttgart; A. Bergmann, Bonn; Dr. E. Gröning, Clausthal-Zellerfeld; Dr. J. Haug, Ulm; Dr. S. Kaiser, Bonn; N. Knötschke, Münchehagen; Prof. Dr. W. v. Koenigswald, Bonn; G. Kühl, Bonn; H. Lutz, Mainz; P. Maihöfer, Gmünd; Prof. Dr. T. Martin, Bonn; PD Dr. M. W. Rasser, Stuttgart; Prof. Dr. M. Sander, Bonn; Dr. B. Schoenemann, Bonn; R. Schulte, Bonn; Dr. A. H. Staniczek, Stuttgart; Dr. G. Tröster, Göttingen; Dr. T. Wappler, Bonn; Dr. S. Wedmann, Frankfurt a. M. sowie Prof. Dr. R. Willmann, Göttingen.

Folgenden meiner Bonner Kollegen und meiner Mitarbeiter danke ich für die kritische Durchsicht einzelner Kapitel: A. Bergmann; Prof. Dr. W. v. Koenigswald; G. Kühl; Prof. Dr. M. Langer; Prof. Dr. T. Martin sowie Prof. Dr. M. Sander.

Der Wissenschaftlichen Buchgesellschaft, Darmstadt, danke ich dafür, dass dieses Buch erscheinen konnte. Herr Dr. R. Aschemeier als Programm-Manager, Frau C. Martin als Lektorin und das Grafikbüro schreiberVIS, Seeheim, in Zusammenarbeit mit Thurid Wadewitz sind mit viel Geduld und Verständnis auf meine Wünsche und Vorschläge eingegangen.

Nicht zuletzt möchte ich an dieser Stelle meiner Frau Dagmar und meinen Söhnen Kilian und Jonas meinen Dank dafür aussprechen, dass sie mir geduldig die zusätzliche Zeit für die Arbeit an dem Buch gewährt haben.

Bonn, September 2010 Jes Rust

# Fossilien in der Evolutions- und Stammesgeschichtsforschung

# 1

Angesichts der überwältigenden Fülle und Vielfalt von Fossilien aus allen Zeitaltern der Erdgeschichte, die in öffentlichen Museen und Sammlungen ausgestellt sind, drängt sich vielen Besuchern der Eindruck auf, dass allein hier der Schlüssel für ein umfassendes Verständnis der Entwicklung der organismischen Vielfalt liegt. Viele Menschen denken, dass es mit einer genügend großen Anzahl von Fossilfunden möglich sein sollte, eine mehr oder weniger lückenlose Vorstellung vom Ablauf der Evolution zu bekommen. Ganz unmittelbar, so eine weit verbreitete Ansicht, sollten uns die Vorfahren der heutigen Lebewesen im sogenannten Fossilbericht entgegentreten. Gleichzeitig sollte sich in schöner Reihenfolge zeigen, wie sich aus einfachsten Lebensformen immer komplexere und „höher entwickelte" Organismen gebildet haben. Ist dies aber wirklich so oder liegt dieser Anschauung vielleicht eine allzu menschliche und zu oberflächliche Vorstellung von Evolution zugrunde?

Ein einfacher, bildhafter Vergleich mag hier hilfreich sein. Man stelle sich ein Fußballfeld vor, auf dem ein repräsentatives Spektrum von heute verfügbaren Fossilien, nur nach ihrem

**1.1** Fossilien aus dem Ordovizium (unten; Trilobiten, Schwamm, gestreckter Nautilide, Brachiopode), aus dem Devon (Mitte; Korallen, Goniatit, Brachiopoden, Trilobit) und aus der Trias (oben; Seelilienkrone, Schwamm, Ceratit, Brachiopoden, Muscheln). Der Fossilbericht zeigt Veränderungen der Organismen im Laufe der Erdgeschichte. Dass dieser Wandel auf einem Evolutionsprozess beruht, kann aus der Abfolge der fossilen Organismen allein aber nicht abgelesen werden.

zeitlichen Auftreten geordnet, ausgelegt worden ist. Nach der vorher geschilderten Idee sollte es bei einem Spaziergang über das Spielfeld nun möglich sein, die Evolution des Lebens von seinen frühesten Anfängen bis zu seinem heutigen Formenreichtum unmittelbar an den versteinerten Überresten ablesen zu können. Was gäbe es nun aber tatsächlich zu beobachten? Auf den ersten Blick würde vor allem die enorme Vielfalt von unterschiedlichen Lebewesen während nahezu jeder Zeit in der Erdgeschichte auffallen. Manche, bereits sehr früh auftretende Formen wären kaum von heutigen Organismen zu unterscheiden, während andere völlig fremd erscheinen würden. Überraschend wäre sicher auch die Wahrnehmung, dass sich die allermeisten Fossilien über bestimmte Zeiträume hinweg durch eine weitgehende Konstanz ihrer Gestalt auszeichnen. Auffällige Entwicklungen wären vor allem mit Phasen des Aussterbens einzelner Gruppen, aber auch ganzer Lebensgemeinschaften verbunden. Diese Phasen würden tiefe Einschnitte in die Abfolge reißen und sich mit Zeiten des Ursprungs neuer, vielgestaltiger Formenkreise abwechseln. Manche dieser Entwicklungen erschienen sehr langsam, während sich Veränderungen in anderen Fällen scheinbar äußerst rasch vollzogen haben. Wahrnehmbar wären also zahlreiche Veränderungen der organismischen Vielfalt während der gesamten Entwicklung der Erde. Dass diesen Veränderungen jedoch ein Evolutionsprozess zugrunde liegt, ließe sich aus dem überlieferten Muster nicht unmittelbar ableiten (▸ 1.1).

Die hier geschilderte Situation gibt in stark vereinfachter Form eine grobe Analyse des Fossilberichts wieder, so wie er auch von den frühen Naturforschern wahrgenommen wurde, die sich im ausgehenden 18. und zu Beginn des 19. Jahrhunderts der wissenschaftlichen Erforschung der Fossilüberlieferung widmeten. In der zeitlichen Abfolge von scheinbar unveränderlichen fossilen Formen, die in gewissen Abständen immer wieder ausgelöscht und durch neue Formen ersetzt worden waren, erkannten sie in erster Linie ein wichtiges Hilfsmittel für die zeitliche Gliederung der Erdgeschichte (▸ 1.2). Diese Bindung von Fossilien an bestimmte Zeithorizonte und spezifische Gesteinsschichten ist bis heute Grundlage der sogenannten Biostratigraphie – der Altersbestimmung von Gesteinsschichten mithilfe ihrer organischen Einschlüsse. Die Nutzung von fossilen Arten oder ganzen Artgemeinschaften als chronologisch kennzeichnende Leitfossilien hat sich in den Geowissenschaften hervorragend bewährt. Die Exploration von Rohstoffen, wie Erdgas, Erdöl und Kohle, wäre ohne die Biostratigraphie nicht vorstellbar.

Ungeachtet dieses praktischen Nutzens der Fossilien wurden die im Gestein überlieferten Arten von der überwiegenden Mehrheit der Forscher des 18. und 19. Jahrhunderts als unveränderlich angesehen. Man nahm an, dass dem Auftauchen neuer Formen jeweils Neuschöpfungen zugrunde liegen mussten. Zu einer Vorstellung von Evolution hat die Beschäftigung mit Fossilien und ihrer Abfolge in der Erdgeschichte nicht geführt. Dies hatte vor allem drei wichtige Ursachen:

- die Lückenhaftigkeit des Fossilberichts
- das Fehlen einer realistischen Vorstellung vom Alter der Erde
- der Mangel einer belastbaren Theorie der Evolution

Der letzte Punkt ist mit Abstand der wichtigste. Wissenschaftliche Fragestellungen müssen von Theorien und Hypothesen geleitet sein, die einer Prüfung unterzogen werden können. Dies gilt selbstverständlich auch für die Interpretation der Fossilüberlieferung. Ohne evolutionäres Denken und eine zugrunde liegende Theorie der Evolution bleiben die Fossilien lediglich interessante und für die Altersbestimmung nützliche Überreste von Organismen vergangener Zeiten. Eine „Geschichte des Lebens" erzählen sie ohne die Einsicht, dass der beobachtbare Wandel auf Evolution beruht, indes nicht.

Die große Mehrheit der Naturforscher vor Charles Darwin (1809–1882) waren Anhänger der biblischen Schöpfungsgeschichte. Ihrer Anschauung schien der damals bekannte, lückenhafte Fossilbericht recht zu geben. Auch das Alter der Erde stand nach damaliger Ansicht mit der Schöpfungsgeschichte in Einklang, denn es war anhand der Bibel berechnet worden. Der irische Erzbischof James Usher hatte das Datum der Schöpfung und damit den Beginn der orthodoxen anglikanischen Chronologie auf 4004 v. Chr. gelegt (Toulmin & Goodfield 1970). Für eine Evolution der Organismen ließ der Zeitraum von etwa 6000 Jahren offensichtlich keinen Spielraum. Frühere Theorien zur Evolution, etwa von Buffon (1749) oder Lamarck (1809), hatten sich nicht durchsetzen können oder sind aktiv bekämpft worden (z. B. Mayr 1984). Erst Charles Darwin hat mit seinem Theoriengebäude den Weg für evolutionäres Denken und damit auch für eine angemessene wissenschaftliche Interpretation der Fossilüberlieferung geebnet.

Der Evolutionsbiologe Ernst Mayr hat überzeugend dargestellt, dass Darwin nicht nur eine, monolithische Evolutionstheorie geschaffen hat, sondern eine komplexe theoretische Einheit, die aus den folgenden fünf Einzeltheorien besteht (Mayr 1994):

- die Tatsache der Evolution an sich, die eine Veränderlichkeit der Organismen in der Zeit impliziert
- die gemeinsame Abstammung, nach der jede Gruppe von Organismen von einem gemeinsamen Vor-

fahren abstammt und das Leben selbst nur einen einzigen Ursprung hat

- die Vervielfachung von Arten, welche die Entstehung der organismischen Vielfalt erklärt
- der Gradualismus, nach dem evolutionärer Wandel durch allmähliche (graduelle) Veränderungen von Populationen stattfindet
- die natürliche Auslese, nach der durch zufällige Mutationen und genetische Rekombinationen in jeder Generation eine reiche Variabilität entsteht, die derart durch Selektion eingeschränkt wird, dass nur gut angepasste Individuen überleben und die nachfolgende Generation hervorbringen

Darwins Theorien haben sich nach der Veröffentlichung seines Buches *„On the origin of species"* 1859 in unterschiedlichem Maße durchgesetzt. Auch in der Paläontologie sind sie nicht sofort in ihrer Gesamtheit akzeptiert worden. Die Tatsache, dass die Vielfalt der Organismen durch Evolution entstanden ist, wurde relativ schnell angenommen, aber die zugrunde liegenden Ursachen und Mechanismen sind lange kontrovers diskutiert worden. Im deutschsprachigen Raum können nur wenige Paläontologen des 19. Jahrhunderts als Darwinisten im weiteren Sinne bezeichnet werden. Zu ihnen gehören Melchior Neumayr, Franz Hilgendorf, Leopold Würtenberger und Wladimir Kowalewsky (Reif 1986). Alle sind durch Arbeiten bekannt geworden, die aus heutiger Sicht wegweisend waren, da wesentliche Aspekte aus Darwins Werk anerkannt und erstmals auf fossile Organismen übertragen wurden. Noch bis in die Mitte des 20. Jahrhunderts herrschten aber Strömungen in der Paläontologie vor, die Darwins Theorien widersprachen (Rust 2007).

Erhebliche Schwierigkeiten machte vor allem die Einsicht in das Wirken der natürlichen Auslese, denn die Ursachen und Mechanismen der Evolution können aus dem Fossilbericht nicht unmittelbar erschlossen werden. Sie sind nur anhand von Untersuchungen und Experimenten an lebenden Organismen sowie an Modellen zu ermitteln. Die im Fossilbericht ersichtlichen Muster sind dagegen ein Produkt des Wirkens der natürlichen Auslese über unvorstellbar lange Zeiträume hinweg und die wirksamen Evolutionsmechanismen können nur nachträglich und soweit die Qualität der Fossilüberlieferung dies zulässt rekonstruiert werden. Der Blick der Paläontologen war noch lange Zeit nach

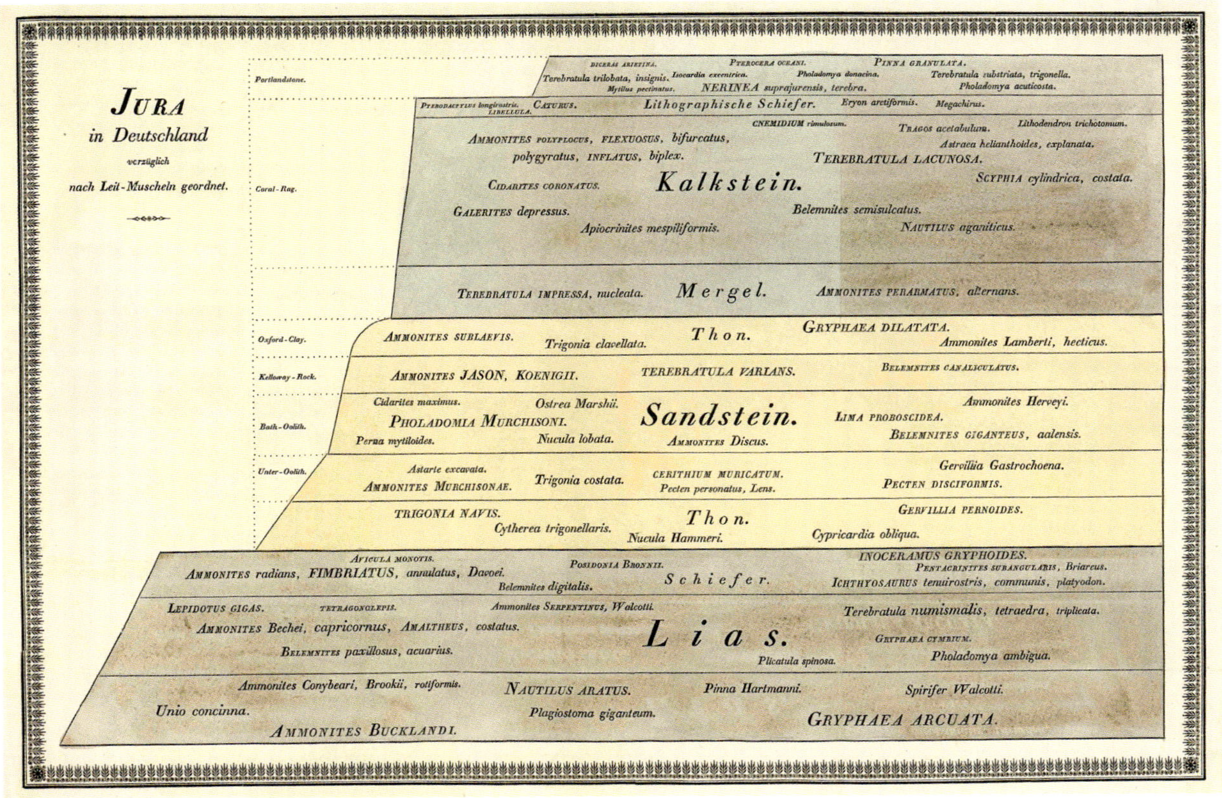


1.2 Gliederung des Jura in Deutschland mithilfe von Leitfossilien aus dem Buch „Über den Jura in Deutschland" von Leopold von Buch (1839).

1.3 Kiefer von *Haldanodon expectatus* aus den jurassischen Kohlen von Guimarota in Portugal. *Haldanodon* gehört zu den sogenannten Docodonta, einer ausgestorbenen Gruppe früher Säugetiere. Die Tiere lebten vermutlich semiaquatisch und in Bauten in der Erde, ähnlich wie heutige Maulwürfe.

dem Erscheinen von *„On the origin of species“* allein auf die Erschließung und Erklärung der großen Muster der Evolution gerichtet, die in der Stammesgeschichte der Lebewesen sichtbar werden. Hier war es vor allem das Erscheinen gänzlich neuer Formen von Lebewesen, die im Mittelpunkt des Interesses standen (▸ 1.3, 4). Von einer Betrachtung der Veränderung von vererbbaren Merkmalen in aufeinanderfolgenden Populationen, eine Grundvoraussetzung für das Verständnis von Darwins Theorie der natürlichen Auslese, war man nicht zuletzt aufgrund der weitgehenden Lückenhaftigkeit des Fossilberichts noch weit entfernt.

Den einmaligen historischen Ablauf der Evolution zu erklären, war das Ziel jener Paläontologen, die sich nicht allein mit der stratigraphischen Erfassung der Fossilien in den Gesteinsschichten zufriedengaben. Wie bereits erläutert wurde, gingen ihre Bemühungen anfangs noch von falschen und zum Teil auch naiven Vorstellung über die Bedeutung und Nutzung von Fossilien in der Stammesgeschichts- und Evolutionsforschung aus. Fossilien galten noch lange Zeit nach Darwin als die wichtigste oder sogar die ausschließliche Informationsquelle für die Rekonstruktion der Stammesgeschichte oder Phylogenese und damit auch für den historischen Ablauf der Evolution. Wie in dem eingangs geschilderten Beispiel der Fossilien auf dem Sportplatz war die Ansicht verbreitet, dass die Vorfahren der heutigen Organismen im Fossilbericht tatsächlich real abgebildet und der stammesgeschichtliche Ursprung und die Entwicklung der lebenden Formen in ihrem zeitlichen Ablauf wirklich widergespiegelt werden (Forey 2004). Dies beruhte größtenteils auf traditionellen Vorstellungen von Abstammung als direkter Vorfahren-Nachfahren-Beziehung auch zwischen hochrangigen Gruppen. Die Säugetiere wären danach z. B. aus Abstammungslinien der Therapsiden hervorgegangen, die ihrerseits Nachfahren der Pelycosaurier waren. In einem deutschsprachigen Lehrbuch zur Paläontologie findet sich, anknüpfend an solche Vorstellungen, z. B. der folgende Hinweis (Ziegler 1992: 77): *„Die Verwandtschaft vieler Gruppen zueinander lässt sich aus der fossilen Überlieferung direkt ablesen. Dieser reale historische Befund sichert der Paläontologie die entscheidende Stimme in stammesgeschichtlichen Fragen.“*

Für die Evolutionsforschung und Phylogenetik ist es indes völlig belanglos, ob die Paläontologie „entscheidender“ ist als etwa die Zoologie, Botanik oder Genetik. Ausschlaggebend sollte allein die Zielsetzung sein. Dabei ist es notwendig, vorbehaltlos zu prüfen, welche Möglichkeiten die wissenschaftlichen Teilgebiete für die Beantwortung grundlegender Fragen bereitstellen und wo ihre inhaltlichen und methodischen Grenzen liegen. Tatsache ist, dass sich die Bedeutung des Fossilberichts und seiner Interpretation durch die Paläontologie für die Stammesgeschichts- und Evolutionsforschung in den letzten Jahrzehnten tief greifend und nachhaltig verändert hat.

## Klassifikationen und phylogenetisches System

Für die Rekonstruktion des Ablaufs der Evolution als einmaligen historischen Prozess sowie für die Phylogenese, also der historischen Entstehung der Artenvielfalt durch die fortlaufende Aufspaltung von Arten, ist die präzise Ermittlung der Verwandtschaftsverhältnisse der Organismen, seien sie rezent oder fossil, von entscheidender Bedeutung. Dies ist die Aufgabe der Phylogenetik oder Stammesgeschichtsforschung, die versucht, die einmalige, historische Abfolge von Artaufspaltungen zu rekonstruieren. Diese Ereignisabfolge wird in einem phylogenetischen System als Stammbaum dargestellt. Dabei ist zu bedenken, dass es sich bei einem Stammbaum stets um ein hypothetisches, von Theorien abhängiges Konstrukt handelt, das nur in Gedanken existiert und keine reale Entsprechung hat. Die Evolutionsbiologie baut schließlich auf den Ergebnissen der Phylogenetik auf. Sie versucht, die Entstehung der Arten im Rahmen der ehemals herrschenden Umweltbedingungen sowie die Ursachen und Mechanismen des evolutiven Wandels zu finden. Die Phylogenetik ist also als Teilgebiet der Evolutionsbiologie anzusehen (SUDHAUS & REHFELD 1992) und von dieser nicht unabhängig (z. B. SAUER & KULLMANN 2005).

Die Rekonstruktion des phylogenetischen Systems der Organismen, das auf der Rekonstruktion eines historischen Prozesses beruht, unterscheidet sich ganz grundsätzlich von verschiedenen, mehr oder weniger weit verbreiteten Klassifikationen der Organismen, die überwiegend bestimmten Zweckmäßigkeiten folgen. In der Regel handelt es sich dabei um künstliche Ordnungsgefüge. Sie können z. B. bei der Sortierung und Lagerung einer großen Menge von Pflanzen oder Tieren in einem Herbarium oder Museum sehr hilfreich sein, wenn es etwa darauf ankommt, später einzelne Objekte schnell und zuverlässig wiederzufinden. Solche Klassifikationen sind also Versuche, eine übersichtliche Ordnung in die Vielfalt der Lebensformen zu bringen. Man findet sie bereits bei Naturvölkern, für die Kenntnisse über die sie umgebende Tier- und Pflanzenwelt eine essenzielle Grundlage für ihr Überleben darstellen. Der Ethnologe und Anthropologe Claude Lévi-Strauss hat in seinem Buch „Das wilde Denken" eine Reihe von Beispielen angeführt, die dieses Streben nach einer Klassifikation der organismischen Vielfalt eindrucksvoll zeigen (LÉVI-STRAUSS 1968). So unterscheiden etwa die Hanunóo der Südphilippinen 1625 Pflanzentypen, die von ihnen in 890 Kategorien gruppiert werden. 500 bis 600 der Typen sind essbar und 406 werden als Medizin verwendet. Aus botanischer Sicht handelt es sich um etwa 1100 Arten aus 650 Gattungen. Die Guaraní-Indianer im mittleren Südamerika benannten Tiere mit binomischen oder trinomischen Ausdrücken, die unserer wissenschaftlichen Nomenklatur in gewisser Weise ähneln. Die Bezeichnungen wurden dabei vom Stammesrat unter Berücksichtigung der besonderen Merkmale einer Art und ihrer Zugehörigkeit zu Gruppen und Untergruppen festgelegt (LÉVI-STRAUSS 1968).

In Klassifikationen, die einen wissenschaftlichen Anspruch haben, wird diese Entscheidung des Stammesrates quasi durch die Autorität erfahrener Wissenschaftler vertreten. Diese entscheiden oft darüber, ob eine Art einer bestimmten Gattung, Familie usw. zugewiesen werden sollte. Objektiv sind diese Zuordnungen freilich nicht, und gar nicht selten vertreten verschiedene Spezialisten ganz unterschiedliche Klassifikationen. So werden z. B. innerhalb der mit etwa 60 000 Arten sehr formenreichen Familie der Schlupfwespen (Ichneumonidae) je nach Autor 25 (TOWNES 1969), 31 (GAULD & BOLTON 1988) oder 35 Unterfamilien (WAHL & SHARKEY 1993) unterschieden. Bei systematischen Arbeiten ist es daher wichtig anzugeben, nach welcher Klassifikation man sich jeweils richtet.

Jede Klassifikation stößt früher oder später an Grenzen, völlig unabhängig von der Erfahrung und dem Wissen ihrer Bearbeiter und der Sorgfalt, mit der sie erstellt wurde. Dies hängt vor allem damit zusammen, dass die beiden wichtigsten Aspekte der Evolution – Nachkommenschaft und Modifikation – häufig nicht gleichförmig miteinander korreliert sind (KEMP 1999). Evolutiver Wandel kann innerhalb nah verwandter Organismengruppen mit ganz unterschiedlicher Geschwindigkeit und in sehr verschiedenem Ausmaß erfolgen. Dadurch können solche nah verwandten Organismen sehr unterschiedlich aussehen, während entfernt verwandte Gruppen sehr ähnlich erscheinen können, wenn sie nur einen geringen evolutiven Wandel erfahren haben. In der Evolutionären Systematik hat man versucht, diesen unterschiedlichen Raten von Veränderungen Rechnung zu tragen, d. h., es wurde nicht nur die Entstehung von Arten und Artengruppen durch Aufspaltung von bestehenden Arten (Cladogenese) berücksichtigt, sondern auch die Veränderung von Arten durch Umbildung, Reduktion oder Neuerwerb von Merkmalen (Anagenese). Dies führte jedoch zu subjektiven Bewertungen der relativen Ähnlichkeit von Organismen. Dadurch können Gruppierungen entstehen, die einen phylogenetischen Zusammenhang nur unvollständig bzw. falsch wiedergeben. So ist z. B. die Gruppe der Reptilien oder Kriechtiere keine geschlossene Abstammungsgemeinschaft, die auf einen gemeinsamen Vorfahren zurückgeht, es sei denn man würde die Vögel, die mit den Krokodilen nächstverwandt sind, in die Kriechtiere mit einbeziehen (z. B. MODESTO & ANDERSON 2004, ▸ 1.6). Eine solche Abstammungsgemeinschaft bilden dagegen die Sauropsida, in denen die Reptilien mit den Vögeln zusammengefasst werden (z. B. MICKOLEIT 2004).

Im Gegensatz zu verschiedenen Klassifikationen sowie der Evolutionären Systematik wird in der Phylogenetischen Systematik allein die Cladogenese, also die Aufspaltung von Arten, und damit der phylogenetische Aspekt der Evolution der Systematisierung zugrunde gelegt. Die Rekonstruktion des phylogenetischen Systems der Organismen bildet den Ausgangspunkt für die Erforschung der Stammesgeschichte und damit der historischen Dimension der Evolution.

## Einige Grundbegriffe der Phylogenetischen Systematik

Aus dem Prozess der Phylogenese gehen durch die Aufspaltung von Arten nicht nur neue Arten hervor, sondern im Laufe der Zeit können umfangreiche Gruppen von Arten entstehen, die dann als geschlossene Abstammungsgemeinschaften auf genau eine einzige Stammart zurückgehen, die nur sie allein gemeinsam haben. Derartige Abstammungsgemeinschaften werden Monophyla genannt (▸ 1.4) – ein Begriff, der in ungefähr diesem Sinne bereits 1866 von dem berühmten Zoologen Ernst Haeckel geprägt wurde (Ax 1984). Im einfachsten Fall handelt es sich also um zwei Arten, die als Schwesterarten bezeichnet werden, die auf die Aufspaltung einer nur ihnen gemeinsamen Stammart zurückgehen. Zu dem Monophylum gehört neben den zwei Arten stets auch die Stammart. Manche Monophyla können sehr umfangreich sein. So bilden etwa die Käfer mit mindestens 350 000 bislang bekannten Arten ein extrem formenreiches Monopyhlum, d. h., sie stellen in ihrer Gesamtheit eine geschlossene Abstammungsgemeinschaft dar, die letztlich auf die Aufspaltung einer einzigen Stammart zurückgeht. Durch sukzessive Aufspaltungsereignisse von Arten können mit der Zeit nun immer weitere Monophyla gebildet werden, sodass am Ende ein hierarchisch verschachteltes System von Monophyla und ihren jeweiligen Schwesterarten entsteht. Im Bezug zur Schwesterart werden Monophyla, die aus mehr als einer Art bestehen, Schwestergruppen genannt. Sowohl die Arten als auch die aus mehreren Arten zusammengesetzten monophyletischen Einheiten werden neutral als Taxa bezeichnet.

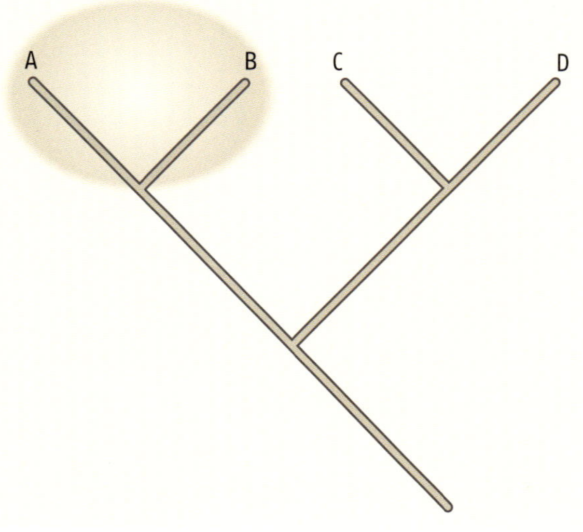


1.4 Eine Gruppe von Arten, die auf einen nur ihnen gemeinsamen Vorfahren bzw. eine Stammart zurückgehen, wird als Monophylum oder monophyletisches Taxon bezeichnet. In der Abbildung bilden A+B, C+D sowie A+B+C+D solche monophyletischen Taxa.

Die Taxa des phylogenetischen Systems sind über einen historisch einmaligen Abstammungszusammenhang miteinander verbunden. Es sind damit Abbilder realer Einheiten der Natur und keine willkürlich abgegrenzten Einheiten einer Klassifikation (Ax 1988). Die Zuweisung von solchen Taxa zu irgendwelchen kategorialen Rängen (z. B. Gattung, Familie, Ordnung usw.), wie sie in der traditionellen Klassifikation der Organismen durch Carl von Linné 1735 in seiner *„Systema Naturae"* eingeführt wurden und bis heute in der zoologischen Nomenklatur verwendet werden, ist völlig willkürlich. In der Natur existieren keine „Gattungen" oder „Familien", es sind rein gedankliche Konstrukte. Diskussionen darüber, ob einem bestimmten Taxon dieser oder jener kategoriale Rang zugeordnet werden sollte, sind deshalb wissenschaftlich bedeutungslos. Wichtig ist es ferner herauszustellen, dass solche gedanklichen Gebilde natürlich nicht den Prozessen der Evolution unterliegen können. Gerne zitierte „evolutive Übergänge" von einer „Klasse" zu einer anderen (z. B. von Fischen zu Amphibien oder von Reptilien zu Säugetieren), die dann auch noch durch den Fossilbericht belegt werden sollen, sind, um es mit dem Göttinger Zoologen Peter Ax zu sagen (1988: 58), *„mit Verlaub schlicht Nonsens"*.

Wie können nun die verwandtschaftlichen Beziehungen von Arten und geschlossenen Abstammungsgemeinschaften ermittelt und in einem phylogenetischen System zum Ausdruck gebracht werden? Der Evolutionsprozess hat dazu geführt, dass jede Art und jedes Monophylum ein spezifisches Muster von relativ ursprünglichen, zum Teil sehr alten sowie von relativ abgeleiteten, jüngeren Merkmalen aufweist. Die Analyse dieser Merkmalsmuster ist es, die es uns erlaubt, geschlossene Abstammungsgemeinschaften zu erkennen und phylogenetische Beziehungen zu rekonstruieren. Dazu muss jedoch mindestens ein Merkmal vorhanden sein, dass als einmalige evolutive Neuheit im sogenannten Grundmuster des Monophylums realisiert und in seiner Stammlinie entstanden ist.

In der Praxis wird zuerst nach Übereinstimmungen in den Merkmalsmustern von verschiedenen Arten gesucht, die an möglichst vielen Individuen aus unterschiedlichen Populationen untersucht werden sollten. Dabei wird man schnell feststellen, dass die Auswahl und die Bewertung von Merkmalen keine einfache Angelegenheit ist. Wenn eine Übereinstimmung von Merkmalen festgestellt wird, gibt es grundsätzlich drei Möglichkeiten, auf denen diese Übereinstimmung beruhen kann (z. B. Ax 1988, Wägele 2000):

- Synapomorphie: Die Arten oder Artengruppen stimmen in einem abgeleiteten (apomorphen) Merkmal überein, das eine einmalige evolutive Neuheit darstellt.
- Symplesiomorphie: Die Übereinstimmung beruht auf einem ursprünglichen (plesiomorphen) Merkmal, das von weiter zurückliegenden Stammarten übernommen wurde.
- Konvergenz: Die Übereinstimmung beruht auf einem abgeleiteten (apomorphen) Merkmal, das mehrfach unabhängig in getrennten Stammlinien entstanden ist.

1.5 Die Analyse von morphologischen Merkmalen für phylogenetische Rekonstruktionen ist bei Fossilien oft erschwert, da stammesgeschichtlich wichtige Merkmale oft nicht erhalten sind. So ist z. B. die räumliche Erhaltung des Armgerüstes, wie sie bei diesem Brachiopoden (Armfüßer) aus dem Jura von Frankreich zu sehen ist, im Fossilbericht dieser Gruppe relativ selten.

Es ist leicht einzusehen, dass für die Ermittlung von phylogenetischen Verwandtschaftsbeziehungen ausschließlich Synapomorphien von Bedeutung sind. Nur durch sie kann eine Hypothese begründet werden, dass es sich bei einer Gruppe von Organismen um ein Monophylum bzw. eine geschlossene Abstammungsgemeinschaft handelt, die auf eine gemeinsame Stammart zurückgeht. Zugleich sind Synapomorphien Indizien für die Ausweisung von Schwestergruppenbeziehungen zwischen Arten und Artengruppen. Werden Verwandtschaftsbeziehungen dagegen mit Symplesiomorphien begründet, so entstehen sogenannte Paraphyla oder paraphyletische Taxa (▸ 1.6).

Dies sind Gruppen, die zwar nur Nachkommen einer einzigen Stammart, aber nicht alle dieser Nachkommen enthalten. Als Beispiel sind bereits vorher die Reptilien genannt worden, die ohne Einbeziehung der Vögel eine paraphyletische Gruppe darstellen. Manchmal können auf diese Weise auch polyphyletische Gruppierungen entstehen, also Versammlungen von Arten oder Artengruppen, die in keinerlei verwandtschaftlicher Beziehung zueinander stehen (▸ 1.7). Überwiegend sind Polyphyla oder polyphyletische Taxa dadurch gekennzeichnet, dass ihre Merkmalsübereinstimmung auf Konvergenz beruht. Konvergente Merkmale können auf vielfältige Weise entstehen, z. B. durch ähnliche ökologische Ansprüche von ganz verschiedenen Arten oder Artengruppen. Für die Begründung von Verwandtschaftshypothesen sind sie aber völlig ungeeignet und können dann zur Bildung von polyphyletischen Gruppen führen, die Nachkommen von ganz verschiedenen Stammarten enthalten. Ein klassisches Beispiel für eine

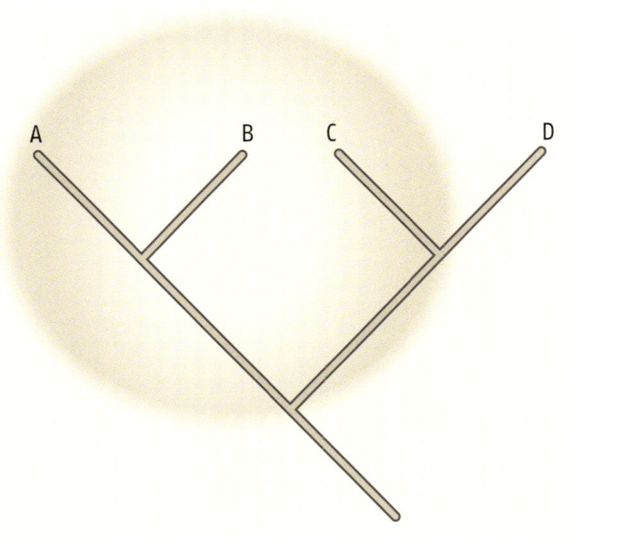


1.6 Ein Paraphylum (oder paraphyletisches Taxon) enthält nur einen Teil der Folgearten einer Stammart. Im vorliegenden Beispiel ist die Art D ausgeschlossen. Die Bildung paraphyletischer Taxa beruht auf der Berücksichtigung von Symplesiomorphien.

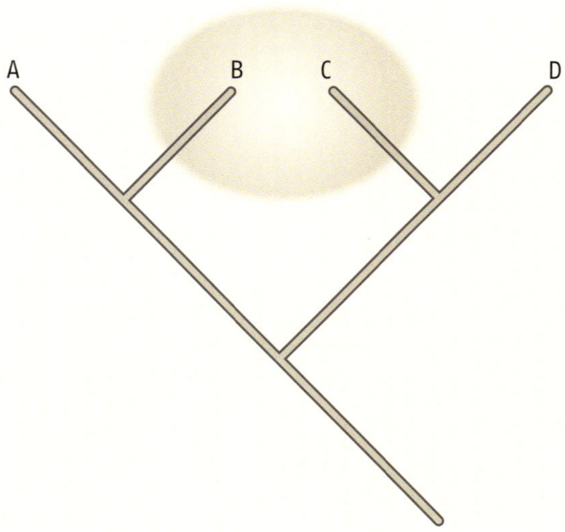


1.7 Ein Polyphylum (oder polyphyletisches Taxon) umfasst Nachkommen von nicht näher verwandten Stammarten. Sie können dann entstehen, wenn konvergente Merkmale als Synapomorphien interpretiert werden.

polyphyletische Gruppe sind die Würmer (oder Vermes), die durch Carl von Linné wegen ihres scheinbar einheitlichen wurmförmigen Körperbaus zu einer Einheit in seiner Klassifikation der Organismen zusammengefasst wurden. Tatsächlich ist dieser wurmförmige Habitus aber vielfach unabhängig entstanden, so z. B. bei den Ringelwürmern, Fadenwürmern oder Plattwürmern, um nur einige bekanntere Vertreter zu nennen.

Interessanterweise schienen polyphyletische Gruppen noch vor einigen Jahren in der Phylogenetischen Systematik keine Rolle mehr zu spielen, und es wurde die Hoffnung ausgesprochen, dass es sie unter den ranghohen Taxa der vielzelligen Organismen nicht mehr gebe (Ax 1995). Durch den zunehmenden Einfluss von molekularen Daten in der phylogenetischen Forschung sind jedoch neue Verwandtschaftshypothesen formuliert worden, die mitunter derart im Widerspruch zu morphologisch ermittelten Hypothesen stehen, dass die Existenz von polyphyletischen Gruppen in einem von beiden Fällen vorausgesetzt werden muss (Wägele 2000). Ein aktuelles Beispiel ist die sogenannte Ecdysozoa-Hypothese (Aguinaldo et al. 1997), nach der die Gliederfüßer (Arthropoda, z. B. Insekten, Spinnen und Krebse) unter anderem mit den Fadenwürmern (Nematoda) und Saitenwürmern (Nematomorpha) aufgrund von Genanalysen nächstverwandt sein sollen. Dieser Hypothese zufolge bilden sie ein Monophylum, das als Ecdysozoa oder Häutungstiere (Ecdysis = Häutung) bezeichnet wird. Die Monophylie dieser Gruppe steht jedoch in deutlichem Widerspruch zu der traditionellen, bereits 1796 von dem Naturforscher Georges Cuvier formulierten Annahme, dass die Gliederfüßer mit den Ringelwürmern (Annelida, z. B. Wattwurm und Regenwurm) in enger verwandtschaftlicher Beziehung stehen. Beide Gruppen werden seit Cuvier als Gliedertiere (Articulata) zusammengefasst und sind aus heutiger Sicht Schwestergruppen, die unter anderem durch einen segmentierten Körper, ein Strickleiter-Nervensystem und eine spezielle Bildungszone der Segmente nahe dem Hinterende ausgezeichnet sind. Sollte sich jedoch die Ecdysozoa-Hypothese als richtig erweisen, wären die Gliedertiere eine polyphyletische Gruppe und wären aus dem phylogenetischen System zu entfernen.

Dieses Beispiel macht deutlich, welche überragende Rolle die Auswahl von Arten, Individuen und Merkma-

1.8 Ein Trilobit mit „Stielaugen", der zu den Gliederfüßern (Arthropoda) gehört. Nach molekularen Verwandtschaftsanalysen sollen diese Arthropoden mit Fadenwürmern und anderen Formen nächstverwandt sein und ein Taxon namens Ecdysozoa bilden.

1.9 Komplexe Merkmale, wie sie etwa im Skelett dieses Flugsauriers vorliegen, sind für Homologieaussagen und damit für die Stammesgeschichtsforschung von besonders großer Bedeutung. Bei dem Fossil handelt es sich um das 1831 von Georg August Goldfuß beschriebene Bonner Original von *Scaphognathus crassirostris*, ein Langschwanz-Flugsaurier aus dem Jura von Solnhofen. Die Schädellänge beträgt 11,5 cm.

len, die präzise und sorgfältige Analyse dieser Merkmale sowie die behutsame Interpretation von Merkmalsübereinstimmungen in der phylogenetischen Verwandtschaftsforschung spielt. Dabei gilt es zu bedenken, dass sich auch scheinbar hochkomplexe und mehrfach geprüfte Merkmalsübereinstimmungen als Konvergenzen erweisen können. Zuallererst sollte deshalb geprüft werden, ob die Ähnlichkeit eines Merkmals nur zufällig ist und z. B. durch ähnliche Umwelteinflüsse geprägt wurde, wie bei der Konvergenz, oder ob die Übereinstimmung auf Homologie beruht, also auf genetischer Information, die von einer gemeinsamen Stammart übernommen wurde. Nur Homologien erlauben es, phylogenetische Verwandtschaftshypothesen zu erstellen. Dabei muss betont werden, dass Aussagen über Homologie ihrerseits auch immer nur Hypothesen darstellen, die begründet und geprüft werden müssen (z. B. Sudhaus & Rehfeld 1992, Wägele 2000).

Für morphologische Merkmale hat der Zoologe Adolf Remane 1952 eine Art Prüfverfahren in Form von Homologiekriterien vorgelegt, die bei der Identifizierung von Homologien hilfreich sein können: das Kriterium der Lage, das Kriterium der speziellen Qualität und das Kriterium der Kontinuität (z. B. Sudhaus & Rehfeld 1992). Diese Kriterien sollen hier nicht näher erläutert werden, denn sie können im Prinzip auf das Kriterium der Komplexität zurückgeführt werden, das nach Wägele (2000: 136) Folgendes besagt: *„Je komplexer ein Merkmal ist und je mehr alternative Bauelemente in der Natur verfügbar sind, desto wahrscheinlicher ist es, dass zwei gleiche Muster nicht durch Zufall entstanden sind."* Für molekulare Merkmale gelten dieselben Regeln wie für morphologische Merkmale, wobei molekulare Daten jedoch einer Quantifizierung und mathematischen Analyse besser zugänglich sind (Wägele 2000).

Nicht jede Homologie ist auch gleichzeitig ein abgeleitetes Merkmal oder eine Apomorphie, aber umgekehrt sollte jedes apomorphe Merkmal eine Homologie sein. Dies hängt mit der Relativität der Begriffe Plesiomorphie und Apomorphie zusammen. Wenn ein Merkmal das erste Mal in der Evolution bei einer Art in Erscheinung tritt, handelt es sich um eine Apomorphie. Solche abgeleiteten Merkmale von einzelnen Arten werden als Autapomorphie bezeichnet. Erst wenn sich die Art in Nachkommenarten aufspaltet, wird aus der Autapomorphie eine Synapomorphie, mit deren Hilfe die Schwestergruppenbeziehung zwischen den beiden neuen Arten erkennbar wird. Wenn sich nun auch diese Nachkommenarten aufspalten, wird aus dem abgeleiteten Merkmal (Synapomorphie) ein ursprüngliches Merkmal (Symplesiomorphie), das jetzt keinerlei Bedeutung mehr hat, um mögliche Schwestergruppenbeziehungen zwischen den zuletzt entstandenen Arten zu begründen.

Die Entscheidung über die Alternative von apomorpher oder plesiomorpher Merkmalsausprägung geschieht über den sogenannten Außengruppenvergleich. Wenn für eine Gruppe von Arten oder geschlossenen Abstammungsgemeinschaften (die Innengruppe) eine spezifische Merkmalsausprägung vorliegt, die auf diese Gruppe beschränkt ist, so wird es sich vermutlich um eine Apomorphie handeln. Taucht dieses Merkmal jedoch auch außerhalb der betrachteten Gruppe auf, also in der Außengruppe, so könnte es sich um eine Plesiomorphie handeln. Innen- und Außengruppe haben in jedem Einzelfall einen ganz unterschiedlichen Umfang. Je nachdem, für welche Gruppe von Arten vermutet wird, dass sie ein Monophylum bildet, muss eine entsprechende Außengruppe gewählt werden. Wichtig ist, dass mindestens ein Merkmal in der Innengruppe in alternativer Ausprägung auftritt und dass eine der Alternativen auch in der Außengruppe in Erscheinung tritt.

Wenn z. B. für eine bestimmte Gruppe der Arthropoda (Gliederfüßer) vermutet wird, dass sie ein monophyletisches Taxon bilden, kann es je nach Besonderheit des alternativen Merkmals genügen, alle übrigen Arthropoden als Außengruppe zu wählen. Sicherheit über die Merkmalsausprägung ist aber erst dann gewährleistet, wenn eine umfassendere Außengruppe gewählt wird. Dabei reicht es nicht aus, aufgrund traditioneller Vorstellungen nur die Annelida (Ringelwürmer) als Außengruppe zu berücksichtigen (Articulata-Hypothese), denn wie bereits vorher geschildert wurde, kommen hier auch völlig andere Schwestergruppenbeziehungen infrage (Ecdysozoa-Hypothese). Man wird hier also eine sehr umfassende Außengruppe wählen müssen, um durch den Außengruppenvergleich zu einer Entscheidung über den Status eines Merkmals zu gelangen. Auch Fossilien sollten in den Außengruppenvergleich einbezogen werden, denn sie können in manchen Fällen zu einer Korrektur von Aussagen führen.

## Die Bedeutung von Fossilien für phylogenetische Rekonstruktionen

Die Phylogenetische Systematik ist nach ihrer Einführung durch den Insektenforscher Willi Hennig (1950, 1966, 1969) von den meisten Paläontologen mit großer Skepsis und häufig auch strikter Ablehnung aufgenommen worden. Dies hängt vor allem damit zusammen, dass nicht nur von Hennig (z. B. 1969), sondern auch von anderen Phylogenetikern (z. B. Ax 1984) immer wieder betont wurde, dass allein die heutigen Organismen den Ausgangspunkt für die Verwandtschaftsforschung bilden sollen. Ax (1984: 209) hat es folgendermaßen formuliert: *„Die phylogenetische Systematik kann ohne Berücksichtigung irgendeiner fossilen Überlieferung objektive Hypothesen über die Verwandtschaftsbeziehungen zwischen rezenten Arten und Gruppen rezenter Arten formulieren sowie die im Prüfungsverfahren favorisierten Verwandtschaftshypothesen in ein System mit hierarchischer Struktur umsetzen."*

Mit dieser deutlichen Feststellung hatte sich der Führungsanspruch der Paläontologie in der Stammesgeschichtsforschung tief greifend und nachhaltig verändert. Die Fossilien waren für die Ermittlung der verwandtschaftlichen Beziehungen der heutigen Organismen plötzlich scheinbar völlig bedeutungslos geworden. Gerade Willi Hennig trug offenbar wenig dazu bei, die Paläontologen für die Phylogenetische Systematik zu vereinnahmen. Dies mag die folgende Anekdote zeigen (zitiert nach Schmitt 2001: 327): *„... nach einem Vortrag von Willi Hennig über Phylogenetische Systematik im Museum für Naturkunde in Berlin am 30. Oktober 1950 behauptete der Paläontologie-Professor Walter Gross – wohl etwas ungehalten: phylogenetische Beweise seien nur mit Hilfe von Fossilien zu erbringen. Hennig entgegnete – ebenfalls etwas ungehalten: ‚Ihre Fossilien interessieren mich nicht', worauf Gross rief: ‚Dann interessieren mich ihre Theorien auch nicht' und Türen knallend den Saal verließ."*

Es wäre jedoch ungerecht und falsch, Willi Hennig zu unterstellen, dass er kein Interesse an Fossilien oder der Paläontologie gehabt hätte. Das Gegenteil ist der Fall. Hennig war nicht nur ein angesehener Entomologe, sondern er hat für seine spezielle Gruppe, die Dipteren (Mücken und Fliegen), zahlreiche Arbeiten über fossile Vertreter, insbesondere aus Bernsteinvor-

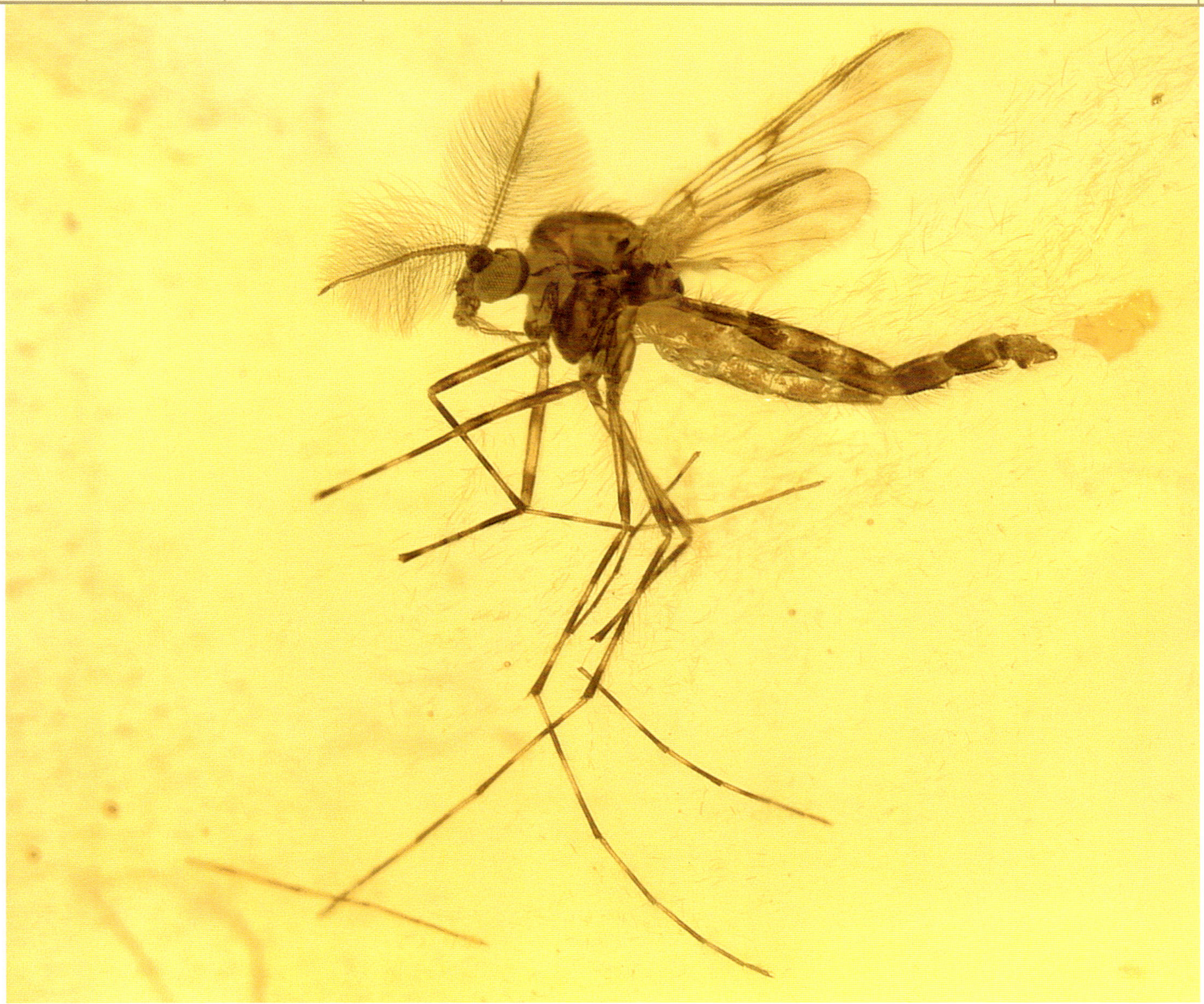

kommen publiziert. Zusätzlich ist er durch sein einflussreiches Buch „Die Stammesgeschichte der Insekten" (1969) auch als bedeutender Paläoentomologe ausgewiesen. Dass es gerade die Insekten waren, an deren Beispiel Hennig die Methode der Phylogenetischen Systematik vor allem verdeutlichte, hat die Durchsetzung seiner Ansichten in paläontologischen Kreisen ohne Zweifel erheblich erschwert. Als Hennig seine Schriften publiziert hat, galten fossile Insekten noch weitgehend als Kuriosum und wurden in der paläontologischen Ausbildung praktisch gar nicht berücksichtigt. Vor allem ihre mangelnde Bedeutung als Leitfossilien in der Biostratigraphie und ihr sehr komplexes System sowie die überwältigende Vielfalt der heutigen Formen verschafften ihnen keine große Popularität unter den Paläontologen.

Die Begründung für die vorrangige Nutzung der heutigen Organismen für die Rekonstruktion der Verwandtschaft hat mit der Unvollständigkeit des Fossilberichts und der einzelnen Fossilien zu tun. Während bei heutigen Lebensformen das gesamte Spektrum u. a. an morphologischen, genetischen, physiologischen, entwicklungsbiologischen und ökologischen Merkmalen zur Verfügung steht, zeigen Fossilien immer nur ein eingeschränktes Merkmalsinventar, das in vielen Fällen ausschließlich auf die Hartteile (z. B. Schalen, Panzer, Zähne, Knochen) begrenzt ist. Diese Unvollständigkeit des Fossilberichts ist eine Tatsache und kein Paläontologe würde sie bestreiten, auch wenn er zahllose Beispiele für eine extrem vollständige Fossilüberlieferung aufzählen könnte (▸ 1.10, 6). Für ein umfassendes

1.10 Fossilien sind ganz überwiegend nur in Form von Hartteilen wie Knochen, Schalen und Panzern überliefert. In manchen Fällen, wie bei der hier abgebildeten Zuckmücke (Chironomidae) aus dem Dominikanischen Bernstein, können aber auch feinste morphologische Details und sogar Weichteile erhalten sein.

Verständnis der phylogenetischen Verwandtschaftsbeziehungen der Organismen ist es deshalb sinnvoll, von dem maximalen Datensatz an verfügbaren Merkmalen bei den heutigen Organismen auszugehen. Dies bedeutet aber natürlich nicht, dass die fossilen Lebensformen bei der Bildung von Verwandtschaftshypothesen und ihrer Systematisierung zu vernachlässigen wären. Sowohl Hennig als auch Ax haben mehrfach betont, dass die Phylogenetische Systematik selbstverständlich rezente und fossile Organismen zu berücksichtigen habe (Ax 1984: 209): *„Sie strebt die Aufdeckung und Wiedergabe der phylogenetischen Verwandtschaft aller Organismen zueinander an, unabhängig davon, ob sie heute als evolutionäre Arten existieren oder nur aus vergangenen Erdperioden in Form fossiler Fragmente bekannt sind."*

Fossilien bleiben nach wie vor die einzigen unmittelbaren historischen Zeugnisse der Stammesgeschichte, und sie allein geben ihr eine konkrete zeitliche und räumliche Dimension. Deshalb muss die Stammesgeschichtsforschung die Rekonstruktion der stammesgeschichtlichen Entwicklung *aller* Organismen umfassen, zumal die Phylogenetik nur dann ihren Beitrag zur Evolutionsforschung liefern und ihr Potenzial voll ausschöpfen kann. Eine Phylogenetik, die sich allein auf die heutigen Organismen bezieht, wird sich weitgehend auf die Prüfung und den Vergleich einer beliebig großen Anzahl von alternativen Mustern zeitlich dimensionsloser Verwandtschaftshypothesen beschränken müssen (Rust 2007b).

Bei der Bildung von Verwandtschaftshypothesen und ihrer Umsetzung in das phylogenetische System wird mit fossilen Organismen grundsätzlich genauso verfahren wie mit heute lebenden Formen. Dabei werden Fossilien durch das sogenannte Stammlinienkonzept (z. B. Ax 1984, 1988) in phylogenetische Rekonstruktionen einbezogen und in das phylogenetische System integriert. Bei der Betrachtung eines rezenten monopyhletischen Taxons wird als Stammlinie die zeitliche Sukzession von Fortpflanzungsgemeinschaften bezeichnet, die zur Stammart des Monophylums hinführt, sowie alle ausgestorbenen Seitenlinien, die von dieser direkten Stammlinie oder Ahnenlinie abzweigen (z. B. Sudhaus & Rehfeld 1992). Die Angehörigen der direkten Stammlinie stehen also in der zeitlichen Abfolge durch einen lückenlosen genealogischen Zusammenhang in Verbindung. Bei den abzweigenden Linien kann es sich um einzelne Arten oder auch umfangreiche monophyletische Taxa handeln. Die Gruppe von Arten, die das rezente Monophylum einschließlich seiner Stammart umfasst, wird in Anlehnung an die Krone eines Baumes auch als Kronengruppe bezeichnet (Jefferies 1980). Der teilweise in der Literatur verwendete Begriff der Stammgruppe für die Versammlung aller Vertreter der Stammlinie sollte dagegen vermieden werden, denn eine solche Gruppierung stellt immer ein Paraphylum dar (z. B. Ax 1988).

In der Stammlinie sind die abgeleiteten Merkmale des Monophylums (seine Autapomorphien) erstmals als evolutive Neuerwerbungen in Erscheinung getreten. In der Stammart ist damit das sogenannte Grundmuster der Abstammungsgemeinschaft verwirklicht. Die Stammlinie endet mit der Aufspaltung der Stammart des Monophylums. Mit dem Auftreten des ersten abgeleiteten Merkmals wird die Stammlinie eines Monophylums zeitlich „nach unten" begrenzt, denn ihr Beginn muss vor dem Auftreten dieses Merkmals gelegen haben. Dies bedeutet freilich, dass der Anfang einer Stammlinie nicht präzise bestimmt werden kann. Sie beginnt immer mit der Aufspaltung einer Art.

Natürlich haben auch ausgestorbene monophyletische Taxa eine eigene Stammlinie, wie etwa die Trilobiten oder Ammoniten. Fossilien können jedoch nur in Verwandtschaftshypothesen integriert werden, wenn an ihnen geeignete abgeleitete Merkmale (Autapomorphien) überliefert sind, die sie als Vertreter der Stammlinie eines bestimmten Monophylums ausweisen. Bei dem Monophylum kann es sich um ein rezentes (Kronengruppe) oder ein fossiles Taxon handeln. In der Umsetzung der Verwandtschaftshypothesen in ein Stammbaumdiagramm (Kladogramm) werden die Fossilien damit häufig zu *„hanging ornaments on the branches of a Christmas tree"*, wie es der Paläontologe Tom S. Kemp (1999: 110) einmal umschrieben hat.

Grundsätzlich gibt es folgende Positionen, die ein Fossil in einem Verwandtschaftsdiagramm einnehmen kann:

- auf der direkten Stammlinie oder Ahnenlinie eines Monophylums (In diesem Fall ist das Fossil ein unmittelbarer Vorfahre eines rezenten oder fossilen Taxons.)
- als Seitenzweig der Stammlinie (Dabei kann es sich um eine einzelne Art handeln, die von der Stammlinie abzweigt, oder um ein artenreiches Monophylum, das seinerseits eine komplexe Stammlinie aufweist.)
- als Angehöriger der Linie einer rezenten (terminalen) Art (Das Fossil ist damit als Vertreter einer Vorfahrengeneration von heute lebenden Populationen einer Art ausgewiesen.)

Nur in diesem letzten Fall ist es möglich, einen fossilen Organismus mit hoher Wahrscheinlichkeit als echten Vorfahren zu identifizieren. Alle an dem Fossil erhaltenen Merkmale müssen dazu jedoch mit dem Merkmalsgefüge der rezenten Art übereinstimmen bzw. innerhalb der Variationsbreite dieser Merkmale liegen. Der Nachweis, dass ein Fossil tatsächlich eine Position unmittelbar auf der direkten Stammlinie oder Ahnenlinie eines rezenten Monophylums einnimmt und damit einen echten Vorfahren darstellt, kann dagegen nicht erbracht werden. Ein solches Fossil dürfte theoretisch neben einem spezifischen Muster von Plesiomorphien nur die bis zu einem bestimmten Zeitpunkt ausgebildeten Autapomorphien der Stammart eines Monophylums aufweisen. Selbst wenn dieser Nachweis erbracht werden könnte, ist jedoch niemals auszuschließen, dass in den nicht überlieferten Merkmalen mindestens eine Autapomorphie ausgebildet war, die das Fossil als Seitenzweig der direkten Stammlinie oder Ahnenlinie und damit eben nicht mehr als direkten Vorfahren des Monophylums ausweist.

In der Regel sind alle mehr oder weniger gut erhaltenen Fossilien durch derartige Eigenmerkmale ausgezeichnet. Für manche Formen kann aber immerhin wahrscheinlich gemacht werden, dass sie einer bestimmten Stammlinie relativ nahestanden. Solche Fossilien können für die Überprüfung phylogenetischer Hypothesen ausschlaggebend sein, wie im folgenden Kapitel über die Bedeutung von Fossilien in der Evolutionsforschung noch ausführlich gezeigt wird.

## Literatur


Aguinaldo, A., Turbeville, J. M., Linford, L. S., Rivera, M. C., Garey, L. S., Raff, R. A. & Lake, J. A. (1997): Evidence for a clade of nematodes, arthropods and other moulting animals. Nature, 387. S. 489–493.

Ax, P. (1984): Das Phylogenetische System. Gustav Fischer Verlag, Stuttgart, New York.

Ax, P. (1988): Systematik in der Biologie. Gustav Fischer Verlag, Stuttgart.

Buffon, G. L. (1749–1804): Histoire naturelle, générale et particulière. Imprimerie Royale, puis Plassan, Paris.

Forey, P. L. (2004): Systematics and Paleontology. In: Williams, D. M. & Forey, P. L. [Hrsg.]: Milestones in Systematics. The Systematics Association Special Volume Ser. 67, CRC Press. S. 149–180.

Gauld, I. & Bolton, B. [Hrsg.] (1988): The Hymenoptera. British Museum (Natural History), Oxford University Press, New York.

Hennig, W. (1950): Grundzüge einer Theorie der phylogenetischen Systematik. Deutscher Zentralverlag, Berlin.

Hennig, W. (1966): Phylogenetic systematics. University of Illinois Press, Urbana, Chicago, London.

Hennig, W. (1969): Die Stammesgeschichte der Insekten. Verlag E. Kramer, Frankfurt a. M.

Jefferies, R. P. S. (1980): Zur Fossilgeschichte des Ursprungs der Chordaten und der Echinodermen. Zool. Jahrb. Anat. 103. S. 285–353.

Kemp, T. S. (1999): Fossils and Evolution. Oxford University Press, Oxford, New York.

Lamarck, J. B. (1809): Philosophie Zoologique. Paris.

Lévi-Strauss, C. (1968): Das wilde Denken. Suhrkamp Verlag, Frankfurt a. M.

Mayr, E. (1984): Die Entwicklung der biologischen Gedankenwelt. Springer-Verlag, Berlin, Heidelberg, New York, Tokio.

Mickoleit, G. (2004): Phylogenetische Systematik der Wirbeltiere. Verlag Dr. Friedrich Pfeil, München.

Modesto, S. P. & Anderson, J. S. (2004): The Phylogenetic Definition of Reptilia. Syst. Biol. 53 (5). S. 815–821.

Reif, W.-E. (1986): The Search for a Macroevolutionary Theory in German Paleontology. J. Hist. Biol. 19. S. 79–130.

Rust, J. (2007a): Aspekte der Entwicklung der Paläontologie in Deutschland während der letzten 100 Jahre. In: Wägele, J. W. [Hrsg.]: Höhepunkte der zoologischen Forschung (Festschrift zur 100. Jahresversammlung der Deutschen Zoologischen Gesellschaft in Köln). Basilisken-Presse, Marburg. S. 337–357.

Rust, J. (2007b): Die Bedeutung von Fossilien für phylogenetische Rekonstruktionen. Species, Phylogeny and Evolution 1. S. 75–87.

Sauer, K. P. & Kullmann, H. (2005): Analyse der biologisch-ökologischen Ursachen der Evolution der gastroneuralen Metazoa – Testen einer phylogenetischen Hypothese. Bonner zool. Beitr. 53. S. 149–163.

Schmitt, M. (2001): Willi Hennig. In: Jahn, I. & Schmitt, M. [Hrsg.]: Darwin & Co. Eine Geschichte der Biologie in Portraits II. Verlag C. H. Beck, München. S. 316–343.

Sudhaus, W. & Rehfeld, K. (1992): Einführung in die Phylogenetik und Systematik. Gustav Fischer Verlag, Stuttgart, Jena, New York.

Toulmin, S. & Goodfield, J. (1970): Entdeckung der Zeit. Fischer Wissenschaft, Fischer Taschenbuch Verlag, Frankfurt a. M.

Townes, H. (1969): The genera of Ichneumonidae, Part 1. Mem. Amer. Ent. Inst. 11.

Wägele, W. (2000): Grundlagen der Phylogenetischen Systematik. Verlag Dr. Friedrich Pfeil, München.

Wahl, D. B. & Sharkey, M. J. (1993): Superfamily Ichneumonoidea. In: Goulet, H. & Huber, J. T. [Hrsg.]: Hymenoptera of the World: An identification guide to families. Agriculture Canada – Research branch, IV. Series, Publication 1894/E. S. 358–509.

Ziegler, B. (1992): Einführung in die Paläobiologie – Teil 1. Allgemeine Paläontologie. E. Schweizerbart'sche Verlagsbuchhandlung, Stuttgart.

# 2 Die Bedeutung von Fossilien für die Evolutionsforschung

Im vorherigen Kapitel wurde gezeigt, auf welche Weise Fossilien in stammesgeschichtliche Rekonstruktionen einbezogen und in ein phylogenetisches System integriert werden können. Es wurde ferner deutlich gemacht, dass allein die Evolution den notwendigen Rahmen für eine sinnvolle Interpretation von Fossilien liefert. Im Folgenden soll nun betrachtet werden, welche Bedeutung Fossilien für die Erforschung der Evolution haben und wie ihr evolutionsbiologisches Potenzial genutzt werden kann.

Der Evolutionsbiologe Ernst Mayr sah in den Fossilien den überzeugendsten Beweis für die Evolution (MAYR 2003), obwohl er einräumte, dass natürlich nur ein kleiner Teil aller jemals lebenden Organismen als Fossilien überliefert ist. Wenn man bedenkt, dass heute wahrscheinlich nur noch weniger als 1 % aller jemals existierenden Organismen leben (NOVACEK & WHEELER 1992; nach SEPKOSKI 1992 könnten es 2 bis 4 % sein, BENTON 2001), wird die Dimension des theoretisch noch vorhandenen Fossilberichts deutlich. Geht man von der etwas höheren Zahl von 2 bis 4 % und einer heutigen Artenzahl von 3 bis 50 Millionen aus, so ergibt das 75 Millionen bzw. 2 Milliarden Arten, die während der letzten etwa 540 Millionen Jahre existiert haben könnten. Von dieser enormen Artenfülle ist uns bisher also nur ein relativ kleiner Ausschnitt durch Fossilfunde bekannt. Darwin hat sein Leben lang mit der Unvollständigkeit des Fossilberichts gehadert, der seiner Ansicht nach viel zu lückenhaft sei, um den von ihm postulierten allmählichen Wandel der Organismen zu dokumentieren. Hatte er recht? Lässt sich der Ablauf der Evolution mit einer solch scheinbar geringen Auswahl von Daten überhaupt rekonstruieren?

## Die Qualität des Fossilberichts

Für die Beurteilung der Bedeutung paläontologischer Daten für die Evolutionsforschung ist es zweifellos notwendig, die Qualität und Vollständigkeit des Fossilberichts realistisch zu beurteilen. Die pauschale Einschätzung, dass die Fossilüberlieferung zeitlich und räumlich lückenhaft ist und Fossilien oft schlecht erhalten sind, hilft hier offensichtlich nicht weiter. Die zentrale Frage ist, ob der Fossilbericht *angemessen* vollständig ist, um spezifische evolutionsbiologische Fragestellungen beantworten zu können. Kein Paläontologe würde jemals behaupten, dass der Fossilbericht wirklich perfekt ist. Entscheidend ist die Kenntnis der Schwachstellen, die auch bei Fossilgruppen mit einer insgesamt guten Fossilüberlieferung vorkommen können.

So ist z. B. die frühe Entwicklung der Landwirbeltiere (Tetrapoda) für einen Ausschnitt des unteren Karbons von etwa 360 bis 345 Millionen Jahren nur sehr schlecht durch Fossilfunde dokumentiert. Schon der bekannte amerikanische Wirbeltierpaläontologe Alfred Sherwood Romer hat auf diese Lücke hingewiesen und lange nach entsprechendem Fossilmaterial gesucht, weshalb dieser Abschnitt auch als *„Romer's gap"* bezeichnet wird (COATES & CLACK 1995). Wegen der großen Bedeutung dieses Zeitraums von etwa 15 Millionen Jahren für die Evolution der Tetrapoden und ihren Übergang zum Leben auf dem Festland können jedoch schon wenige gut erhaltene Einzelfunde wertvolle Informationen liefern (z. B. CLACK 2002). Inzwischen sind mindestens vier Fundstellen mit verwertbarem Fossilmaterial bekannt (CARROLL 2002). Neuere Untersuchungen an Wirbeltieren und Arthropoden weisen darauf hin, dass es sich bei *„Romer's gap"* um ein lange andauerndes erdgeschichtliches Ereignis handelt, das durch eine deutliche Reduktion des Sauerstoffgehaltes der Atmosphäre gekennzeichnet war.

In diesem Zeitraum lag der Sauerstoffgehalt nach Modellierungen, die auf umfangreichen Datensätzen beruhen (BERNER 2006), nur bei etwa 17 %, also bei 4 % weniger als in der heutigen Atmosphäre. Dadurch wurde die Besiedlung des Festlandes insbesondere durch größere Organismen verhindert, da ihre Atmungsorgane für diese niedrigen Sauerstoffgehalte offenbar nicht ausreichend entwickelt waren (WARD et al. 2006).

Eine vergleichbare Lücke im Fossilbericht betrifft auch die Insekten, von denen mehrere devonische und eine Fülle von oberkarbonischen Funden überliefert sind, während aus dem Unterkarbon bislang nur zwei Körperfossilien bekannt sind. Auch fossile Spuren von Pflanzen-Insekten-Interaktionen, also z. B. Fraßspuren an Pflanzen, sind aus dieser Zeit äußerst selten (LABANDEIRA 2006). Ähnlich wie die Tetrapoden haben auch die Insekten während des Unterkarbons einschneidende evolutive und ökologische Übergänge durchlaufen. Hier ist an erster Stelle die Eroberung des Luftraums durch die geflügelten Insekten (Pterygota) zu nennen. Der bislang älteste Rest eines Insektenflügels stammt aus dem jüngsten Unterkarbon (unteres Namurium) von Tschechien (PROKOP et al. 2005). Nur ein wenig jünger ist ein spektakulärer Fund eines geflügelten Insektes, das als *Delitzschala bitterfeldensis* (▸ 2.1) beschrieben wurde (BRAUCKMANN & SCHNEIDER 1996).

Dieses Fossil zeigt auf beeindruckende Weise, welche große Rolle das Glück bei der Suche nach den Resten früherer Lebewesen mitunter spielen kann. Es wurde aus 517 m Tiefe aus dem Kern einer Bohrung bei Bitterfeld geborgen und datiert ebenfalls

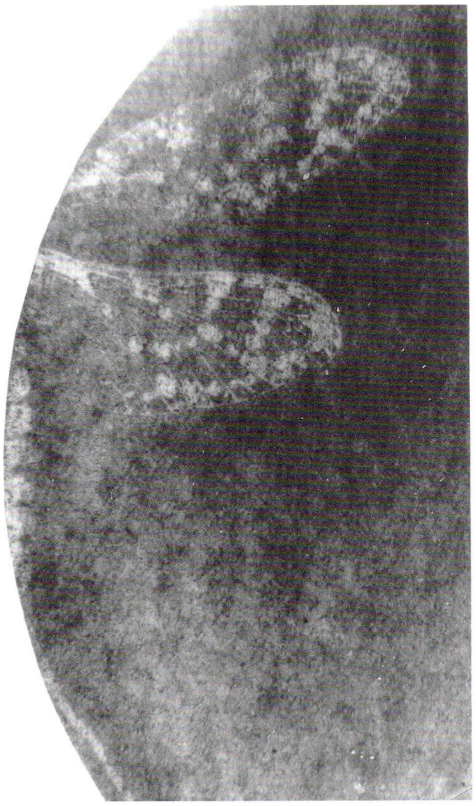

2.1 *Delitzschala bitterfeldensis* aus dem jüngsten Unterkarbon ist eines der ältesten bekannten, geflügelten Insekten. Die Länge des Vorderflügels beträgt etwa 1 cm. Es wurde in einem Bohrkern in 517 m Tiefe entdeckt (links). Die Rekonstruktion zeigt das mutmaßliche Aussehen dieser Form, die hier an dem Zapfen eines Schuppenbaumes sitzt (Rekonstruktion: Elke Gröning, Clausthal-Zellerfeld).

in das allerjüngste Unterkarbon (tieferes Namurium). Der Bohrkopf hat gerade ein paar Flügel sowie einen Teil des Körpers ausgeschnitten. Nur einige Zentimeter weiter nach rechts oder links und das Fossil wäre verloren gewesen. Diese karbonischen Insekten sind etwa 320 Millionen Jahre alt. Bei allen älteren Funden, die aus dem frühen Devon stammen und etwa 400 Millionen Jahre alt sind, handelt es sich um ur-

2.2 Eine Riesenzikade (Palaeontinidae) mit Erhaltung der Farbmusterung aus den Plattenkalken der Crato-Formation (Untere Kreide) von Brasilien. Das Insekt hat eine Spannweite von etwa 7 cm und ist etwa 120 Millionen Jahre alt (Originalfoto: Günter Bechly, Staatliches Museum für Naturkunde, Stuttgart).

sprüngliche, ungeflügelte und kleine Formen, die zu den Springschwänzen (Collembola) und Felsenspringern (Archaeognatha) gehören. Außerdem ist ein Einzelfund einer zweigelenkigen Kaulade oder Mandibel eines Insektes aus dem Devon des schottischen Rhynie Chert bekannt, die aufgrund ihrer Form für die Existenz von geflügelten Insekten vor 400 Millionen Jahren sprechen könnte (GRIMALDI & ENGEL 2005). Für ein besseres Verständnis der Evolution der geflügelten Insekten wird man also vorerst auf weitere Fossilfunde warten müssen. Dabei wird es sich besonders lohnen, in Ablagerungen des oberen Devons und unteren Karbons auf die Suche zu gehen, und man darf optimistisch sein, dass auch diese Lücke noch geschlossen wird.

Insekten liefern jedoch zugleich ein hervorragendes Beispiel für die Tatsache, dass sich die Qualität und Quantität des Fossilberichts auch für kritische Zeitabschnitte oft nur innerhalb weniger Jahre dramatisch verbessern können. Noch 1969 musste W. HENNIG feststellen (S. 77): *„Einer der beklagenswertesten Mängel in unseren Kenntnissen der Stammesgeschichte der Insekten ist das fast völlige Fehlen von Fossilfunden aus der Kreidezeit.“* Heute gehört gerade die Kreide zu den besonders gut dokumentierten Abschnitten der Insektenevolution. Zehntausende von Fossilfunden aus der Unter- und Oberkreide, in Bernsteinen sowie Sedimentablagerungen (▸ 2.2) und über 40 bedeutende Fundstellen auf allen Kontinenten sind mittlerweile bekannt (ESKOV 2002, GRIMALDI & ENGEL 2005). In jüngster Zeit haben etwa umfangreiche Bernsteinvorkommen aus der höchsten Unterkreide von SW-Frankreich bei Charente-Maritime durch ihre reichen Fossileinschlüsse für Aufsehen gesorgt (z. B. PERRICHOT et al. 2007).

Bei der Beurteilung der Qualität des Fossilberichts sollte zwischen verschiedenen Kategorien von Unvollständigkeit unterschieden werden (KEMP 1999). Diese werden im Folgenden näher erläutert.

## Organismische Unvollständigkeit

In der Regel werden Organismen nach ihrem Tod vollständig bakteriell abgebaut oder gefressen. In günstigen Fällen können aber die mineralisierten Hartteile wie Schalen, Zähne oder Knochen als Fossilien überliefert werden. Unter bestimmten Bedingungen sind aber auch weiche Gewebe fossil erhaltungsfähig (▸ 2.3). Solche Fälle sind aus einer Vielzahl von sogenannten „Fossillagerstätten", wie etwa dem kambrischen Burgess Shale oder dem devonischen Hunsrückschiefer, gut bekannt. Sie werden in 6 näher erläutert.

## Stratigraphische Unvollständigkeit

Organismen oder ihre Überreste müssen in einem Milieu eingebettet werden, das ihren weiteren Abbau zumindest teilweise verhindert, damit sie als Fossilien überliefert werden können. In den meisten Fällen sind es Sedimentablagerungen von Flüssen, Seen oder Meeren, die entsprechende Voraussetzungen schaffen. Auf dem Festland ist die Fossilisation dagegen sehr stark eingeschränkt. Hier werden Sedimente und die darin eingeschlossenen Organismen durch Erosion abgetragen und es kommt zum Ausfall von Sedimenten bzw. zum Abtransport bereits abgelagerter Gesteinsschichten. Auch die plattentektonische Dynamik der Lithosphäre kann zu einem großflächigen Verlust von Sedimenten führen, indem z. B. Meeresboden an Kontinentalrändern ins Erdinnere abtaucht (Subduktion) und aufgeschmolzen wird. Sowohl durch Ausfall von Sedimentation als auch durch Abbau (Erosion) von Sedimenten kommt es zu Lücken im Fossilbericht, die oft einen großen Informationsverlust bedeuten. Hier gilt es z. B. zu untersuchen, ob die zeitliche Auflösung, die durch eine Sedimentabfolge repräsentiert wird, angemessen hoch ist, um ein bestimmtes Ereignis (z. B. eine Radiation oder ein Aussterbeereignis) analysieren zu können. Liegt diese Auflösung z. B. im Bereich von 100 000 Jahren, ist es nicht möglich, Prozesse zu untersuchen, die sich innerhalb weniger Tausend Jahre abspielen, so etwa der Prozess der Artbildung bei einigen Organismen.

## Ökologische Unvollständigkeit

Alle Lebewesen leben in Gemeinschaften, die durch bestimmte ökologische Bedingungen sowie Wechselwirkungen zwischen ihren Mitgliedern ausgezeichnet sind. Das Fossilisationspotenzial ist jedoch nicht für alle Organismen solcher Lebensgemeinschaften gleich groß, und deshalb werden immer nur Ausschnitte der ehemaligen Gemeinschaft als Fossilien überliefert werden. Durch unterschiedlich weiten Transport kann es zudem zu Durchmischungen von unterschiedlichen Lebensgemeinschaften kommen (▸ 2.4) und dasselbe gilt für Organismen, die zu unterschiedlichen Zeiten gelebt haben. Eine fossile Totengemeinschaft wird daher häufig nicht eine ehemalige Lebensgemeinschaft repräsentieren, sondern stellt in vielen Fällen eine Versammlung von räumlich und zeitlich durchmischten Pflanzen und Tieren dar. Für evolutionsbiologische und ökologische Fragestellungen ist es aber von entscheidender Bedeutung, die ehemaligen Lebensgemeinschaften und ihre Umwelt so genau wie möglich zu rekonstruieren.

2.3 Weichhäutige Organismen wie diese Feuerqualle sind nur in seltenen Ausnahmefällen fossil erhaltungsfähig bzw. nur als Abdruck überliefert (Originalfoto: Rainer Schulte, Bonn).

2.4 Verschiedene Fossilien (Schnecken, Muscheln, Seeigel, Haizahn) aus einem tertiären Flachmeerbereich. In solchen Ablagerungsräumen kann es zu einer Durchmischung von fossilen Organismen kommen, die nicht der ehemaligen Lebensgemeinschaft entspricht.

### Biogeographische Unvollständigkeit

Die räumliche Verbreitung von fossilen Arten ist besonders schwierig zu erfassen, da sich die vorher genannten Aspekte der organismischen, stratigraphischen und ökologischen Unvollständigkeit besonders im Fall von heterogenen Verbreitungsgebieten ungünstig auf den Fossilbericht auswirken können. Für verschiedene evolutionsbiologische Fragestellungen ist die Kenntnis des ehemaligen Verbreitungsgebietes von Arten und monophyletischen Taxa grundlegend (→ 8). Dies gilt insbesondere für den Prozess der Artbildung, der durch die räumliche Trennung von Populationen (Separation) initiiert werden kann (allopatrische Artbildung). Räumliche Unvollständigkeit kann zudem die Interpretation von Veränderungen fossiler Formen, die in lokalen Sedimentabfolgen dokumentiert sein können, erheblich erschweren. In diesem Fall ist der Nachweis zu erbringen, dass es sich tatsächlich um evolutionären Wandel innerhalb von Populationen handelt und nicht um lokales Aussterben und nachträgliches Einwandern verwandter Arten. Gute Voraussetzungen für die Analyse derartiger evolutiver Prozesse bieten vor allem Ablagerungen von Süßwasserseen. Ihre räumliche Ausdehnung war begrenzt, sie werden oft durch eine nahezu lückenlose Sedimentabfolge repräsentiert und haben ein hohes Fossilisationspotenzial für bestimmte Organismen (z. B. Pflanzen, Schnecken, Ostracoden, Fische; → 3).

## Bildet der Fossilbericht die Geschichte des Lebens wirklich ab?

In den vergangenen Jahren wurden umfangreiche quantitative, statistische Untersuchungen des generellen Fossilberichts durchgeführt, deren zum Teil widersprüchliche Ergebnisse nach wie vor Gegenstand aktueller paläontologischer Forschung sind (z. B. Peters 2005). Nach Benton (2003) gibt es gegenwärtig zwei Lager, von denen das eine annimmt, dass der Fossilbericht die Geschichte des Lebens in seinen wesentlichen Zügen abbildet (z. B. Sepkoski et al. 1981, Benton 1995, 1999, Benton et al. 2000, Foote 1997, Foote & Sepkoski 1999, Fountaine et al. 2005, Kidwell & Holland 2002, Valentine 1990), während die andere Gruppe der Ansicht ist, dass der Fossilbericht durch lückenhafte Beprobung sowie durch die geologisch bedingte Verfügbarkeit entsprechender Sedimente (z. B. durch Meeresspiegelschwankungen) so stark beeinflusst ist, dass biologische Signale (darunter auch Massenaussterben) nur vorgetäuscht bzw. überprägt werden (z. B. Alroy et al. 2001, Crampton et al. 2003, Peters & Foote 2001, 2002, Smith 2001, Smith & Peterson 2002, Wang & Dodson 2006).

Auf methodische Unzulänglichkeiten derartiger Korrelationen von Sedimentvorkommen mit dem Fossilbericht hat indes schon Benton (2003) hingewiesen. Viele dieser Untersuchungen beziehen sich auf den flachmarinen Lebensraum, da hier die Zahl der Fossilien, bedingt durch die Ausbildung von Hartteilen (z. B. bei Korallen, Muscheln, Schnecken und Brachiopoden), in der Regel höher ist als in anderen Gebieten. Dass Meersspiegelschwankungen gerade in fossilreichen Flachmeersedimenten kurzzeitige Aussterbeereignisse vortäuschen können, ist schon länger bekannt, da bei einem Rückzug des Meeres das Volumen von potenziell fossilführenden Ablagerungen natürlich deutlich abnimmt. Schwankungen des Meersspiegels sind aber meistens viel zu kurzzeitig, um längerfristige Entwicklungen der Diversität, wie sie sich im Fossilbericht ganz unterschiedlicher Organismengruppen abzeichnen, zu überprägen. Dies gilt auch für den Einfluss der großen Massenaussterben, die zusätzlich durch eine Fülle unabhängiger Daten z. B. aus der Geologie und Geochemie gestützt werden (→ 5).

Die Stabilität des Fossilberichts ist in mancherlei Hinsicht überraschend. So haben sich z. B. die bekannten zeitlichen Diversitätsmuster der Organismen, meistens angegeben in Anzahl der Familien, entlang der geologischen Zeitachse gegenüber den ersten Synthesen (z. B. Valentine 1969, Sepkoski et al. 1981) bis heute nur unwesentlich verändert, obwohl zahlreiche neue Funde hinzugekommen sind (Jablonski 1999). Andererseits wird unsere Kenntnis des Fossilberichts durch jede neue Fundstelle und oft auch nur durch einzelne Neufunde ständig bereichert. Man bedenke etwa, welchen enormen Zuwachs an stammesgeschichtlichen Informationen die erst 1984 entdeckte, unterkambrische Lagerstätte von Chengjiang in China geliefert hat. Inzwischen sind weit über 100 Arten von verschiedenen Fundstellen dieser Region beschrieben worden und der Strom an herausragend erhaltenen Fossilien reißt nicht ab (z. B. Hou et al. 2004). Aber natürlich können auch neue Einzelfossilien wichtige stammesgeschichtliche Erkenntnisse liefern und zur Bildung neuer phylogenetischer Hypothesen beitragen.

## Die Rekonstruktion der Stammlinie

Im vorherigen Kapitel wurde erläutert, auf welche Weise Fossilien im Rahmen des Stammlinienkonzeptes in phylogenetische Rekonstruktionen integriert werden können. Dabei wurde hervorgehoben, dass sie mindes-

2.5 In Flachmeerablagerungen ist die Anzahl von Fossilien oft besonders hoch, da hier viele Arten vorkommen, die Hartteile ausbilden. Hier handelt es sich um münzen-ähnliche Schalen von Großforaminiferen (Einzeller) und Austern in der ägyptischen Wüste, die vor etwa 40 Millionen Jahren im küstennahen Flachwasser der Tethys gelebt haben (Originalfoto: Wighart von Koenigswald, Bonn).

tens eine Autapomorphie eines rezenten oder fossilen monophyletischen Taxons aufweisen müssen, um als Vertreter der Stammlinie dieser Gruppe ausgewiesen werden zu können. Durch die Einordnung von Fossilien an bestimmte Positionen eines Stammbaumes erhalten seine Taxa eine geschichtliche Dimension. Erst durch diesen Vorgang werden stammesgeschichtliche Hypothesen in einen konkreten zeitlichen und räumlichen Rahmen gestellt, sodass die einmaligen historischen Aspekte der Evolution rekonstruiert werden können.

Durch die Existenz eines Fossils, das mindestens eine Autapomorphie der Stammlinie eines Monophylums aufweist, wird das Mindestalter dieser Gruppe vorgegeben. Der tatsächliche Beginn der Stammlinie muss natürlich vor der Evolution dieses Merkmals gelegen haben. Mithilfe von Fossilien kann man sich dem genauen Zeitpunkt des Anfangs der Stammlinie deshalb immer nur annähern. Fossilien geben aber nicht nur das Mindestalter einer einzelnen Gruppe von Organismen an, sondern mit einer solchen Datierung wird gleichzeitig das Mindestalter der Schwestergruppe bekannt, auch wenn diese vielleicht gar nicht durch Fossilfunde belegt ist. Dadurch sind zum Teil überraschende Vorhersagen über potenzielle Fossilfunde möglich. So kann z. B. die Existenz von Plattwürmern (Plathelminthes oder Platyhelminthes) bereits für das älteste Kambrium postuliert werden. Von den über 22 000 Arten heute lebender Plattwürmer, zu denen z. B. die Bandwürmer und Saugwürmer gehören, leben etwa drei Viertel parasitisch. Ihr wurmförmiger, unsegmentierter Körper besitzt keinerlei Hartteile, die fossil überliefert werden könnten, und mit Ausnahme mutmaßlicher Spuren (z. B. ALESSANDRELLO et al. 1988) gibt es für diese Gruppe bislang

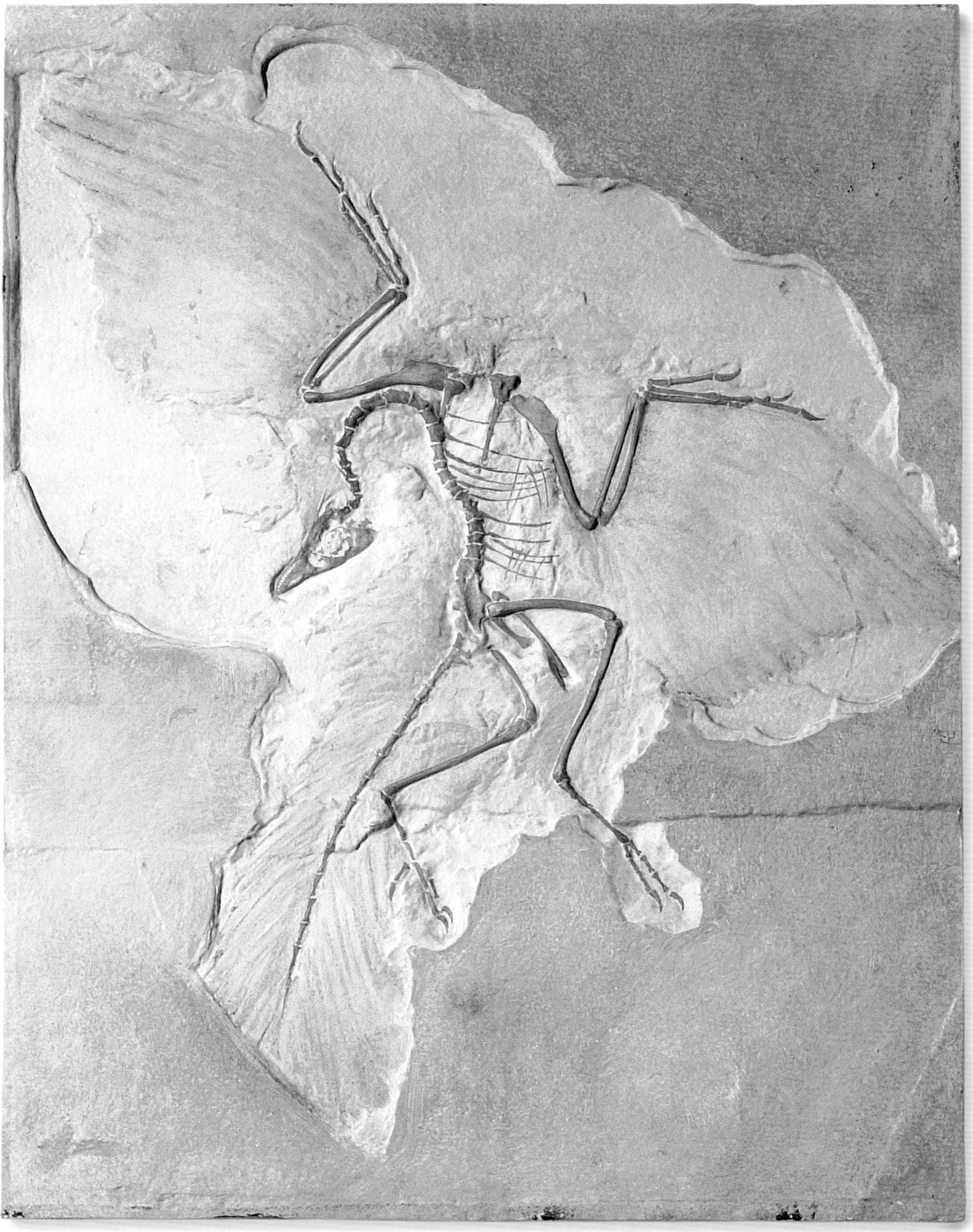

2.6 Bei frühen Stammlinienvertretern der Vögel dienten die Federn vermutlich der Regulation der Körpertemperatur oder sie hatten Signalwirkung. Erst für den ältesten bekannten Vogel, *Archaeopteryx lithographica* aus dem Oberjura von Eichstätt, kann angenommen werden, dass die Federn hauptsächlich dem Fliegen dienten. Das Bild zeigt einen Abguss des „Berliner Exemplars" von *Archaeopteryx*, das 1877 entdeckt wurde.

praktisch keinen sicheren Fossilnachweis. Die Aussage über den kambrischen Ursprung der Plattwürmer ist jedoch möglich, weil ihre Schwestergruppe, die sich nach neuen phylogenetischen Hypothesen u. a. aus den Ringelwürmern (Anneliden), Weichtieren (Mollusken) und Armfüßern (Brachiopoden) zusammensetzt (Dunn et al. 2008), durch hervorragend erhaltene Fossilien schon seit dem Kambrium bekannt ist.

Der Nachweis solcher Schwestergruppenbeziehungen ermöglicht über die reine Datierung von fossil wenig bekannten Gruppen hinaus aber auch umfassendere Rekonstruktionen der Zusammensetzung ehemaliger Lebensgemeinschaften und ihrer ökologischen Wechselbeziehungen.

Durch spezielle Kombinationen von Autapomorphien einer Stammlinie können Fossilien die stufenweise Entwicklung der Evolution von komplexen Merkmalen anschaulich machen. Ein prominentes Beispiel ist die Evolution der Federn und des Flugvermögens der Vögel. Durch eine Vielzahl von zum Teil spektakulär erhaltenen Fossilfunden wurde es möglich, die Entwicklung dieses Merkmalskomplexes entlang der Stammlinie der Vögel schrittweise aufzulösen (z. B. Clarke & Middleton 2006, Benton 2007). Das Fossilmaterial stammt überwiegend aus der Provinz von Liaoning in China und wird in die Unterkreide datiert. Bei den etwa 120 bis 125 Millionen Jahre alten Funden handelt es sich um Dinosaurier, die in unterschiedlichem Maße mit Federn bzw. federartigen Strukturen ausgestattet waren. Innerhalb dieser Coelurosauria, zu denen auch die heutigen Vögel gehören, verlief die Entwicklung von einfachen, fadenförmigen Federn auf dem Rücken und dem Schwanz von *Sinosauropteryx* (Chen et al. 1998), über fadenförmige Federn auf Armen und Beinen bei *Beipiaosaurus* (Xu et al. 1999) zu *Protarchaeopteryx* (Ji et al. 1998), bei dem bereits lange Konturfedern am Schwanz sowie Flaumfedern am ganzen Körper und den Beinen ausgebildet waren. Fliegen konnten diese gefiederten Dinosaurier freilich noch nicht. Möglicherweise dienten ihre Federn der Regulation der Körpertemperatur oder sie waren auffällig gefärbt und hatten Signalwirkung, z. B. bei der Partnerfindung oder gegenüber Fressfeinden. Erst bei dem ältesten bekannten Vogel, *Archaeopteryx* aus dem Oberjura der südlichen Frankenalb, dienten die Federn tatsächlich dem Fliegen (▸ 2.6).

Fossile Stammlinienvertreter können Merkmale zeigen, die bei heute lebenden Formen einer Gruppe völlig unbekannt sind. Ein treffendes Beispiel sind die gerade erwähnten Dinosaurier der Stammlinie der Vögel. Von keinem der heute lebenden Vögel könnte auf die ehemalige Existenz eines bis zu 14 m langen Fleischfressers geschlossen werden, der als *Tyrannosaurus* jedem Kind bestens bekannt ist. Derartige Beispiele können für den Fossilbericht nahezu jeder Organismengruppe gezeigt werden. So liefert auch die sorgfältigste phylogenetische Analyse aller heute lebenden Muscheln keinen Hinweis darauf, dass es Stammlinienvertreter von Teilgruppen der Muscheln gegeben hat, die wie rübenförmige Korallen aussahen und eine Höhe von bis zu 2 m erreichen konnten. Diese sogenannten Rudisten (Hippuritoida) waren die wichtigsten Riffbildner der Kreide (▸ 2.7). Diese Muschelriffe hatten enorme Ausdehnungen in

2.7 Eine Muschel der Gattung *Sabinia* aus der Oberkreide von Friaul. Diese ungewöhnlichen, Rüben ähnlichen Muscheln gehören zu den sogenannten Rudisten. Sie waren die wichtigsten Riffbildner in der Oberkreide und konnten eine Wuchshöhe von bis zu 2 m erreichen.

den warmen Flachmeerbereichen der damaligen Tropen und Subtropen. Ihr Schutt bildet wegen seiner hohen Porosität und Durchlässigkeit heute hervorragende Speichergesteine für Erdöl, so etwa auf der Arabischen Halbinsel (z. B. SCHUMANN & STEUBER 1997).

Phylogenetische Analysen rezenter Organismen lassen nur die Rekonstruktion eines hypothetischen, letzten gemeinsamen Vorfahren zu sowie die pauschale Aussage, dass die entsprechenden abgeleiteten Merkmale vorher, d. h. auf der Stammlinie des Taxons, entstanden sein müssen. Wenn es sich z. B. bei allen rezenten Vertretern eines Taxons um große Organismen handelt, so ist mit Recht anzunehmen, dass auch der letzte gemeinsame Vorfahre groß gewesen ist. Dies muss aber nicht für die Mehrheit der Stammlinienvertreter gelten, die z. B. eine hohe Diversität von kleinen planktonischen Organismen aufweisen können. In diesem Fall können Fossilien zeigen, dass das Merkmal „großer Organismus" einen abgeleiteten Zustand darstellt, der erst spät in der Stammesgeschichte des Taxons erworben wurde.

## Die Bedeutung von Fossilien für die Phylogenie der rezenten Organismen

Wie bereits vorher beschrieben wurde, hat sich die Bedeutung von Fossilien für die Stammesgeschichtsforschung mit der Einführung der Phylogenetischen Systematik nachhaltig verändert. Den Ausgangspunkt für Verwandtschaftsanalysen sollen nun allein die rezenten Organismen bilden, da sie im Vergleich mit Fossilien ein Vielfaches an verwertbaren Merkmalen liefern. Nur wenn der Fossilbericht lückenlos und die Fossilien mit sämtlichen morphologischen Details überliefert wären, könnte die Stammesgeschichte zumindest für manche Organismengruppen in ihrem historischen Ablauf von der Vergangenheit in die Gegenwart rekonstruiert werden. Es ist leicht einzusehen, dass dies kaum jemals möglich sein wird, und wie bereits geschildert wurde, stellte sich deshalb die Frage, ob man bei der Ermittlung von Verwandtschaftsbeziehungen der rezenten Organismen nicht ganz auf die Fossilien verzichten könne.

Nachdem sich bereits HENNIG (1950, 1966, 1969) und eine Reihe weiterer Autoren ausführlich mit dieser Frage befasst hatten, war es vor allem eine Publikation des englischen Paläontologen COLIN PATTERSON mit dem Titel *„Significance of fossils in determining evolutionary relationships"* von 1981, die zu einer verstärkten Diskussion um die Bedeutung von Fossilien in der phylogenetischen Forschung führte. Im ersten Teil der Arbeit analysiert Patterson die unterschiedlichen Arten der evolutionären Beziehungen von Organismen. Aus dem Konzept der Stammlinie leitete er einige „erreichbare Ziele" ab, die mithilfe von Fossilien untersucht werden können (z. B. die Ermittlung der Minimalalter von Gruppen, die zeitliche Abfolge des Auftretens von abgeleiteten Merkmalen der Kronengruppe, Klärung bei Fragen der Homologisierung). Dies führte schließlich zu der für ihn entscheidenden Frage (PATTERSON 1981: 209–210): *„But do such reinterpretations ever lead to reversals of decisions on relationship: in other words, do fossils ever contradict hypotheses based on Recent organisms?"*

PATTERSON (1981) ging der Beantwortung dieser Frage nach, indem er zuerst für seinen eigenen Forschungsbereich, die Fische, Beispiele zu finden versuchte. Nur im Falle der Lungenfische und dem Quastenflosser *Latimeria* gestand er Fossilien einen immerhin geringen Beitrag zur Klärung der phylogenetischen Beziehungen zu, aber nur, wenn die vorliegenden phylogenetischen Hypothesen über die rezenten Vertreter schwach begründet wären. In der Hoffnung auf bessere Beispiele ließ Patterson ein Schreiben unter seinen Kollegen am Natural History Museum in London zirkulieren, mit der Bitte, Beispiele dafür zu nennen, dass Fossilien für die Rekonstruktion der Phylogenie von rezenten Organismen von unmittelbarer Bedeutung sein können. Antwort erhielt er von Spezialisten für kleine, beschalte Einzeller (Foraminiferen), Pflanzen, Armfüßer (Brachiopoden), Weichtiere (Mollusken), Stachelhäuter (Echinodermen) und Säugetiere. Die Beispiele waren indes für PATTERSON nicht überzeugend und er kam zu dem Schluss (1981: 218): *„... that instances of fossils overturning theories of relationship based on Recent organisms are very rare, and may be nonexistent. It follows that the widespread belief that fossils are the only, or best, means of determining evolutionary relationships is a myth."* Diese Schlussfolgerung aus der Feder eines Paläontologen hat Aufsehen erregt und führte vielfach zu der Ansicht, dass Fossilien bei phylogenetischen Analysen grundsätzlich vernachlässigt werden können, da sie offenbar keinen Beitrag zur Phylogenie rezenter Organismen leisten können.

Es muss jedoch betont werden, dass dieser Meinung ein reduktionistischer Ansatz zugrunde liegt, der rein methodische Aspekte über die wissenschaftlichen Ziele der phylogenetischen Forschung stellt. Wie bereits festgestellt wurde, ist das Ziel der Phylogenetischen Systematik die Rekonstruktion der phylogenetischen Verwandtschaft von sämtlichen Organismen, egal ob es sich um rezente oder fossile Formen handelt (AX 1984). Tatsächlich gibt es keinen Grund, warum sich die Stammesgeschichtsforschung auf einen willkürlichen Zeitquerschnitt – die Gegenwart – beschränken und die unendliche organismische Vielfalt der Vergangenheit außer Acht lassen sollte. Vor diesem

Hintergrund ist es für die Bedeutung von Fossilien für die Phylogenie völlig ohne Belang, ob sie bestehende Hypothesen zur Verwandtschaft rezenter Organismen verändern oder zur Klärung der Verwandtschaft rezenter Organismen beitragen können. Im Gegensatz zur Schlussfolgerung von PATTERSON (1981) gibt es zudem mehrere Beispiele, die zeigen, dass Fossilien andere Einsichten in Hypothesen über die Verwandtschaft heutiger Organismen beisteuern können.

Eine der am häufigsten in diesem Zusammenhang zitierten Arbeiten ist die Analyse rezenter und fossiler Vertreter der Amniota, also aller Landwirbeltiere, die sich in einer mit Fruchtwasser gefüllten Amnionhöhle entwickeln, durch GAUTHIER et al. (1988). Die Untersuchung der rezenten Taxa allein ergab, dass die Säuger die Schwestergruppe von Vögeln und Krokodilen sind. Nach Einbeziehung von 24 fossilen Taxa veränderte sich die Beziehung der rezenten Gruppen dahin, dass die Säuger nun die Schwestergruppe aller übrigen Teilgruppen der Amniota bildeten. FOREY (2001) hat diese Ergebnisse, die über das hier beschriebene Resultat natürlich hinausgehen, ausführlich diskutiert (DONOGHUE et al. 1989, EERNISSE & KLUGE 1993, LAURIN 2004), und 2004 hat Forey für sein eigenes Arbeitsgebiet, die Fische, drei Beispiele genannt, in denen Verwandtschaftshypothesen über rezente Taxa durch die Einbeziehung von Fossilien abgewandelt werden (WILSON 1992, ARRATIA 1997, MURRAY & WILSON 1999). Nach ENGEL (2001a, b) liefert die artenreiche Bienenfauna des Baltischen Bernsteins zwingende Argumente für eine einmalige Evolution der sozialen Bienen – ein Ergebnis, das allein anhand der rezenten Formen kaum zu begründen wäre. Für Pflanzen haben zuletzt CRANE et al. (2004) eine Reihe von Beispielen geliefert, die die Bedeutung von Fossilien für die Phylogenie unterstreichen (DOYLE & DONOGHUE 1987).

Fossilien können darüber Aufschluss geben, ob abgeleitete Merkmalszustände rezenter Organismen als Synapomorphie oder Konvergenz zu bewerten sind, und dadurch zu einer kritischen Prüfung oder Veränderung von Verwandtschaftshypothesen beitragen. Dies ist insbesondere bei dem Verlust oder der Reduktion von Strukturen der Fall. So kann z. B. die Verkürzung der Geißelantenne der Eintagsfliegen (Ephemeroptera) und Libellen (Odonata) nicht als Synapomorphie beider Gruppen (Palaeoptera) bewertet werden (z. B. HENNIG 1969, WILLMANN 1998, AX 1999). Wenn Fossilfunde von Libellen (z. B. *Namurotypus* aus dem Oberen Karbon) und von Eintagsfliegen (z. B. *Protereisma* aus dem Perm) berücksichtigt werden, zeigt sich, dass die schlanke Antennengeißel bei ihnen noch deutlich verlängert ist. Die kurze, borstenförmige Antenne der rezenten Taxa ist also unabhängig in beiden Linien entstanden. Ein anderes Beispiel aus der Gruppe der Insekten ist die Bewertung des Fehlens eines freien Eiablageapparates bei den Weibchen der sogenannten Tarsenspinner (Embioptera) und Ohrwürmer (Dermaptera) als Synapomorphie. Auch hier können Fossilfunde, z. B. Ohrwürmer mit langem Eiablageapparat aus dem Jura, zeigen, dass diese Übereinstimmung lediglich auf Konvergenz beruht (WILLMANN 1990).

2.8 Fossilfunde haben ganz erheblich zu einem besseren Verständnis der Stammesgeschichte und Evolution der Wale beigetragen. Im Bild ist ein Unterkiefer mit Zähnen eines bis zu 5 m langen „Urwals" *(Dorudon atrox)* in der originalen Fundsituation im ägyptischen Wadi al-Hitan zu sehen. Dieses berühmte „Tal der Wale" ist seit 2005 durch die UNESCO als Weltnaturerbe geschützt. Eine Vielzahl von sehr gut erhaltenen fossilen Walen aus dem Eozän stammt aus diesem Vorkommen (Originalfoto: Wighart von Koenigswald, Bonn).

Auch wenn sich heutige Organismen aufgrund einer Vielzahl von Autapomorphien bzw. reduzierten oder überprägten Synapomorphien morphologisch so stark von ihren nächstverwandten Taxa unterscheiden, dass eine Verwandtschaftshypothese nicht oder nur sehr schwach begründet werden kann, können Fossilien entscheidende Hinweise auf phylogenetische Beziehungen liefern. Dies gilt z. B. für die Wale, deren Stellung im phylogenetischen System der Säugetiere aufgrund ihres hochgradig abgewandelten Körperbaus und ihrer Lebensweise lange Zeit unklar war. Fossilfunde von frühen Vertretern der Wale (▸ 2.8) zeigen indes, dass die Wale mit den Paarhufern (Artio-

dactyla) nächstverwandt sind (z. B. GINGERICH et al. 2001, THEWISSEN et al. 2001). Die auffälligste Übereinstimmung ihres Skelettes ist der Bau des Astragalus, eines Knochens des Sprunggelenkes, der von Ägyptern, Römern und Griechen im Altertum wegen seiner besonderen Form gern als Spielwürfel („Astragali") verwendet wurde. Bei den frühen Walen, die zwar modifizierte, aber noch gut ausgebildete Extremitäten trugen, weist dieser Knochen eine doppelte Gelenkrolle auf, die ansonsten nur bei den Paarhufern ausgebildet ist. Nach molekulargenetischen Analysen stehen die Wale innerhalb der Paarhufer in einer Schwestergruppenbeziehung zu den Flusspferden (z. B. GATESY et al. 1999, SPRINGER et al. 2003). Diese Annahme wird zusätzlich auch durch einige morphologische Merkmale unterstützt (z. B. GATESY & O'LEARY 2001, GEISLER & UHEN 2003).

Es wurde bereits hervorgehoben, dass Fossilien durch unbekannte, an rezenten Organismen nicht überlieferte Merkmalskombinationen neue stammesgeschichtliche Zusammenhänge offenbaren können (▸ 2.9; z. B. FOREY & FORTEY 2001). Ein aktuelles Beispiel liefern fossile Stammlinienvertreter der Säugetiere aus der Oberkreide der Mongolei, die an der Hinterextremität einen Sporn aufweisen, der mit dem Giftsporn der Männchen heutiger Schnabeltiere homologisiert werden kann (HURUM et al. 2006). Schnabeltiere sind zusammen mit den Schnabeligeln (vier Arten aus zwei Gattungen) Angehörige der Kloakentiere (Monotremata), die nur in der australischen Region leben und als ursprünglichste Gruppe der Säugetiere gelten. Die Schenkel- oder Sporndrüse galt lange als besonders wichtige Autapomorphie der Monotremata (z. B. AX 1984, 1988, 2001, SUDHAUS & REHFELD 1992). Durch die Fossilfunde wird die Bedeutung dieses Merkmalkomplexes als Autapomorphie der Monotremata jedoch hinfällig. Es handelt sich vielmehr um eine Neubildung, die bereits früh in der Evolution von Stammlinienvertretern der Säugetiere vor der Aufspaltung in die Teiltaxa ihrer Kronengruppe aufgetreten ist.

Kehren wir zu der eingangs erwähnten Fragestellung von PATTERSON (1981: *„... do fossils ever contradict hypotheses based on Recent organisms?"*) zurück, so zeigen die hier erläuterten Beispiele eindeutig, dass

2.9 Fossilien können Körperformen und Merkmale zeigen, die an keinen heute lebenden Organismen mehr ausgebildet sind. Ein Beispiel ist dieser in Pyrit erhaltene Vertreter der Stachelhäuter aus dem Unterdevon des Hunsrückschiefers, der zu der ausgestorbenen Gruppe der Beutelstrahler (Cystoidea) gehört. Im Gegensatz zu allen heutigen Stachelhäutern, die eine fünfstrahlige Symmetrie aufweisen, zeigt dieses Exemplar eine bilaterale Symmetrie (Originalfossil: Christoph Bartels, Bochum).

Fossilien in der Tat zu neuen Einsichten über die Verwandtschaft rezenter Organismen führen können. Auch in Zukunft wird dies aber nicht die vorrangige „Aufgabe" von Fossilien im Rahmen der Stammesgeschichtsforschung sein. Aus heutiger Sicht ist es viel wichtiger, alle verfügbaren Datensätze zu berücksichtigen und kritisch zu evaluieren, egal ob sie von rezenten oder fossilen Organismen stammen.

Revolutionäre Ergebnisse hat in den letzten Jahren vor allem die Analyse von molekulargenetischen Daten in der Phylogenetik geliefert. Selbst scheinbar sehr gut begründete phylogenetische Zusammenhänge wurden dabei infrage gestellt, wie am Beispiel der Articulata-Hypothese bereits in 1 erläutert wurde. In Anlehnung an PATTERSON (1981) wäre deshalb aktuell zu fragen: *„Do molecular data ever contradict hypotheses on morphological data?"* Die Antwort müsste vermutlich in allen Fällen Ja lauten, und ähnlich wie bei Pattersons Bemühungen um Aufklärung wäre es wahrscheinlich schwierig, Beispiele zu finden, in denen molekulare Daten nicht zu neuen Verwandtschaftshypothesen geführt haben, die vorher aufgrund morphologischer Daten aufgestellt wurden. Wenn dies jedoch tatsächlich so ist, dann muss die Prüfung aller verfügbaren Datensätze sowie die Weiterentwicklung von Theorien und Methoden die vordringlichste Aufgabe für die Zukunft sein.

## Fossilien und molekulare Uhren

Die rasante Entwicklung von molekularen Arbeitsmethoden und die zahllosen Analysen von genetischen Daten bis hin zu vollständigen Genomen (z. B. BOORE & FUERSTENBERG 2008) haben sich auf alle Felder der Stammesgeschichtsforschung nachhaltig ausgewirkt. Durch die Technik der molekularen Datierung von Monophyla mithilfe der sogenannten molekularen Uhr hat zugleich die Diskussion um die Vollständigkeit des Fossilberichts neue Impulse bekommen.

Die Idee der molekularen Uhr geht ursprünglich auf eine Arbeit des Evolutionsbiologen Emile Zuckerkandl und den Chemiker und zweifachen Nobelpreisträger Linus Pauling zurück (ZUCKERKANDL & PAULING 1962, 1965). Sie entdeckten, dass Unterschiede in der Sequenz von Aminosäuren verschiedener Arten proportional zum Aufspaltungsalter dieser Arten sind. Wenn man nun davon ausgeht, dass die Substitutionsrate für eine bestimmte DNS-Region bzw. die Evolutionsrate für ein Protein für alle oder zumindest die allermeisten Organismengruppen gleich groß ist, so lässt sich das Aufspaltungsalter für Taxa in einem phylogenetischen System rekonstruieren (z. B. KNOOP & MÜLLER 2006, BROMHAM 2008). Dazu ist es freilich noch notwendig, die molekulare Uhr zu eichen, was mithilfe von Fossilien oder geologisch datierbaren Ereignissen (z. B. Entstehungsalter von Inseln) geschieht.

In vielen Fällen haben die molekularen Datierungen den zeitlichen Ursprung von übergeordneten Taxa gegenüber den ältesten Fossilnachweisen sehr weit in die Vergangenheit verlegt oder den Zeitraum gegenüber den ältesten Fossilien sogar fast verdoppelt, z. B. bei den tierischen Vielzellern (Metazoa), den Blütenpflanzen (Angiospermen), den modernen Vögeln und den Säugern (z. B. BENTON 2003, BENTON & AYALA 2003, DONOGHUE & SMITH 2004, CONWAY MORRIS 2006). So liegen etwa für den Ursprung der Vielzeller molekulare Datierungen vor, die eine Zeitspanne von etwa 1200 bis ungefähr 600 Millionen Jahre umfassen, während die ältesten Fossilfunde bislang auf etwa 600 Millionen Jahre datiert werden (z. B. LEVINTON 2001, BUDD & JENSEN 2003; ▸ 2.10). Durch den Nachweis von gruppenspezifischen Molekülen, sogenannten Biomarkern, wird das erste Auftreten einiger

2.10 Angehörige der sogenannten Ediacara-Fauna, die vor etwa 600 bis 540 Millionen Jahren lebten, gehören zu den ältesten Vielzellern, die fossil überliefert sind. Ihre paläobiologische Deutung und ihre systematische Zugehörigkeit sind jedoch umstritten. Ob es sich etwa bei dem abgebildeten Exemplar von *Spriggina floundersi* um einen Ringelwurm, einen Arthropoden, einen Stammlinienvertreter der Articulata oder vielleicht um etwas ganz anderes handelt, ist nicht geklärt (Abguss des Originals).

Gruppen in manchen Fällen noch etwas nach hinten verlegt. So liegen z. B. erste Hinweise auf die Existenz von Horn- oder Kieselschwämmen (Demospongiae) bereits aus etwa 660 Millionen Jahre alten Ablagerungen Australiens vor. Aber auch diese Erweiterung des Fossilberichts kann die Diskrepanz zwischen den fossilen und den molekularen Datensätzen nicht befriedigend auflösen (Bromham 2003, 2006).

Wenn die sehr alten, mithilfe von molekularen Uhren ermittelten Entstehungsalter von übergeordneten Teilgruppen der Vielzeller richtig sind, so bleiben nur zwei Alternativen zur Deutung des Fossilberichts. Sollte die Fossilüberlieferung vollständig sein, in dem Sinne, dass keine oder nur wenige neuen Erkenntnisse mehr zu erwarten sind, könnte das Fehlen älterer Fossilnachweise von Teilgruppen der Vielzeller unter anderem durch eine kryptische Lebensweise, die Kleinheit der Organismen (z. B. Formen, die im Sandlückensystem leben), eine eingeschränkte Verbreitung oder das Fehlen jeglicher überlieferungsfähiger Hartteile erklärt werden (z. B. Cooper & Fortey 1998). Es scheint jedoch plausibler zu sein, von der Unvollständigkeit des Fossilberichts auszugehen. In diesem Fall könnten die Organismen zu klein oder zu anfällig für die Fossilisation gewesen sein oder die geeigneten Sedimente fehlen, wurden bislang nicht entdeckt oder sind durch tektonische Ereignisse vollständig zerstört worden. Diese Ansicht wird offenbar von der Mehrheit der molekularen Analytiker vertreten (Benton 2003).

Schließlich besteht noch die Möglichkeit, dass der Fossilbericht bereits vollständig genug ist, um den Ablauf der Evolution einschließlich des Ursprungs der übergeordneten Taxa tatsächlich widerzuspiegeln. Dies würde bedeuten, dass die Methodik der molekularen Uhren noch nicht ausgereift ist, und dafür gibt es verschiedene Hinweise. Die molekulare Uhr läuft innerhalb einzelner Abstammungslinien offensichtlich unregelmäßig schnell (z. B. Pereira & Baker 2006). Die Substitutionsrate kann sich etwa während Phasen der raschen Vervielfältigung von Arten, der sogenannten Radiationen, durch starken bzw. geringen Selektionsdruck, durch Schwankungen der Populationsgröße oder unterschiedliche Generationszeiten verändern (z. B. Bromham & Penny 2003, Rokas et al. 2005, Elango et al. 2006). Auch zwischen verschiedenen Abstammungslinien kann die Geschwindigkeit variieren, und einzelne Gene weisen z. B. innerhalb der Gliederfüßer und Säuger unterschiedliche Substitutionsraten auf (Ayala 1997, Peterson et al. 2004). Weiterhin scheinen der Stoffwechselumsatz, die Körpergröße zumindest bei Wirbeltieren (vor allem bei Säugern), das Temperaturregime sowie die Artbildungsrate die molekulare Evolutionsrate beeinflussen zu können (z. B. Soltis et al. 2002, Gillooly et al. 2005, Thomas et al. 2006, Wright et al. 2006, Lanfear et al. 2007). Fehler, die durch diese Faktoren in die Datierungen eingehen, können zwar mithilfe verschiedener methodischer Ansätze korrigiert werden, aber die Effektivität dieser Methoden ist bislang nicht hinreichend geprüft worden (Welch & Bromham 2005).

2.11 Fossilien geben immer nur das Minimalalter für die Existenz einer Gruppe von Organsimen und damit auch für die Aufspaltung zweier evolutiver Linien an. Das hier abgebildete, älteste Fossil eines Wandelnden Blattes, einer Teilgruppe der Gespenstschrecken, stammt aus dem Eozän von Messel. Diese sehr stark abgeleitete Insektengruppe ist also mindestens etwa 47 Millionen Jahre alt. Das hohe Alter sowie das Vorkommen in Mitteleuropa sind überraschend, da die heutigen 37 bekannten Arten ihren Verbreitungsschwerpunkt in Südostasien haben (Wedmann et al. 2007).

2.12 *Scaniacypselus szarskii*, einer der ältesten Nachweise der Echten Segler (Apodidae) aus dem Eozän der Grube Messel bei Darmstadt (Originalfossil in der Sammlung des Forschungsinstitutes Senckenberg, Frankfurt a. M., Originalfoto von Dr. Gerald Mayr, Forschungsinstitut und Museum Senckenberg, Frankfurt a. M.)

Fossilien liefern neben geologischen Ereignissen (z. B. das Bildungsalter von Inseln) den wichtigsten unabhängigen Datensatz, um die molekulare Uhr zu kalibrieren. Diese ist damit in hohem Maße von der Qualität und kritischen Analyse des Fossilberichts, aber auch von einer präzisen stratigraphischen Einstufung der Fossilfunde abhängig. Fossilien liefern natürlich immer nur ein Minimalalter für die Aufspaltung zweier evolutiver Linien (▸ 2.11). Das Aufspaltungsereignis selbst hat in jedem Fall früher stattgefunden. Deshalb wird man stets bemüht sein, jeweils solche Fossilien für die Kalibrierung zu wählen, die einer Aufspaltung möglichst nahestehen. Solche basalen Taxa sind aber in der Regel nur schwer einem bestimmten Monophylum zuzuordnen, denn „basal" bedeutet ja nichts anderes, als dass der fossile Organismus nur durch wenige bzw. mindestens eine einzige Autapomorphie des entsprechenden Monophylums ausgewiesen sein muss. Die zeitliche Auflösung eines Aufspaltungsereignisses anhand der Stammlinie, die zu dieser Aufspaltung führt, würde einen äußerst vollständigen Fossilbericht voraussetzen. Theoretisch wäre hier der letzte gemeinsame Vorfahre eines Monophylums zu suchen, also eine Art, die alle Synapomorphien des entsprechenden Monophylums in sich vereint, bzw. ein Taxon, das dieser Art möglichst nahesteht und gleichzeitig keine Autapomorphien aufweist. Eine präzise Aussage über den wirklichen Zeitpunkt der Aufspaltung wäre dann aber immer noch nicht möglich. Zudem hat man es in der Realität immer mit Fossilien zu tun, die mit mehr oder weniger großer zeitlicher Distanz vor einem Aufspaltungsereignis existiert haben und zusätzlich noch mehr oder weniger zahlreiche Autapomorphien aufweisen. Sie können also günstigstenfalls helfen, ein solches Ereignis gleichsam einzukreisen, wenn zusätzlich mindestens ein basaler Vertreter der nach der Aufspaltung entstandenen Taxa fossil bekannt ist (z. B. Donoghue & Benton 2007). Gerade der Fossilbericht der frühen Abschnitte einer Stammlinie kann aber besonders schwach sein. Dies ist vor allem dann der Fall, wenn sich erst später im Verlauf der Evolution bedeutende Radiationen ereigneten, die sich in einer deutlichen Verbesserung der Fossilüberlieferung niederschlagen können. Dabei muss jedoch beachtet werden, dass eine hohe Diversität nicht automatisch mit einer hohen Fossilisationsrate gleichzusetzen ist (Budd & Jensen 2003).

Ein gutes Beispiel ist der Fossilbericht der Modernen Vögel (▸ 2.12). Eine Reihe von molekularen sowie paläobiogeographischen Untersuchungen legen den Ursprung der Neornithes, also der Modernen Vögel, in die Kreide (70–120 Millionen Jahren), während das älteste sichere Fossil je nach Autor aus dem Paleozän (60 Millionen Jahre) oder aus der höheren Kreide (etwa 70–80 Millionen Jahren) stammen soll (z. B. CRACRAFT 2001, FEDUCCIA 2003, DYKE & VAN TUINEN 2004, FOUNTAINE et al. 2005). Mutmaßliche kreidezeitliche Fossilien der Neornithes sind zum einen ausgesprochen selten (nach FOUNTAINE et al. 2005 etwa 22 bis 23 Arten), zum anderen sind sie schlecht erhalten, bestehen oft nur aus isolierten Knochen und können nicht oder nur unzulänglich anhand phylogenetisch verwertbarer Merkmale interpretiert werden (DYKE & VAN TUINEN 2004). Mitunter handelt es sich auch nur um Fußspuren, die nicht mit Sicherheit zu deuten sind (z. B. LOCKLEY & RAINFORTH 2002). Erst in jüngster Zeit sind Fossilfunde aufgetaucht bzw. nachuntersucht worden, die einen Ursprung der Neornithes in der Kreide mit größerer Sicherheit belegen: ein noch nicht befriedigend analysierter, aber gut erhaltener mutmaßlicher Vertreter der Gaviidae aus der Antarktis, der wahrscheinlich kreidezeitlichen Alters ist (CHATTERJEE 2002), ein Vertreter der Anatidae, der ebenfalls aus der Antarktis stammt (Maastricht, 66–68 Millionen Jahre) und dessen phylogenetische Position durch 20 Synapomorphien abgesichert werden konnte (CLARKE et al. 2005), ein Angehöriger der Anseriformes aus der Kreide (Maastricht) der Mongolei (KUROCHKIN et al. 2002) und vier herausragend erhaltene Skelette von Pinguinen aus dem unteren Paläozän (etwa 61 Millionen Jahre) von Neuseeland, die zugleich einen vertrauenswürdigen Kalibrierungspunkt für die Phylogenie der Vögel geliefert haben (SLACK et al. 2006). Nach dieser Untersuchung lag die basale Aufspaltung der Neornithes in der unteren Oberkreide, d. h., Moderne Vögel hätten mit Ursprünglichen Vögeln und Flugsauriern gemeinsam gelebt (PEREIRA & BAKER 2006).

Die basale Radiation der Modernen Vögel hat also offenbar bereits vor dem Massenaussterben an der Kreide-Tertiär-Grenze stattgefunden (5) und nicht erst danach (z. B. FEDUCCIA 2003). Die Diversität der Modernen Vögel war aber vermutlich in dieser frühen Phase noch gering, denn Fossilfunde von basalen Taxa der Modernen Vögel aus der Kreide bleiben eine Seltenheit. Dies gilt umso mehr, als aus der Kreide eine Vielzahl von sehr gut erhaltenen und sehr vollständigen Fossilien von Ursprünglichen Vögeln bekannt sind, und es gibt keinen Grund anzunehmen, dass die Modernen Vögel ein schlechteres Fossilisationspotenzial hatten und deshalb an den Fundorten fehlen (FOUNTAINE et al. 2005).

Das Beispiel der Stammesgeschichte der Vögel zeigt, wie wichtig eine Zusammenarbeit von Paläontologie und Biologie für die Rekonstruktion des zeitlichen Verlaufes der Phylogenie ist. SLACK et al. beschreiben dies folgendermaßen (2006: 1153): „*Traditionally, there has been an apparent conflict between paleontological and molecular estimates of divergences for both mammals and birds. In contrast, we see important interactions between molecular and paleontological information; collaborative work is important. We need to integrate studies on paleontology (including footprints), DNA sequences (nuclear and mitochondrial), ecology, and physiology to develop testable models of past extinctions and radiations.*“

Paläontologen, die den Fossilbericht einer bestimmten Gruppe sehr gut kennen, können in der Regel mehrere geeignete Kalibrierungspunkte für die Eichung einer molekularen Uhr vorschlagen und auch Aussagen über das Maß der Sicherheit solcher Punkte machen. Ähnlich wie bei der Analyse mehrerer verschiedener Gene oder der Einbeziehung möglichst vieler Taxa einer Organismengruppe, werden die Ergebnisse dabei besser abgesichert und lassen eine wesentlich kritischere Prüfung der Resultate zu (z. B. REISZ & MÜLLER 2004, MÜLLER & REISZ 2005). Mittlerweile gibt es erste Zusammenfassungen von verlässlichen Kalibrierungspunkten, die die Eichung von molekularen Datierungen erleichtern (z. B. MÜLLER & REISZ 2005, BENTON & DONOGHUE 2007). Die Befürchtung mancher Autoren, dass der Einsatz multipler Kalibrierungspunkte wegen der Unsicherheiten des Fossilberichts die Ungenauigkeit der Resultate nur noch vergrößern würde (z. B. HEDGES & KUMAR 2004), ist unter diesen Umständen völlig unbegründet und führt zum Verlust wichtiger Informationen. Wenn bekannt ist, dass unterschiedliche Abstammungslinien unterschiedliche molekulare Evolutionsraten aufweisen, ist es sogar notwendig, jede einzelne Linie durch entsprechende Kalibrierungspunkte abzusichern. Außerdem gibt es mittlerweile Verfahren, um die relative Sicherheit von Kalibrierungspunkten zu ermitteln (z. B. NEAR et al. 2005, DONOGHUE & BENTON 2007). Wenn andererseits molekulare Alter kalkuliert werden, die Hinweise auf eine größere Lücke im Fossilbericht geben, können Paläontologen in manchen Fällen Aussagen darüber treffen, wo eine gezielte Suche von Fossilien aussichtsreich wäre. Dies kann durch die Rekonstruktion der paläogeographischen Situation, die Kenntnis geeigneter Lebens- und Ablagerungsräume sowie die Zuordnung entsprechender heutiger Sedimentvorkommen ermöglicht werden.

Die molekulare Uhr wird den Fossilbericht hinsichtlich seiner Bedeutung für unsere Kenntnis der historischen Aspekte der Evolution sicher nicht ersetzen. Als komplementäre Methode ist sie jedoch sehr geeignet und wichtig, um stammesgeschichtliche Szenarien kritisch zu prüfen. Die Ungenauigkeit und Unsicherheit mancher molekularer Datierungen sollte kein Grund sein, die Methode der molekularen Uhr aus paläontologischer Sicht einfach generell abzulehnen. Es ist völlig unzweifelhaft, dass die DNS historische Informationen in sich trägt, die in der Stammesgeschichtsforschung unter anderem für Datierungen genutzt werden können. Deshalb sollte sich die Paläontologie aktiv an der Verbesserung der Methoden beteiligen, denn in der engeren Zusammenarbeit zwischen Molekularbiologen und Paläontologen liegt ein großes zukünftiges Potenzial, um die zeitliche Auflösung phylogenetischer Hypothesen sowie evolutiver Entwicklungen zu verbessern. Der in Australien und England tätige Biologe Lindell Bromham hat seine langjährigen Erfahrungen auf diesem Forschungsgebiet folgendermaßen zusammengefasst (BROMHAM 2006: 3): *„I find the more I learn about molecular clocks, the more I despair that they can ever be trusted. But the reason I keep working in the field of molecular clocks, rather than giving up, is this: wouldn't it be great, if we could make them work?"*

## Literatur


ALESSANDRELLO, A., PINNA, G. & TERUZZI, G. (1988): Land planarian locomotion trail from the Lower Permian of Lombardian pre-Alps. Atti della Società Italiana di Scienze Naturale e Storia Naturale, Milano 129. S. 139–145.

ALROY, J., MARSHALL, C. R., BAMBACH R. K., BEZUSKO, K., FOOTE, M., FÜRSICH, F. T., HANSEN, T. A., HOLLAND, S. M., IVANY, L. C., JABLONSKI, D., JACOBS, D. K., JONES, D. C., KOSNIK, M. A., LIDGARD, S., LOW, S., MILLER, A. I., NOVACK-GOTTSHALL, P. M., OLSZEWSKI, T. D., PATZKOWSKY, M. E., RAUP, D. M., ROY, K., SEPKOSKI, J. J. JR., SOMMERS, M. G., WAGNER, P. J., WEBBER, A. (2001): Effects of sampling standardization on estimates of Phanerozoic marine diversification. Proc. Nat. Acad. Sci. 98. S. 6261–6266.

ARRATIA, G. (1997): Basal teleosts and teleostean phylogeny. Palaeoichtyol. 7. S. 5–168.

AX, P. (1984): Das Phylogenetische System. Gustav Fischer Verlag, Stuttgart, New York.

AX, P. (1988): Systematik in der Biologie. Gustav Fischer Verlag, Stuttgart.

AX, P. (1999): Das Phylogenetische System der Metaozoa II. Gustav Fischer Verlag, Stuttgart, Jena, New York.

AX, P. (2001): Das Phylogenetische System der Metaozoa III. Gustav Fischer Verlag, Stuttgart, Jena, New York.

AYALA, F. J. (1997): Vagaries of the molecular clock. Proc. Nat. Acad. Sci. 94. S. 7776–7783.

BENTON, M. J. (1995): Diversification and extinction in the history of life. Science 268. S. 52–58.

BENTON, M. J. (1999): The history of life, large data bases in palaeontology. In: HARPER, D. A. T. [Hrsg.]: Statistical Methods in Palaeobiology. Wiley, London. S. 249–283.

BENTON, M. J. (2001): Patterns of Diversity. In: BRIGGS, D. E. G. & CROWTHER, P. R. [Hrsg.]: Palaeobiology II. Blackwell Publishing. S. 211–220.

BENTON, M. J. (2003): The quality of the fossil record. In: DONOGHUE, P. C. J. & SMITH, M. P. [Hrsg.]: Telling the Evolutionary Time: Molecular Clocks and the Fossil Record. Taylor & Francis, London. S. 66–90.

BENTON, M. J. (2007): Paläontologie der Wirbeltiere. Verlag Dr. Friedrich Pfeil, München.

BENTON, M. & AYALA, F. J. (2003): Dating the tree of life. Science 300. S. 1698–1700.

BENTON, M. & DONOGHUE, P. C. J. (2007): Paleontological Evidence to Date the Tree of Life. Mol. Biol. Evol. 24. S. 26–53.

BENTON, M. J., WILLS, M. A. & HITCHIN, R. (2000): Quality of the fossil record through time. Nature 403. S. 534–537.

BERNER, R. A. (2006): GEOCARBSULF: A combined model for Phanerozoic atmospheric $O_2$ and $CO_2$. Geochim. Cosmochim. Acta 70. S. 5653–5664.

BOORE, J. L. & FUERSTENBERG, S. I. (2008): Beyond linear sequence comparisons: the use of genome-level characters for phylogenetic reconstruction. Phil. Trans. R. Soc. B 363. S. 1445–1451.

BRAUCKMANN, C. & SCHNEIDER, J. (1996): Ein unter-karbonisches Insekt aus dem Raum Bitterfeld/Delitzsch (Pterygota, Arnsbergium, Deutschland). N. Jb. Geol. Paläont. Mh. 1996 (1). S. 17–30.

BROMHAM, L. (2003): What can DNA Tell us About the Cambrian Explosion? Integr. Comp. Biol. 43. S. 148–156.

BROMHAM, L. (2006): Molecular Dates for the Cambrian Explosion: Is the Light at the End of the Tunnel an Oncoming Train? Palaeontologia Electronica Vol. 9 (1).

BROMHAM, L. (2008): Reading the story in DNA. Oxford University Press, Oxford.

BROMHAM, L. & PENNY, D. (2003): The Modern Molecular Clock. Nature Reviews Genetics 4. S. 216–224.

BUDD, G. E. & JENSEN, S. (2003): The limitations of the fossil record and the dating of the origin of the Bilateria. In: DONOGHUE, P. C. J. & SMITH, M. P. [Hrsg.]: Telling the Evolutionary Time: Molecular Clocks and the Fossil Record. Taylor & Francis, London. S. 190–223.

CARROLL, R. (2002): Early land vertebrates. Nature 418. S. 35–36.

Chatterjee, S. (2002): The morphology and systematics of Polarornis, a Cretaceous loon (Aves: Gaviidae) from Antarctica. In: Zhou, Z. & Zhang, F. [Hrsg.]: Proceedings of the 5th Symposium of the Society of Avian Paleontology and Evolution, Beijing, 1–4 June 2000. Science Press, Beijing. S. 125–155.

Chen, P.-J., Dong, Z.-M. & Zhen, S.-N. (1998): An exceptionally well-preserved theropod dinosaur from the Yixian Formation of China. Nature 391. S. 147–152.

Clack, J. A. (2002): An early tetrapod from "Romer's Gap". Nature 418. S. 72–76.

Clarke, J. A. & Middleton, K. (2006): Bird evolution. Current Biology 16 (10). R350–RR354.

Clarke, J. A., Tambussi, C. P., Norlega, J. I., Erickson, G. M. & Ketcham, R. A. (2005): Definitive fossil evidence for the extant avian radiation in the Cretaceous. Nature 433. S. 305–308.

Coates, M. I. & Clack, J. A. (1995): Romer's gap: tetrapod origins and terrestriality. In: Arsenault, M., Lelièvre, H. & Janvier, P. [Hrsg.]: Studies on early vertebrates (VIIth International Symposium, Miguasha Parc, Quebec). Bull. Mus. Natl. Hist. Nat. 17. S. 373–388.

Conway Morris, S. (2006): Darwin's dilemma: the realities of the Cambrian "explosion". Phil. Trans. R. Soc. B 361. S. 1069–1083.

Cooper, A. & Fortey, R. (1998): Evolutionary explosions and the phylogenetic fuse. Trends Ecol. Evol. 13. S. 151–156.

Cracraft, J. (2001): Avian evolution, Gondwana biogeography and the Cretaceous-Tertiary mass extinction event. Proc. R. Soc. Lond. B 268. S. 459–469.

Crampton, J. S., Beu, A. G., Cooper, R. A., Jones, C. M., Marshall, B. & Maxwell, P. A. (2003): Estimating the Rock Volume Bias in Paleobiodiversity Studies. Science 301. S. 358–360.

Crane, P., Herendeen, P. & Friis, E. M. (2004): Fossils and Plant Phylogeny. Am. J. Botany 91 (10). S. 1683–1699.

Donoghue, M. J., Doyle, J. A., Gauthier, J., Kluge, A. G. & Rowe, T. (1989): The Importance of Fossils in Phylogeny Reconstruction. Annual Rev. Ecol. Syst. 20. S. 431–460.

Donoghue, P. C. J. & Benton, M. (2007): Rocks and clocks: calibrating the Tree of Life using fossils and molecules. Trends Ecol. Evol. 22. S. 424–431.

Donoghue, P. C. J. & Smith, M. P. [Hrsg.] (2004): Telling the evolutionary time: molecular clocks and the fossil record. Taylor & Francis/CRC Press, London, UK/Boca Raton.

Doyle, J. A. & Donoghue, M. J. (1987): The importance of fossils in elucidating seed plant phylogeny and macroevolution. Rev. Palaeobot. Palynol. 50. S. 63–95.

Dunn, C. W., Hejnol, A., Matus, D. Q., Pang, K., Browne, W., Smith, S. A., Seaver, E., Rouse, G. W., Obst, M., Edgecombe, G. D., Sørensen, M. V., Haddock, S. H. D., Schmidt-Rhaesa, A., Okusu, A., Kristensen, R. M., Wheeler, W. C., Martindale, M. Q. & Giribet, G. (2008): Broad phylogenomic sampling improves resolution of the animal tree of life. Nature 452. S. 745–749.

Dyke, G. J. & van Tuinen, M. (2004): The evolutionary radiation of modern birds (Neornithes): reconciling molecules, morphology and the fossil record. Zool. J. Linnean Soc., 141. S. 153–177.

Eernisse, D. J. & Kluge, A. G. (1993): Taxonomic Congruence versus Total Evidence, and Amniote Phylogeny Inferred from Fossils, Molecules, and Morphology. Mol. Biol. Evol. 10 (6). S. 1170–1195.

Elango, N., Thomas, J. W., NISC Comparative Sequencing Program & Yi, S. (2006): Variable molecular clocks in hominoids. Proc. Nat. Acad. Sci. 103 (5). S. 1370–1375.

Engel, M. (2001a): A monograph of the Baltic amber bees and evolution of the Apoidea (Hymenoptera). Bull. Am. Mus. Nat. Hist. 259. S. 1–192.

Engel, M. (2001b): Monophyly and extensive extinction of advanced eusocial bees: Insights from an unexpected Eocene diversity. Proc. Nat. Acad. Sci. 98 (4). S. 1661–1664.

Eskov, K. Yu. (2002): Geographical History of Insects. In: Rasnitsyn, A. & Quicke, L. J. [Hrsg.]: History of Insects. Kluwer Academic Publishers. S. 427–435.

Feduccia, A. (2003): „Big bang" for Tertiary birds? Trends Ecol. Evol. 18. S. 172–176.

Foote, M. (1997): Estimating taxonomic durations and preservation probability. Paleobiology 23. S. 278–300.

Foote, M. & Sepkoski, J. J. Jr. (1999): Absolute measures of the completeness of the fossil record. Nature 398. S. 415–417.

Forey, P. L. (2001): Les fossiles et la systématique. Biosystema 19. S. 1–28.

Forey, P. L. (2004): Systematics and Paleontology. In: Williams, D. M. & Forey, P. L. [Hrsg.]: Milestones in Systematics. The Systematics Association Special Volume Ser. 67, CRC Press. S. 149–180.

Forey, P. L. & Fortey, R. A. (2001): Fossils in the Reconstruction of Phylogeny. In: Briggs, D. E. G. & Crowther, P. R. [Hrsg.]: Palaeobiology II. Blackwell Publishing. S. 515–519.

Fountaine, T. M. R., Benton, M. J., Dyke, G. J. & Nudds, R. L. (2005): The quality of the fossil record of Mesozoic birds. Proc. R. Soc. B 272. S. 289–294.

Gatesy, J. & O'Leary, M. A. (2001): Deciphering whale origins with molecules and fossils. Trends in Ecology and Evolution 16. S. 562–570.

Gatesy, J., Milinkovitch, M., Waddell, V. & Stanhope, M. (1999): Stability of cladistic relationships between Cetacea and higher level artiodactyl taxa. Syst. Biol. 48. S. 6–20.

Gauthier, J., Kluge, A. G. & Rowe, T. (1988): Amniote phylogeny and the importance of fossils. Cladistics 4. S. 105–209.

Geisler, J. H. & Uhen, M. D. (2003): Morphological support for a close relationship between hippos and whales. Journal of Vertebrate Paleontology 23. S. 991–996.

Gillooly, J. F., Allen, A. P., West, G. B. & Brown, J. H. (2005): The rate of DNA evolution: Effects of body size and temperature on the molecular clock. Proc. Nat. Acad. Sci. 102 (1). S. 140–145.

Gingerich, P. D., ul Haq, M., Zalmout, I. S., Khan, I. H. & Malkani, M. S. (2001): Origin of whales from early artiodactyls: hands and feet of Protocetidae from Pakistan. Science 249. S. 154–157.

Grimaldi, D. & Engel, M. S. (2005): Evolution of the Insects. Cambridge University Press.

Hedges, S. B. & Kumar, S. (2004): Precision of molecular time estimates. Trends in Genetics 20 (5). S. 242–247.

Hennig, W. (1950): Grundzüge einer Theorie der phylogenetischen Systematik. Deutscher Zentralverlag, Berlin.

Hennig, W. (1966): Phylogenetic systematics. University of Illinois Press, Urbana, Chicago, London.

Hennig, W. (1969): Die Stammesgeschichte der Insekten. E. Kramer, Frankfurt a. M.

Hou X.-G., Aldridge, R. J., Bergström, J., Siveter, David J., Siveter, Derek J. & Feng Xiang-Hong (2004): The Cambrian Fossils of Chengjiang, China. Blackwell Publishing.

Hurum, J., Luo, Z.-X. & Kielan-Jaworowska, Z. (2006): Were mammals originally venomous? Acta Palaeontol. Pol. 51 (1). S. 1–11.

Jablonski, D. (1999): The Future of the Fossil Record. Science 284. S. 2114–2116.

Ji, Q., Currie, P. J., Norell, M. A. & Ji, S.-A. (1998): Two feathered dinosaurs from northeastern China. Nature 393. S. 753–761.

Kemp, T. S. (1999): Fossils and Evolution. Oxford University Press, Oxford, New York.

Kidwell, S. M. & Holland, S. M. (2002): The Quality of the Fossil Record: Implications for Evolutionary Analyses. Ann. Rev. Ecol. Syst. 33. S. 561–588.

Knoop, V. & Müller, K. (2006): Gene und Stammbäume – Ein Handbuch zur molekularen Phylogenetik. Elsevier GmbH, Spektrum Akademischer Verlag, München.

Kurochkin, E. N., Dyke, G. J. & Karhu, A. A. (2002): A New Presbyornithid Bird (Aves, Anseriformes) from the Late Cretaceous of Southern Mongolia. Am. Mus. Nov. 3386. S. 1–11.

Labandeira, C.C. (2006): The four phases of plant-arthropod associations in deep time. *Geologica Acta* 4. S. 409–438.

Lanfear, R., Thomas J., Welch, J., Brey, T. & Bromham, L. (2007): Metabolic Rate Does Not Calibrate the Molecular Clock. Proc. Nat. Acad. Sci. 104. S. 15388–15393.

Laurin, M. (2004): The Evolution of Body Size, Cope's Rule and the Origin of Amniotes. Syst. Biol. 53 (4). S. 594–622.

Levinton, J. S. (2001): Genetics, Paleontology, and Macroevolution. Cambridge Univers. Press.

Lockley, M. G. & Rainforth, E. C. (2002): The track record of Mesozoic birds and pterosaurs: an ichnological and paleoecological perspective. In: Chiappe. L. M. & Witmer, L. M. [Hrsg.]: Mesozoic Birds: Above the heads of dinosaurs. Univ. of California Press, Berkeley. S. 405–418.

Mayr, E. (2003): Das ist Evolution. C. Bertelsmann Verlag; München.

Müller, J. & Reisz, R. R. (2005): Four well-constrained calibration points from the vertebrate fossil record for molecular clock estimates. BioEssays 27. S. 1069–1075.

Murray, A. M., & Wilson, M. V. H. (1999): Contributions of fossils to the phylogenetic relationships of the percopsiform fishes (Teleostei: Paracanthopterygii): order restored. In: Arratia, G. & Schultze, H. P. [Hrsg.]: Mesozoic Fishes. 2. Systematic and the Fossil Record. Friedrich Pfeil, München. S. 397–411.

Near, T. J., Meylan, P. A. & Shaffer, H. B. (2005): Assessing Concordance of Fossil Calibration Points in Molecular Clock Studies: An Example Using Turtles. Amer. Natur. 165 (2). S. 137–146.

Novacek, M. J. & Wheeler, Q. D. (1992): Extinct taxa – accounting for 99.9990... % of the earths biota. In: Novacek, M. J. & Wheeler, Q. D. [Hrsg.]: Extinction and phylogeny. Columbia University Press. S. 1–16.

Patterson, C. (1981): Significance of fossils in determining evolutionary relationships. Ann. Rev. Ecol. Syst. 12. S. 195–223.

Pereira, S. L. & Baker, A. J. (2006): A Mitogenomic Timescale for Birds Detects Variable Phylogenetic Rates of Molecular Evolution and Refutes the Standard Molecular Clock. Mol. Biol. Evol. 23 (9). S. 1731–1740.

Perrichot, V., Neraudeau, D., Nel, A. & De Ploeg, G. (2007): A reassessment of the Cretaceous amber deposits from France and their palaeontological significance. African Invertebrates 48 (1). S. 213–227.

Peters, S. E. (2005): Geologic constraints on the macroevolutionary history of marine animals. Proc. Nat. Acad. Sci. 102. S. 12326–12331.

Peters, S. E. & Foote, M. (2001): Biodiversity in the Phanerozoic, a reinterpretation. Paleobiology 27. S. 583–601.

Peters, S. E. & Foote, M. (2002): Determinants of extinction in the fossil record. Nature 416. S. 420–424.

Peterson, K. J., Lyons, J. B., Nowak, K. S., Takacs, C. M., Wargo, M. J. & McPeek, M. A. (2004): Estimating metazoan divergence times with a molecular clock. Proc. Nat. Acad. Sci. 101. S. 6536–6541.

Prokop, J., Nel, A. & Hoch, I. (2005): Discovery of the oldest known Pterygota in the Lower Carboniferous of the Upper Silesian Basin in the Czech Republic (Insecta: Archaeorthoptera). Geobios 38. S. 383–387.

Reisz, R. R. & Müller, J. (2004): Molecular timescales and the fossil record: a paleontological perspective. Trends in Genetics 20 (5). S. 237–241.

Rokas, A., Krüger, D. & Carroll, S. B. (2005): Animal Evolution and the Molecular Signature of Radiations Compressed in Time. Science 310. S. 1933–1938.

Schumann, D. & Steuber, T. (1997): Rudisten – Erfolgreiche Siedler und Riffbauer der Kreidezeit. Kleine Senckenberg-Reihe 24. S. 117–122.

Sepkoski, J. J. Jr. (1992): Phylogenetic and ecologic patterns in the Phanerozoic history of marine biodiversity. In: Eldredge, N. [Hrsg.]: Systematics, ecology, and the biodiversity crisis. Columbia University Press, New York. S. 77–100.

Sepkoski, J. J. Jr., Bambach, R. K., Raup, D. M. & Valentine, J. W. (1981): Phanerozoic marine diversity and the fossil record. Nature 293. S. 435–437.

Slack, K. E., Jones, C. M., Ando, T., Harrison, G. L., Fordyce, R. E., Arnason, U. & Penny, D. (2006): Early Penguin Fossils, Plus Mitochondrial Genomes, Calibrate Avian Evolution. Mol. Biol. Evol. 23 (6). S. 1144–1155.

Smith, A. B. (2001): Large-scale heterogeneity of the fossil record, implications for Phanerozoic biodiversity studies. Phil. Trans. R. Soc. B 356. S. 1–17.

Smith, A. B. & Peterson, K. J. (2002): Dating the time of origin of major clades, molecular clocks and the fossil record. Ann. Rev. Ecol. Syst. 30. S. 65–88.

Soltis, P. S., Soltis, D. E., Savolainen, V., Crane, P. R. & Barraclough, T. G. (2002): Rate heterogeneity among lineages of tracheophytes: Integration of molecular and fossil data and evidence for molecular living fossils. Proc. Nat. Acad. Sci. 99 (7). S. 4430–4435.

Springer, M. S., Murphy, W. J., Eizirik, E. & O'Brien, S. J. (2003): Placental mammal diversification and the Cretaceous-Tertiary boundary. Proc. Nat. Acad. Sci. 100. S. 1056–1061.

Sudhaus, W. & Rehfeld, K. (1992): Einführung in die Phylogenetik und Systematik. Gustav Fischer Verlag; Stuttgart, Jena, New York.

Thewissen, J. G. M., Williams, E. M. Roe, L. J. & Hussain, S. T. (2001): Skeletons of terrestrial cretaceans and their relationship of whales to artiodactyls. Nature 413. S. 277–281.

Thomas, J. A., Welch, J. J., Woolfit, M. & Bromham, L. (2006): There is no universal molecular clock for invertebrates, but rate variation does not scale with body size. Proc. Nat. Acad. Sci 103 (19). S. 7366–7371.

Valentine, J. W. (1969): Patterns of taxonomic and ecological structure of the shelf benthos during Phanerozoic time. Palaeontology 12. S. 684–709.

Valentine, J. W. (1990): The fossil record: a sampler of life's diversity. Phil. Trans. R. Soc. B 330. S. 261–268.

Wang, S. C. & Dodson, P. (2006): Estimating the diversity of dinosaurs. Proc. Nat. Acad. Sci. 103 (37). S. 13601–13605.

WEDMANN, S., BRADLER, S. & RUST, J. (2007): The first fossil leaf insect: 47 million years of specialized cryptic morphology and behaviour. Proc. Nat. Acad. Sci. 104. S. 565–569.

WELCH, J. J. & BROMHAM, L. (2005): Molecular dating when rates vary. Trends in Ecol. Evol. 20 (6). S. 320–327.

WILLMANN, R. (1988): Makroevolution aus paläontologischer Sicht. Sber. Ges. Naturf. Freunde Berlin (N.F.) 28. S. 137–162.

WILLMANN, R. (1990): Die Bedeutung paläontologischer Daten für die zoologische Systematik. Verhandlungen der Deutschen Zoologischen Gesellschaft 83. S. 277–289.

WILSON, M. V. H. (1992): Importance for phylogeny of single and multiple stem-group fossil species with examples from freshwater fishes. Syst. Biol. 41. S. 462–470.

WRIGHT, S. D., KEELING, J. & GILLMAN, L. N. (2006): The road from Santa Rosalia: A faster tempo of evolution in tropical climates. Proc. Nat. Acad. Sci. 103. S. 7718–7722.

XU, X., TANG, Z.-L. & WANG, X.-L. (1999): A therizinosauroid dinosaur with integumentary structures from China. Nature 399. S. 350–354.

ZUCKERKANDL, E. & PAULING, L. (1962): Molecular disease, evolution, and genetic heterogeneity. In: KASHA, M. & PULLMAN, B. [Hrsg.]: Horizons in Biochemistry. Academic Press, New York. S. 189–225.

ZUCKERKANDL, E. & PAULING, L. (1965): Evolutionary divergence and convergence in proteins. In: BRYSON, V. & VOGEL, H. J. [Hrsg.]: Evolving Genes and Proteins. Academic Press, New York. S. 97–166.

# Mikroevolution – die Fossildokumentation von Artentstehung und Artwandel

# 3

*„Die Erdrinde ist ein großes Museum; aber ihre naturgeschichtliche Sammlung ist unvollständig und sagt über bedeutende Zeitabschnitte nichts aus.“* Als Charles Darwin diese Zeilen in seinem Werk über die Entstehung der Arten schrieb, hier nach der deutschen Übersetzung der 6. Auflage von 1872 zitiert, war es um eine realistische Einschätzung der Vollständigkeit des Fossilberichts noch schlecht bestellt. Darwins Gegner sahen im Fehlen von fossilen Bindegliedern sowie im scheinbar plötzlichen Auftauchen neuer

**3.1** Als Darwin 1832 an der argentinischen Küste bei Punta Alta nach Fossilien suchte, fand er den Schädel eines Riesenfaultieres *(Megatherium americanum)*, den er allerdings für den Überrest eines Nashorns hielt. Eine der schönsten, frühen Rekonstruktionen dieses Giganten stammt von dem Zoologen Christian Heinrich von Pander und dem Zeichner und späteren Professor für Ästhetik in Bonn Eduard Joseph d'Alton aus dem Jahr 1821 (rechts). Die linke Abbildung zeigt das rechte Hinterbein mit der großen Kralle am dritten Strahl.

„Typen" von Organismen im Fossilbericht entscheidende Einwände gegen seine Theorien. Darwin wusste jedoch, wenn seine Überlegungen zur Evolution richtig waren, dann *musste* der Fossilbericht äußerst unvollständig sein. Er schrieb (1872: 503): *„Wer die Voraussetzung einer Unvollständigkeit unserer geologischen Urkunden verwirft, verwirft damit meine ganze Theorie."* Deshalb räumte Darwin, der für seine Zeit hervorragende geologische Kenntnisse hatte (HERBERT 2005), der Widerlegung der Argumente seiner Kritiker bzw. der Diskussion der Unvollständigkeit des Fossilberichts einen sehr breiten Raum in seinem Buch ein.

Wie lückenhaft die Dokumentation der fossilen Organismen damals war, überraschte Darwin selbst (1872: 456): *„Jedoch gestehe ich ein, dass ich eine solche Dürftigkeit unserer geologischen Urkunden selbst nie geglaubt hätte, wenn nicht das Fehlen zahlreicher Übergangsformen zwischen den Arten, die zu Beginn und Schluss jeder Formation lebten, meine Theorie ins Wanken gebracht hätte."* Einen ganzen Abschnitt in seinem Buch über die Entstehung der Arten widmete er der *„Dürftigkeit paläontologischer Sammlungen"*. Dieser Teil beginnt mit den Worten (1872): *„Selbst wenn wir unsere reichsten Museen durchwandern, welche Ärmlichkeit zeigt sich da!"*

Was Darwin besonders beunruhigte war die große Seltenheit von Übergangsformen zwischen den lebenden und ausgestorbenen Arten. Ihm war klar, dass ihre Anzahl ursprünglich sehr groß gewesen sein musste, und ihr weitgehendes Fehlen war seiner Ansicht nach ein schwerwiegendes Argument gegen seine Theorien (z. B. Darwin 1872: 413). Darwin stellte hohe Anforderungen an die Fossildokumentation, denn für ihn war die Entstehung der organismischen Vielfalt ein sehr langer, kontinuierlicher Prozess, der sich in unendlich vielen, sehr kleinen Schritten vollzogen haben musste. Er schrieb (1872: 453): *„Was die geologischen Forschungen nicht enthüllt haben, ist die frühere Existenz unendlich zahlreicher Abstufungen vom Range der heutigen Varietäten, die fast alle heutigen und erloschenen Arten verbanden."* Darwin hoffte also nicht nur einzelne, aufeinanderfolgende fossile Arten zu finden, er erwartete auch lückenlose Reihen von innerartlichen Varietäten im Fossilbericht zu entdecken. Dieses und andere Beispiele zeigen, dass er mitunter zumindest im Hinblick auf die Interpretation von Fossilien nicht eindeutig zwischen dem Prozess der Artbildung (Cladogenese) selbst und der Veränderung von existierenden Arten (Anagenese) unterschied. Wie noch zu zeigen sein wird, gab es jedoch schon zu Darwins Zeiten für beide Phänomene Fossilnachweise, deren Stellenwert er aber nicht erkannte oder die er aus uns unbekannten Gründen gar nicht wahrgenommen hat.

Bis heute ist die Entstehung neuer Arten ein zentrales Phänomen der Evolutionsforschung. Es gehört zu den interessantesten und zugleich schwierigsten Untersuchungsfeldern, und von der genetischen Ebene bis hin zu den ökologischen Rahmenbedingungen der Artbildung gibt es noch eine Vielzahl offener Fragen (z. B. MAYR 2003). Erst einmal gilt es zu klären, was Arten eigentlich sind. Handelt es sich überhaupt um natürliche Einheiten? Und wenn ja, wie sind sie gegenüber anderen Einheiten, wie etwa der Population, abgegrenzt und nach welchen Kriterien kann die Art möglichst umfassend definiert werden? Über diese Fragen herrscht bis heute keine Einigkeit.

Vor über 10 Jahren hatte MAYDEN (1997) festgestellt, dass mindestens 22 Artkonzepte in der Literatur existieren. Manche unterscheiden sich kaum voneinander, einige sind nichts anderes als mehr oder weniger praktische Anleitungen, um Arten abzugrenzen, und wieder andere sind für die Praxis völlig nutzlos oder unterscheiden nicht zwischen den verschiedenen Bedeutungen des Begriffs der Art (z. B. BOCK 1995). Weithin anerkannt ist das sogenannte Biospezieskonzept, das zuerst 1942 von ERNST MAYR formuliert wurde (z. B. COYNE & ORR 2004). Danach sind Arten Gruppen von sich kreuzenden natürlichen Populationen, die reproduktiv von anderen solchen Gruppen isoliert sind. Reproduktive Isolation heißt hier nichts anderes, als dass zwischen den Ausgangspopulationen keine fruchtbaren Nachkommen mehr gezeugt werden können.

Es muss hervorgehoben werden, dass der biologische Artbegriff nicht auf die Unterscheidung von Merkmalen abzielt und keinerlei zeitliche oder räumliche Dimension in die Betrachtung einbezieht. Er ist zudem nur auf Organismen anwendbar, die sich sexuell fortpflanzen. Formen, die sich ungeschlechtlich vermehren, sogenannte Agamospezies, bilden keine entsprechenden Fortpflanzungsgemeinschaften aus. Aus Sicht der Paläontologie sind mit dem biologischen Artbegriff scheinbar unüberwindbare praktische Schwierigkeiten verbunden. Wie soll reproduktive Isolation an fossilem Material festgestellt werden und wie sieht es mit der zeitlichen Existenz einer Art aus, die ja gerade für den Fossilbericht von besonderer Bedeutung ist?

Es ist einleuchtend, dass fossile Arten nur aufgrund morphologischer Unterschiede abgegrenzt werden können. Dabei gehen die Paläontologen davon aus, dass diese sogenannten Morphospezies in vielen Fällen mit Arten im Sinne des Biospezieskonzeptes übereinstimmen (BENTON & PEARSON 2001). Fossile Arten sind also stets Abgrenzungen von Formen, die vormals existierende biologische Arten repräsentieren können, sofern anhand spezifischer Merkmale wahrscheinlich gemacht werden kann, dass ehemals reproduktive Isolation zu nächstverwandten, gleichzeitig lebenden Arten bestanden hat (WILLMANN 1985a). Mit diesem morphologischen Artkonzept stehen die Paläontologen aber keineswegs allein. Auch die meisten rezenten Arten wurden auf der Basis morphologischer Merkmale beschrieben, obwohl sie natürlich grundsätzlich das gesamte Spektrum von Merkmalen vom Verhalten bis zu den Genen bereitstellen. Man denke etwa an Tausende von Insektenarten, die allein aufgrund geringfügiger morphologischer Unterschiede an wenigen Exemplaren als Arten beschrieben wurden, oder an die zahllosen Artbeschreibungen von Muscheln, Schnecken oder Korallen, die genau wie bei fossilen Exemplaren allein auf Merkmalen der Hartteile basieren (WÄGELE 2000). Es sei erwähnt, dass auch viele Untersuchungen von Artbildung in der phylogenetischen Forschung an rezenten Organismen auf solchen morphologisch abgegrenzten Arten beruhen (BARRACLOUGH & NEE 2001).

3.2 Lebender Vertreter der Gattung *Triops*. Diese Kiemenfußkrebse haben sich über viele Millionen Jahre kaum in ihrem Erscheinungsbild verändert.

## Kann Artbildung beobachtet werden?

Der Prozess der Artbildung läuft bei verschiedenen Organismen und unter verschiedenen Umweltbedingungen mit jeweils unterschiedlicher Geschwindigkeit ab. Die Buntbarsche der ostafrikanischen Seen haben offenbar extrem schnell neue Arten gebildet. Die Artbildung dauerte hier vermutlich nur wenige Tausend Jahre (MEYER et al. 1990, KOCHER 2004). Andere Gruppen, wie z. B. die Kiemenfußkrebse der Gattung *Triops* (▸ 3.2) haben dagegen über Millionen von Jahren nur sehr wenige Arten gebildet, wie manche Autoren annehmen (z. B. KELBER 1999; 4).

Ob die Artbildung nun aber einige Tausend oder Hunderttausend Jahre dauert, der Prozess ist offenbar zu lang, um an heute lebenden Populationen beobachtet werden zu können. Der längste kontinuierliche Beobachtungszeitraum für heutige Organismen dürfte wahrscheinlich für die Darwinfinken vorliegen, die von Rosemary und Peter Grant seit 1973 auf den Galápagosinseln erforscht werden. Dabei ist ihnen eine Vielzahl von bedeutenden Entdeckungen gelungen, darunter z. B. die Veränderung der Schnabelform einzelner Arten und die Klärung ihrer Ursachen (z. B. GRANT & GRANT 2006, GRANT & GRANT 2008). Aber die Bildung einer neuen Art konnten sie bisher nicht beobachten. Auch neuere Untersuchungen an Populationen von Darwinfinken, die sich vermutlich gerade im Stadium einer möglichen Artbildung befinden (HUBER et al. 2007), liefern keine lückenlose Beobachtung eines Speziationsprozesses. Derartige Analysen von „Artbildung in Aktion" sind immer Rekonstruktionen eines historischen Ablaufs aus einer gegenwärtigen, statischen Situation heraus (BENTON & PEARSON 2001). Für die Galápagosinseln ist heute bekannt, dass die Entwicklung der Landlebewesen grundsätzlich mit der geologischen Entwicklung des Archipels in Einklang steht (PARENT et al. 2008). Für die Darwinfinken geht man nach molekulargenetischen Untersuchungen von einer Erstbesiedlung der Inseln vor etwa 1,6 bis 2,3 Millionen Jahren aus (SATO et al. 2001). In diesem Zeitraum müssten sich also die 14 heute vorkommenden Arten entwickelt haben, wobei nicht ausgeschlossen werden kann, dass noch weitere, heute ausgestorbene Arten existierten.

Im Gegensatz zu den kurzen Beobachtungszeiträumen an lebenden Organismen deckt der Fossilbericht Hunderttausende bzw. Millionen von Jahren ab. Für die Dokumentation des Artbildungsprozesses sind diese Zeiträume aber viel zu lang bzw. ist die Auflösung des Fossilberichts in den allermeisten Fällen nicht hoch genug, um die Bildung einer neuen Art tatsächlich abbilden zu können. Es ist also möglich, dass sich der Prozess der Artbildung grundsätzlich unserer Beobachtung entzieht, was von Kemp (1999) treffend als „epistemologische Lücke" bezeichnet wurde.

Ist die Situation also wirklich aussichtslos oder können vielleicht umsichtige Interpretationen von Fossilien zusammen mit Beobachtungen an heutigen Organismen die Probleme lösen? Immerhin gibt es eine Reihe von Beispielen für Fossilreihen, die fast lückenlos überliefert sind und die Bildung von neuen Arten sowie die Veränderung von Arten zeigen. Manche dieser Beispiele waren, wie bereits erwähnt, schon Charles Darwin bekannt. Es sind Klassiker der paläontologischen Evolutionsforschung, die jedoch bis heute nicht an Aktualität eingebüßt haben. Zwei dieser herausragenden Fossilvorkommen und ihre Bedeutung für das Verständnis von Artwandel und Artbildung sollen im Folgenden ausführlicher vorgestellt werden.

## Edward Forbes – von der Tiefsee der Ägäis zu den fossilen Schnecken der Insel Kos

Darwins Diskussion über die Vollständigkeit des Fossilberichts und seinen Nutzen für seine Theorien war eigentlich unvollständig, denn bereits vor dem Erscheinen seines Buches hätte er Gelegenheit gehabt, eines der wohl schönsten Beispiele einer fossilen Formenreihe in sein Gedankengebäude aufzunehmen: die Süßwasserschnecken aus dem Pliozän der Insel Kos. Ihre Entdeckung geht auf das Jahr 1842 zurück, als der britische Naturforscher Edward Forbes und der Leutnant der Marine und spätere Vizeadmiral Thomas Abel Brimage Spratt mit dem Forschungsschiff H.M.S. Beacon in der Ägäis unterwegs waren. Eine Reise, die heute bei Tausenden von Touristen beliebt ist, damals jedoch den Charakter einer Expedition hatte. Spratt war nicht nur ein guter Navigator, sondern hatte auch umfangreiche geographische, geologische und archäologische Kenntnisse. Forbes ist durch seine naturgeschichtlichen Studien zu den Britischen Inseln und vor allem als Begründer der Tiefseebiologie bekannt. Während der Ägäis-Expedition untersuchte er mittels einer selbstgebauten kleinen Dredsche, also eines über den Grund gezogenen Schleppnetzes, an etwa 100 Stationen in Wassertiefen von etwa 2 m bis über 400 m, wie sich die Organismen mit zunehmender Tiefe am Meeresboden verteilen. Nach seiner Ansicht sollte die Zahl der Arten und Individuen mit größerer Tiefe immer mehr ausdünnen und schließlich bei etwa 550 m auf null zurückgehen. Dies war nicht mehr als eine Spekulation, aber sie erschien angesichts der zunehmenden Dunkelheit und des hohen Wasserdrucks in großer Tiefe äußerst einleuchtend. Forbes' Vorstellungen von einer „azoischen Zone" passten also zum gängigen Bild von der Tiefsee. Während er seine Ergebnisse jedoch lediglich als Hypothese ansah, wurde die azoische Zone von anderen Forschern gleichsam als Faktum angesehen. Dies hat die Meeresbiologie noch jahrzehntelang beeinflusst und Forbes völlig zu Unrecht einen schlechten Ruf unter den Meeresbiologen eingebracht. Erst die Expeditionen der Forschungsschiffe Porcupine (1869–1870) und Challenger (1872–1876) zeigten eindeutig, dass die Theorie einer leblosen Tiefsee falsch war (Kunzig 2002).

Vielleicht stand die Entdeckung der fossilen Formenreihen von Süßwasserschnecken auf der Insel Kos zu sehr im Schatten der Aufsehen erregenden Ergebnisse zur Tiefsee und der bedeutenden archäologischen Neuheiten, um von Wissenschaftlern wie Darwin beachtet zu werden. Spratt und Forbes legten die Ergebnisse ihrer Forschungsreise 1847 in einem zweibändigen Werk der Öffentlichkeit vor, doch schon 1846 hatten sie einen kurzen Aufsatz über das spektakuläre Vorkommen der Schnecken publiziert. Zu Tausenden fielen die sehr gut erhaltenen Schneckenschalen den beiden Forschern buchstäblich vor die Füße (▸ 3.3, 3.4, 3.7). In einer Schichtenfolge von insgesamt etwa 300 m Seeablagerungen unterschieden sie drei Phasen der Entwicklung von charakteristischen Süßwasserschnecken der Gattungen *Viviparus* (▸ 3.5), *Theodoxus* und *Melanopsis* (▸ 3.6). Im unteren Abschnitt sind die Gehäuse noch glattschalig und ohne besondere Skulptur ausgebildet. In den folgenden Sedimenten zeigen *Viviparus* und *Theodoxus* auffällig eingeschnürte Win-

3.3 In den jungtertiären Ablagerungen auf der Insel Kos entdeckten Edward Forbes und Thomas Abel Brimage Spratt 1842 Formenreihen von fossilen Süßwasserschnecken, in denen die Evolution der Gehäuse fast lückenlos dokumentiert ist. Sämtliche kleinen, weißen Einschlüsse in den Ablagerungen sind Gehäuse von Süßwasserschnecken (Originalfoto: Rainer Willmann, Göttingen).

3.5 Formenreihe der Süßwasserschnecke *Viviparus* aus dem Jungtertiär der Insel Kos.

3.4 Tausendfach fallen die Gehäuse der Süßwasserschnecken dem Betrachter aus den Seesedimenten entgegen. Ihr evolutionärer Wandel wird dadurch im wahrsten Sinne des Wortes „begehbar" (Originalfoto: Rainer Willmann, Göttingen).

dungsflanken und im dritten Abschnitt weisen die Gehäuse starke radiale Kiele und tiefe Einschnürungen auf. Die Ursache für diesen Wandel vermuteten Forbes und Spratt in einer Veränderung des Milieus von Süß- zu Brackwasserverhältnissen infolge eines zweifachen Einstroms von Salzwasser. Interessant ist vor allem ihre biologische Bewertung des Gehäusewandels. Er konnte entweder auf dem Aussterben und der mehrfachen Neuschöpfung der Schnecken beruhen oder den Wandel einzelner Arten in der Zeit dokumentieren. Sie entschieden sich für die letztere Möglichkeit und hielten insbesondere die Abwandlung der Gehäuse von *Viviparus brevis* für ein schönes Beispiel innerartlicher Abwandlung. Damit war Darwin der Ball zugespielt, und er hätte ihn für die Ausarbeitung seiner Theorie nur noch aufnehmen müssen. Warum er dies nicht tat, bleibt rätselhaft, zumal er für den Fall seines Todes 1844 vertrauensvoll verfügt hatte, dass Forbes seine bis dahin vorliegenden Aufzeichnungen publizieren sollte (Willmann 1978). Dieser sollte aber nicht einmal das Erscheinen von Darwins Hauptwerk erleben, denn nach einer kurzen Krankheit verstarb Edward Forbes 1854 im Alter von nur 39 Jahren.

Schließlich war es der Wiener Paläontologe Melchior Neumayr, der die Bedeutung der „Schneckenreihe" von Spratt und Forbes erkannte und sich 1874 auf den Weg nach Kos machte. Da die beiden jedoch die genaue Fundstelle der Schnecken nicht angegeben hatten, suchte Neumayr 9 Tage lang vergebens nach einer Spur der jungtertiären Fossilvorkommen. Erst am letzten Tag seines Aufenthaltes wurde er fündig, sammelte in größter Eile Fossilien und hielt die nötigsten Geländebeobachtungen fest. 1880 legte er seine Ergebnisse in einer Monographie vor und 1889 führte er die evolutionsbiologischen Konsequenzen

3.6 Veränderung der Süßwasserschnecke *Melanopsis* in den Ablagerungen von Kos.

seiner Ergebnisse weiter aus. Neumayr hielt die fossilen Schnecken von der Insel Kos für das beste Beispiel einer fossil dokumentierten graduellen Transformationsreihe, das damals bekannt war.

Eine weitere Formenreihe von pliozänen Süßwasserschnecken hat Melchior Neumayr 1875 aus Slawonien vorgestellt (Neumayr & Paul 1875). Ganz ähnlich wie die Schnecken auf der Insel Kos zeigten auch diese Formen eine auffällige Abwandlung ihrer Gehäusegestalt – von glattschaligen, einfachen Formen zu ungewöhnlich stark skulpturierten Gehäusen. Man schenkte diesem Phänomen damals große Aufmerksamkeit, denn dank der außergewöhnlich hohen zeitlichen Auflösung der Seeablagerungen und der sehr guten Fossilüberlieferung kann in diesen Vorkommen der Ablauf der Evolution wie in den Seiten eines Buches nahezu lückenlos abgelesen werden. In diesem Fall hat schließlich auch Charles Darwin die große

3.7 Auf Schichtflächen liegen die fossilen Schnecken, hier Exemplare von *Viviparus* und *Melanopsis*, in den neogenen Ablagerungen von Kos in großer Zahl oft dicht gedrängt (Originalfoto: Rainer Willmann, Göttingen).

Bedeutung der fossilen Formenreihe für seine Theorien anerkannt. In einem Brief an Melchior Neumayr schrieb er 1877: *„Erlauben Sie, dass ich ihnen meinen Dank für die Freude und Belehrung ausspreche, die mir ihr Buch bereitet hat. Es scheint mir ein bewunderungswürdiges Werk zu sein; und es behandelt den weitaus besten Fall, der den direkten Einfluss der Lebensbedingungen auf den Bau eines Organismus zeigt.“*

Leider konnte Neumayr die geplanten Folgebände seines großen Werkes „Über die Stämme des Thierreiches“ nicht mehr vollenden. 1890 starb er mit nur 44 Jahren. Als einziger der „jungen Darwinisten“ unter den deutschen Paläontologen hatte er eine akademische Karriere gemacht und war 1873 als Professor für Paläontologie an die Universität Wien berufen worden.

Neuere Untersuchungen der Süßwasserschnecken der Insel Kos durch Willmann (1978, 1981, 1983, 1985b) haben die früheren Beobachtungen weitgehend bestätigt und zugleich wesentlich tiefere Einblicke in die Evolution der Formen geliefert. Eines der wichtigsten Ergebnisse ist dabei die Korrelation der Veränderungen der Schneckengehäuse mit drastischen Verkleinerungen des ehemaligen Sees, die mithilfe geologischer Kartierungen in ihrem räumlichen und zeitlichen Ausmaß relativ genau erfasst werden konnten (Willmann 1981, 1983, 1985b). Während solcher Niedrigwasserphasen waren die Populationsgrößen der Schnecken erheblich reduziert. Arten der Gattungen *Viviparus* (▸ 3.5) und *Melanopsis* (▸ 3.6) haben in ihrer Generationenfolge mehrere solcher sogenannten „Flaschenhälse“ durchlaufen, wodurch die Geschwindigkeit des Formenwandels offenbar beträchtlich erhöht wurde. Bei der Formveränderung handelt es sich um innerartliche Abwandlung, also Anagenese. Aufspaltungsereignisse mit der Entstehung neuer Arten sind dagegen nicht überliefert.

## Evolution im Einschlagkrater – die Schnecken des Steinheimer Beckens

Ein weiteres berühmtes Beispiel für paläontologische Evolutionsforschung ist die sogenannte Planorbenreihe der Gattung *Gyraulus,* deren nur einige Millimeter großen Gehäuse tausendfach in den miozänen Süßwasserablagerungen des Steinheimer Beckens nördlich von Ulm vorkommen. In diesem Becken hat vor etwa 14,3 bis 13,5 Millionen Jahren ein Süßwassersee mit einem Durchmesser von etwa 3,5 km existiert. Wie sich erst 1970 mit letzter Sicherheit herausstellte, handelt es sich bei dem Steinheimer Becken um den Einschlagkrater eines Meteoriten, der vermutlich zeitgleich mit dem größeren Einschlagkrater des Nördlinger Ries gebildet wurde (z. B. Heizmann & Reiff 2002). In diesem Krater etablierte sich eine eigenständige Lebensgemeinschaft, die von anderen Süßwasserseen der Umgebung abgeschnitten war und eine eigenständige evolutive Entwicklung durchlief.

Die Entwicklungsreihe der Steinheimer Planorben wurde bereits 1863 von Franz Hilgendorf in seiner Doktorarbeit beschrieben, nachdem er zuvor auf einer Exkursion mit seinem akademischen Lehrer, dem Tübinger Paläontologen Friedrich August Quenstedt, erkannt hatte, dass in den Sanden ganz unterschiedlich geformte Schnecken vorkommen. In seiner Arbeit, die 1863 fertiggestellt war, aber erst 1867 publiziert wurde, konnte er schließlich zeigen, dass die Abwandlung der Gehäuse von glattschaligen Exemplaren zu solchen mit ausgeprägten Kanten, dann zu hoch getürmten Formen und schließlich am Ende wieder zu flacheren Gehäusen in einer kontinuierlichen Reihe reicht (▸ 3.8; Reif 1983a, Rasser 2006), wobei es auch Artaufspaltungen gegeben hat. Seine Ergebnisse fasste er in einem Stammbaum grafisch zusammen, bei dem es sich um die älteste bekannte Stammbaumdarstellung handelt. Hilgendorf sah durch seine Resultate Darwins kurz zuvor veröffentlichte Evolutionstheorie eindrucksvoll bestätigt. Er schrieb (Hilgendorf 1867: 476): *„[dass die Planorben] sämtlich durch Übergänge verbunden sind und in genetischem Zusammenhang miteinander stehen.“*

In der Folgezeit wurden Hilgendorfs Ergebnisse von maßgeblichen Autoritäten der damaligen Paläontologie in Zweifel gezogen. So konnte sich etwa sein Lehrer Quenstedt nicht mit der Vorstellung einer Evolution der Schnecken im Sinne Darwins anfreunden (Reif 1983a), und der in Würzburg tätige Experte für Weichtiere Carl Ludwig Fridolin von Sandberger sowie der amerikanische Zoologe und Paläontologe Alpheus Hyatt kritisierten Hilgendorfs Interpretation der Formenreihe (Adam 1980). In insgesamt acht Aufsätzen setzte sich Hilgendorf gegen diese Kritik zur Wehr, aber nach seinem Tod im Jahre 1904 geriet die Bedeutung der Steinheimer Planorbenreihe für die Evolutionsforschung in Vergessenheit (Reif 1983b).

Erst durch die umfangreichen biometrischen Untersuchungen von Mensink (1984), der an den Steinheimer Schnecken etwa 125 000 Messdaten erhoben hat, wurden die wesentlichen Ergebnisse von Hilgendorf eindrucksvoll bestätigt (▸ 3.9). Es liegt eine evolutive Veränderung der Schneckenschalen vor, die, anders als bei den Schneckenreihen von der Insel Kos, mit mehrfacher Entstehung neuer Arten gekoppelt war. Ausgangsart ist *Gyraulus kleini,* eine Form, die auch außerhalb des ehemaligen Sees von Steinheim

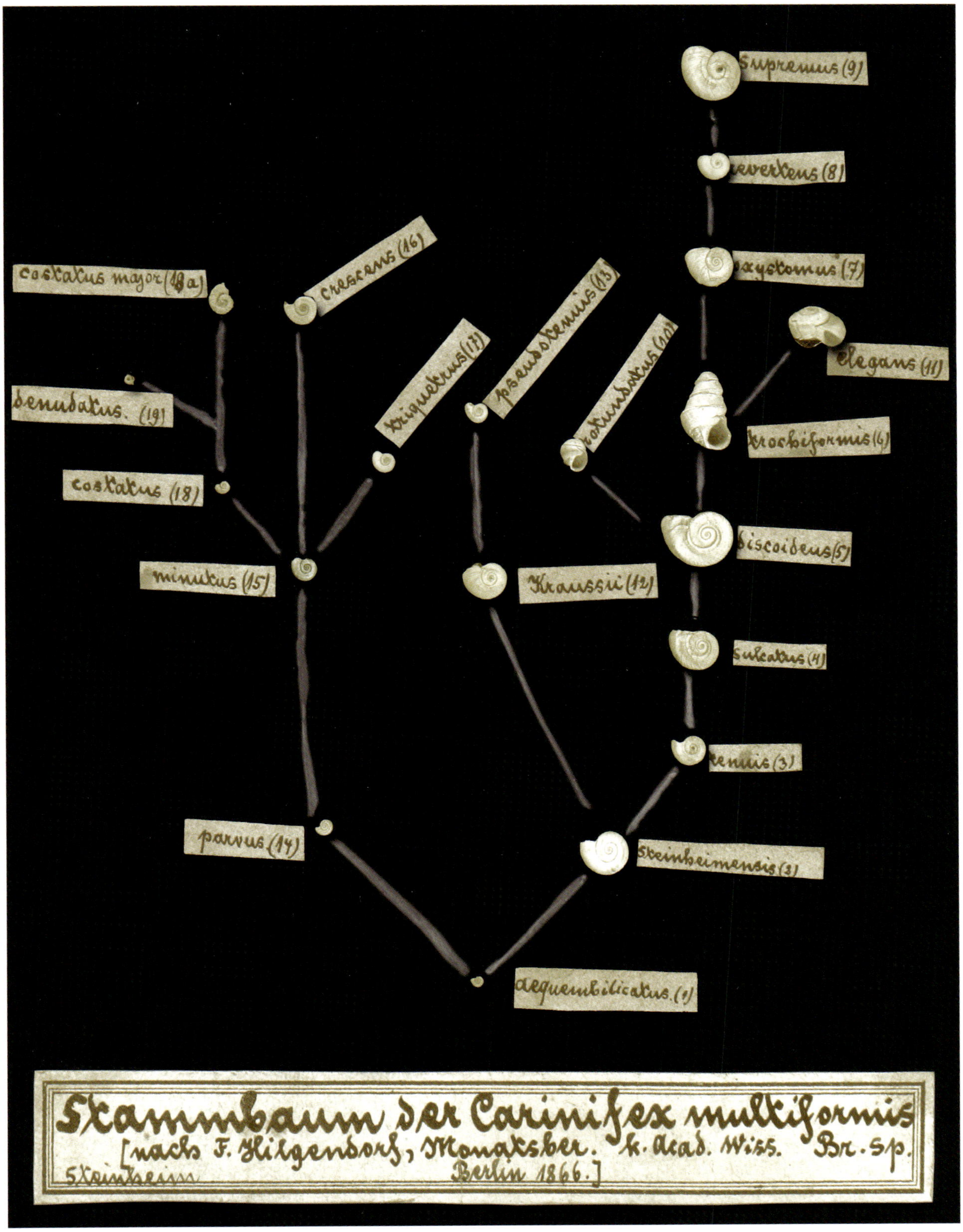


3.8 Stammbaum der Steinheimer Planorben von Franz Hilgendorf um 1866 persönlich zusammengestellt. Es sind sowohl graduelle Formveränderungen als auch Artaufspaltungen dargestellt (Original im Staatlichen Museum für Naturkunde Stuttgart, Inv.-Nr. 66656).

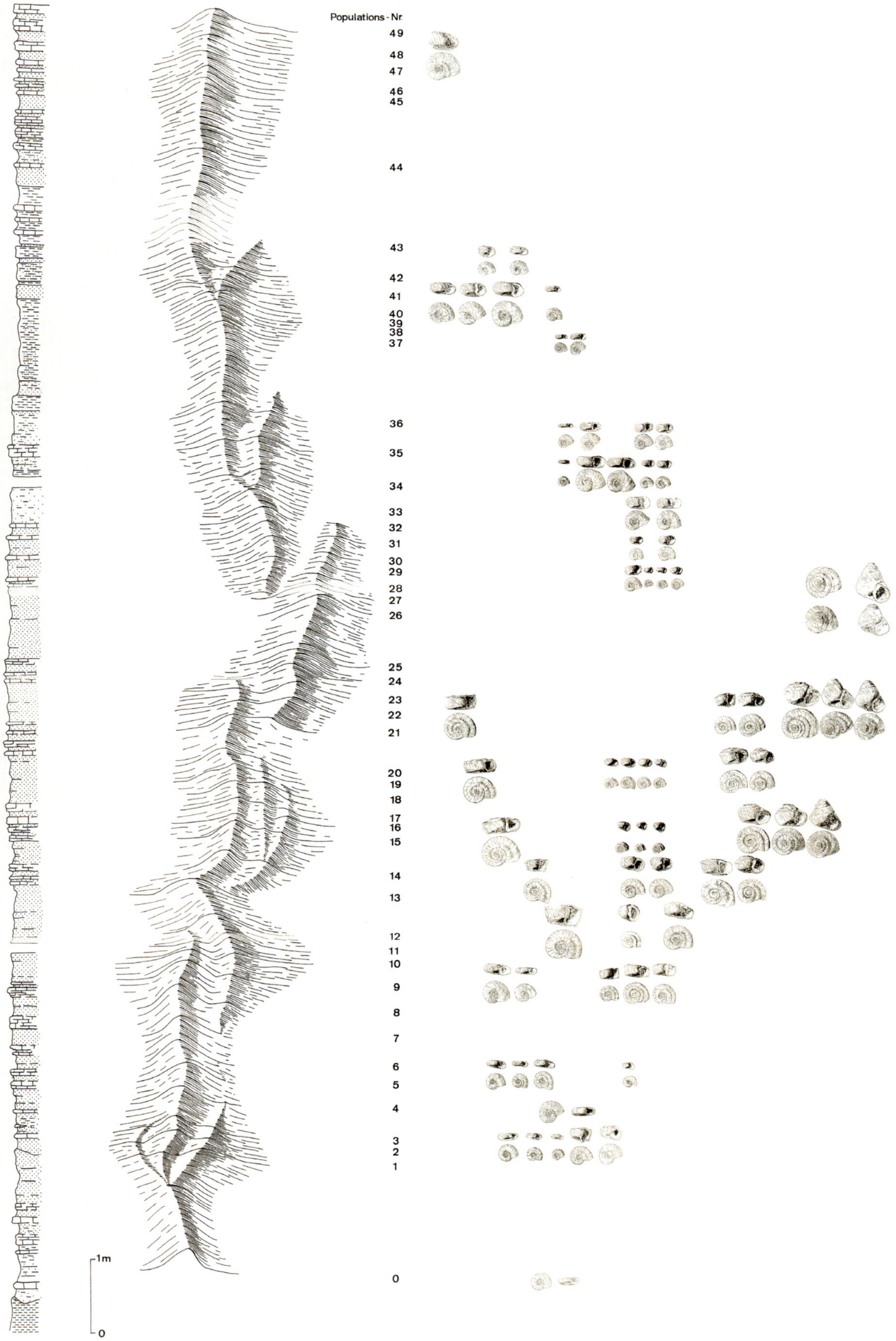
Populations - Nr.
49
48
47
46
45
44
43
42
41
40
39
38
37
36
35
34
33
32
31
30
29
28
27
26
25
24
23
22
21
20
19
18
17
16
15
14
13
12
11
10
9
8
7
6
5
4
3
2
1
0
1m
0

3.9 Stammbaum von *Gyraulus* aus den miozänen Ablagerungen von Steinheim nach den Analysen von MENSINK (1984). Es wird deutlich, dass die Formveränderung der Schnecken in mehreren Fällen mit der Aufspaltung von Arten gekoppelt war. Dieser Darstellung liegen etwa 125 000 Messwerte zugrunde.

vorkam, z. B. im ehemaligen See des Nördlinger-Ries-Kraters sowie in alten Ablagerungen der miozänen oberen Süßwassermolasse Süddeutschlands (z. B. REIF 1983b). Aus dieser Ausgangsart haben sich alle nachfolgenden Formen gebildet. Neuere Untersuchungen, die vor allem an den charakteristischen Anfangswindungen an der Spitze der Schnecken durchgeführt wurden, bestätigten, dass es sich bei den einzelnen Formen tatsächlich um getrennte Arten handelt (GORTHNER 1992, NÜTZEL & BANDEL 1993).

## Die Ursachen des Formenwandels

Neumayr und Hilgendorf vertraten stets die Ansicht, dass es sich bei den Formenreihen der Schnecken von Kos und Steinheim um einen eindeutigen Nachweis von evolutionärem Wandel handelt, der Darwins Theorien hervorragend dokumentiert. Die meisten Zoologen und Paläontologen stellten jedoch bis weit in das 20. Jahrhundert hinein diese Überzeugung infrage. Sie sahen in den Veränderungen der Gehäuse lediglich sogenannte Ökophänotypen, d. h. zeitweilige Modifikationen der Gestalt infolge von Umweltveränderungen. Auslöser der Veränderungen sollten etwa Schwankungen der Wassertemperatur, Veränderungen der Wasserchemie oder sogar Wellenschlag im Uferbereich gewesen sein. Bis auf Letzteres sind derartige Schwankungen des Milieus in der Tat sehr wahrscheinlich, da der Wasserspiegel der Seen von Kos und Steinheim zum Teil erheblich angestiegen und wieder abgefallen ist. Unter den damals herrschenden, warmen Klimabedingungen im Jungtertiär haben sich dadurch die Zusammensetzung des Seewassers, z. B. infolge von Eindampfung, oder etwa auch der Sauerstoffgehalt im Bodenwasser sicherlich erheblich verändert. Dies haben unter anderem geochemische Untersuchungen an den Sedimenten und verschiedenen Fossilien (z. B. Schnecken- und Muschelschalen, Säuger- und Fischzähne, Muschelkrebse) bestätigt (z. B. BAJOR 1965, TÜTKEN et al. 2006).

Tatsächlich lässt sich in mehreren Fällen ein besonders niedriger bzw. ein hoher Wasserstand mit dem Auftreten von Formveränderungen bei den Schnecken sowie bei anderen Organismen, wie etwa den kleinen Muschelkrebsen korrelieren (z. B. JANZ 1998, 2000, TÜTKEN et al. 2006). Eine Korrelation allein ist aber keine Erklärung für ein evolutionsbiologisches Phänomen, und es stellt sich die Frage, ob die hier beschriebenen Veränderungen des Lebensraums allein für den Formenwandel der Schnecken verantwortlich gewesen sein können.

Abwandlungen von Schneckenschalen bei Veränderung der Temperatur, des Salzgehaltes oder der Konzentration bestimmter Ionen im Wasser sind auch heute bekannt. Dabei werden die Gehäuse in der Regel dünn- oder dickschaliger oder ihre Größe verändert sich. Viele Schnecken in der Nordsee erreichen z. B. im weniger salzhaltigen Wasser der Ostsee nur geringere Wachstumsgrößen (z. B. WILLMANN 1989). Geht der Salzgehalt des Wassers noch weiter zurück, liegen schließlich nur noch kleinwüchsige Kümmerformen vor. Bei niedriger Temperatur in größeren Wassertiefen werden manche Arten dagegen insgesamt dünnschaliger, da ihre Stoffwechselraten herabgesetzt sind (z. B. GORTHNER 1992). Bei den Schnecken von Kos und Steinheim liegt dagegen eine markante Veränderung der Gehäuseform bzw. der Schalenskulptur vor, die ganz offensichtlich hochspezialisierte Anpassungen an starken Selektionsdruck darstellen und nicht durch die Änderung des Milieus allein erklärt werden können.

Wesentliche evolutionsökologische Aspekte, die bei der Analyse heutiger Lebensgemeinschaften eine überragende Rolle spielen, sind in der Diskussion des Formenwandels der Schnecken von Kos und Steinheim bislang fast völlig außer Acht gelassen worden. Zu diesen Faktoren gehören z. B. Konkurrenz um Raum und Nahrung oder die wechselseitigen Beziehungen zwischen räuberischen Organismen und ihrer Beute. Vor allem diese Räuber-Beute-Beziehungen haben in vielfältigster Weise ihre Spuren in der Evolution der Organismen hinterlassen, obwohl sie anhand von Fossilmaterial nicht ganz einfach nachzuweisen sind. Je länger eine solche Beziehung dauert, umso feiner kann sie von beiden Seiten abgestimmt sein, wobei jedoch zahlreiche andere Faktoren, z. B. die Populationsdynamik, das Nahrungsangebot oder der verfügbare Lebensraum, Einfluss nehmen können. Unter bestimmten Bedingungen können Räuber einen starken Selektionsdruck auf ihre Beuteorganismen ausüben. Dies kann zu wechselseitiger Anpassung auf beiden Seiten führen, was sich dann in Veränderungen der Gestalt oder auch des Verhaltens niederschlagen kann.

Ein schönes Beispiel für eine enge Räuber-Beute-Beziehung, die auch anhand von Fossilien nachweisbar ist, liefern Krebse, die sich bevorzugt von Schnecken ernähren. Ihre Scheren sind speziell an das Aufbrechen

3.10 Großer fossiler Krebs *(Chaceon peruvianus)* aus dem Eozän von Argentinien. Die Scheren sind speziell für das Aufbrechen von Schneckengehäusen ausgebildet. Die größere, rechte Schere mit kräftiger Bezahnung bricht das Gehäuse auf, während es mit der linken, schwächeren Schere gehalten wird.

von Gehäusen angepasst (▸ 3.10). Eine größere Schere, die sogenannte Knackschere, trägt in der Regel kräftig ausgebildete Zähne, während die andere Schere, die auch Halteschere genannt wird, feingliedriger ausgebildet und weniger stark bezahnt ist. Um an den begehrten Weichkörper der Schnecke zu gelangen, verstehen es diese Krebse, die Schalen von der Mündung her aufzubrechen, wobei charakteristische „Schnittmuster“ an der Mündungsöffnung der Schnecke hinterlassen werden. Die Schnecke zieht sich natürlich weit in ihr Gehäuse zurück, sodass die Krebse mitunter keinen Erfolg haben und von ihrem Opfer ablassen. In diesen Fällen kann die Schnecke ihr Gehäuse nachträglich reparieren, wobei die vom Krebs verursachte Bruchspur als deutliche Narbe erhalten bleibt (▸ 3.11.).

Wenn nun Schneckenschalen fossil überliefert werden, dann lässt sich die Häufigkeit solcher Verletzungen über einen längeren Zeitabschnitt ermitteln, indem statistisch verwertbare Proben Horizont für

3.11 Rezente Schnecke mit Fraßspur eines Krebses auf der letzten Windung. Die Attacke, bei der der Krebs versucht hat, die Schnecke von der Mündung her aufzubrechen, war jedoch nicht erfolgreich, sodass die Schnecke ihr Gehäuse reparieren konnte. Es blieb aber eine charakteristische Narbe und eine kaum skulpturierte, verheilte Schale zurück.

3.12 Vollständiges Skelett einer Schleie aus den miozänen Seeablagerungen von Steinheim (Original im Staatlichen Museum für Naturkunde Stuttgart, Inv.-Nr. 50958).

Horizont aus einer Sedimentabfolge entnommen und untersucht werden. Dadurch lässt sich z. B. das Ausmaß des Selektionsdruckes abschätzen, den die räuberischen Krebse auf die Beutepopulationen ausgeübt haben. Auch evolutiver Wandel kann auf diese Weise dokumentiert werden, denn als Anpassung an die spezielle Fresstechnik der Krebse kann es bei den Schnecken z. B. zu einer deutlichen Verdickung der äußeren Mündungswand kommen, die es den Krebsen unmöglich macht, die lebende Schnecke in ihrem Gehäuse zu erreichen bzw. die Mündung aufzubrechen (Rust 1997).

Im Falle der Schnecken von Kos und Steinheim stellt die Veränderung der Gehäuse offenbar keine Anpassung an Krebsfraß dar, denn die hier vorherrschende Bildung von spiralen Kielen wäre für einen Krebs kein Hindernis. Die vorher beschriebenen Narben auf den Gehäusen wurden auch nicht nachgewiesen. Als potenzielle Räuber kommen aber in beiden Fällen Süßwasserfische in Frage, die ihren Speiseplan je nach Nahrungsangebot ebenfalls bevorzugt auf Schnecken umstellen können. Die Wirksamkeit von Gehäuseskulpturen bei Schnecken als Schutz gegen Gehäuse knackende Fische ist z. B. von Palmer (1979) experimentell gezeigt worden. Durch Kiele, Rippen oder Knoten auf den Gehäusen wird der beim Knackversuch auftretende Druck, der ähnlich wie bei einem Nussknacker wirkt, über eine viel größere Gehäusefläche abgeleitet und verteilt, sodass diese Gehäuse wesentlich widerstandsfähiger sind als solche ohne jede Skulptur. Während die Fischfauna des Jungtertiärs der Insel Kos noch sehr unzureichend bearbeitet ist, liegen für das Miozän des Steinheimer Beckens bereits seit dem 19. Jahrhundert Untersuchungen vor (Gaudant 1989).

Fischreste kommen in den Steinheimer Ablagerungen in großer Zahl vor. Von den ersten Siedlern des ehemaligen Sees – Weißfische, Barben und Schleien – konnten sich nach einiger Zeit nur die Schleien dauerhaft durchsetzen, da sie erstaunlich unempfindlich auf ungünstige Umweltverhältnisse wie Wassertrübung und Sauerstoffarmut reagieren. Wenn die Beeinträchtigung der Lebensbedingungen jedoch zu stark wurde, der See also z. B. durch übermäßiges Algenwachstum umkippte, starben auch die Schleien in großer Zahl, sodass in manchen Schichten Tausende von vollständig erhaltenen Skeletten aller Altersklassen vorliegen (▸ 3.12). Schleien sind aber nicht nur ungewöhnlich robuste Fische, sie entwickeln unter bestimmten Bedingungen auch eine besondere Vorliebe für Schnecken als Hauptnahrung, obwohl sie grundsätzlich Allesfresser sind. Fischzüchter berichten z. B., dass Schleien besonders gutes Wachstum in Gewässern zeigen, in denen die „Schleienschnecke" *(Bithynia)* und die „Plötzenschnecke" *(Valvata)* in großen Mengen vorkommen. Beide Gruppen sind nach ihrer Größe und Form den fossilen Steinheimer Planorben relativ ähnlich. Beim Aufspüren ihrer Beute verlassen sich die Schleien vor allem auf ihre Barteln, bei denen es sich um fadenartig verlängerte Anhänge im Maulbereich der Fische handelt, die als chemische Sensoren oder als Tastorgane

3.13 Schlundzähne in Originalposition im Inneren des Skeletts einer Schleie aus dem Miozän von Steinheim (Original im Staatlichen Museum für Naturkunde Stuttgart, Inv.-Nr. 86859).

eingesetzt werden. Die damit aufgespürten Schnecken werden vollständig in das Maul genommen und im Schlund zerdrückt. Dabei nutzen die Schleien, wie auch die anderen Karpfenähnlichen Fische, ihr sogenanntes Schlundgebiss zum Zerdrücken der Schalen. Die speziellen Schlundknochen, die je nach Nahrungspräferenzen ganz unterschiedlich geformte Schlundzähne tragen, sind ursprünglich aus dem fünften Kiemenbogen der Fische hervorgegangen. Aus den miozänen Ablagerungen von Steinheim sind solche Schlundzähne als Einzelfunde tausendfach bekannt, aber auch mehr oder weniger zusammenhängende Schlundgebisse kommen im Inneren von Fischskeletten vor (▸ 3.13).

Aus Untersuchungen und experimentellen Feldstudien an heutigen Fischpopulationen ist bekannt, dass gerade Schleien einen starken Räuberdruck auf Schneckenpopulationen ausüben können (z. B. Beklioglu & Moss 1998), wobei sich die ausgewachsenen Fische gezielt von Schnecken ernähren, während die juvenilen Fische hauptsächlich von Zooplankton leben. Beim Fressen nehmen die Fische die Schnecken in ihr Maul und versuchen das Gehäuse mithilfe ihres Schlundgebisses zu zerdrücken. Gegen diese Art von Attacke kann sich die Schnecke gleichsam nur durch Anpassungen ihrer Gehäusemorphologie wehren. Eine Möglichkeit besteht darin, die Schale derart zu verdicken, dass sie dem Druck standhält. Dies kann jedoch mit physiologisch weniger Aufwand auch dadurch erzielt werden, dass ähnlich wie bei den fossilen Schnecken von Kos Skulpturen wie Rippen, Kiele oder Knoten ausgebildet werden, die den Druck besser verteilen. Schließlich kann eine Zunahme des Größenwachstums bewirken, dass der Fisch die Schnecke nicht mehr aufnehmen kann.

In einer solchen Räuber-Beute-Beziehung könnte also die Ursache für den Formenwandel der Schnecken von Kos und Steinheim liegen. Dies ist aber freilich nur eine Hypothese, die bislang noch nicht geprüft wurde. Da die Attacken der Fische, anders als die Angriffe der Krebse, keine charakteristischen, fossil erhaltungsfähigen Spuren auf den Schneckenschalen hinterlassen, können hier nur die Exkremente der Fische (sogenannte Koprolithen) bzw. von ihnen ausgespiene Nahrungsreste Aufschluss über die Intensität der

Räuber-Beute-Beziehung und die damit verbundenen Folgen liefern. Diese müssten auf möglichst isochronen Schichtflächen gesucht und statistisch ausgewertet werden, um Veränderungen des Nahrungsspektrums sowie den Räuberdruck nachweisen zu können. Ferner wären Aussagen über Schwankungen der Populationsgröße der Fische und Schnecken im Laufe der Zeit wichtig. An diesem Beispiel ist zu erkennen, wie aufwendig evolutionsbiologische Untersuchungen an Fossilmaterial sein können.

## Die Bedeutung von kleinen Populationen und „Flaschenhälsen"

Der auffälligste Formenwandel der Schnecken von Kos und Steinheim ist jeweils mit einem besonders niedrigen Wasserstand in den Seen korreliert gewesen (z. B. JANZ 1998, 2000, TÜTKEN et al. 2006). Das bedeutet, die Populationen der Schnecken waren klein und möglicherweise sogar räumlich separiert. Findet die Reduktion der Populationsgröße wie im Falle der fossilen Schnecken von Kos und Steinheim durch Umweltveränderungen statt, spricht man bildhaft vom Flaschenhalseffekt *(bottleneck effect)*. Ist die Populationsgröße dagegen eine Folge der Einwanderung von wenigen Individuen in ein neues Areal, was z. B. für die ersten Finken angenommen werden kann, welche die Galápagosinseln vom südamerikanischen Festland aus erreichten, spricht man vom Gründereffekt *(founder effect)*.

Aus genetischer Sicht ist mit der Verkleinerung der Populationsgröße eine zufällige Veränderung des Auftretens und der Häufigkeit von Genvarianten (Allele) in der Population verbunden. Der sogenannte Genpool, also die Summe aller Gene in einer Population, ist in der verkleinerten Population von jenem der Ausgangspopulation stets verschieden. Die als Gendrift bekannte, zufällige Veränderung von Allelfrequenzen (z. B. CHARLESWORTH 2009) kann sich statistisch gerade in solchen kleinen Populationen stark auswirken und relativ schnell zu Veränderungen des Erscheinungsbildes der Organismen führen, da Neuheiten entweder schneller verlorengehen oder schneller fixiert werden als in großen Populationen (z. B. OHTA 1997).

In der aktuellen populationsgenetischen Diskussion wird in der Regel davon ausgegangen, dass die Anpassungsfähigkeit an Umweltveränderungen in kleinen Populationen, unter anderem wegen der reduzierten genetischen Variabilität, Problemen durch Inzucht oder Umweltstress, herabgesetzt ist (z. B. WILLI et al. 2006). Andererseits sind gerade die vorher beschriebenen Flaschenhalssituationen als besonderer Antrieb für die Anpassungsfähigkeit von Organismen, z. B. in Gründerpopulationen, beschrieben worden und sollen insbesondere bei der Artbildung eine besondere Rolle spielen (z. B. MAYR 1954, 1963, TEMPLETON 1980). In der Populationsgenetik wird bei der Untersuchung dieser Fragen mit einer Vielzahl von komplexen theoretischen Modellen gearbeitet, die durch Labor- und Feldstudien geprüft und ergänzt werden (z. B. CHARLESWORTH 2009). Ob eine Verringerung der Populationsgröße in Flaschenhalssituationen den evolutiven Wandel herabsetzt oder verstärkt, ist jedoch bis heute unklar (z. B. HEERWARDEN et al. 2008).

Paläontologische Analysen spielen bei den gegenwärtigen populationsgenetischen Diskussionen gar keine Rolle, obwohl sie, anders als Modellierungen und Analysen von lebenden Populationen, die Möglichkeiten bieten, längerfristige Veränderungen in Populationen und Konsequenzen von Schwankungen der Populationsgröße darzustellen. Wie gezeigt wurde, liegt hier sicher noch ein großes Potenzial für die paläontologische Forschung.

## Literatur


Adam, K. D. (1980): Das Steinheimer Becken – eine Fundstätte von Weltgeltung. Jh. Ver. vaterl. Naturk. Württemberg 135. S. 31–144.

Bajor, M. (1965): Zur Geochemie der tertiären Süßwasserablagerungen des Steinheimer Beckens, Steinheim am Albuch (Württemberg). Jh. Geol. Landesamt Baden-Württ. 7. S. 355–386.

Barraclough, T. G. & Nee, S. (2001): Phylogenetics and speciation. Trends in Ecol. & Evol. 16 (7). S. 391–399.

Beklioglu, M. & Moss, B. (1998): The effect of tench (*Tinca tinca* (L.)) and sticklebacks (*Gasterosteus aculeatus* L.) on planktonic and benthic communities in mesocosmos in a shallow lake. Aquatic Ecol. 32. S. 229–240.

Benton, M. J. & Pearson, P. N. (2001): Speciation in the fossil record. Trends in Ecol. & Evol. 16 (7). S. 405–411.

Bock, W. (1995): The species concept versus the species taxon: their roles in biodiversity analyses and conservation. In: Arai, R., Kato, M. & Doi, Y. [Hrsg.]: Biodiversity and Evolution. Tokyo, National Science Museum Foundation. S. 47–72.

Charlesworth, B. (2009): Effective population size and patterns of molecular evolution and variation. Nature Reviews Genetics 10. S. 195–205.

Coyne, J. A. & Orr, H. A. (2004): Speciation. Sinauer Associates, Sunderland, MA.

Darwin, C. (1872): Die Entstehung der Arten durch natürliche Zuchtwahl [Übersetzung der 6. Auflage, Reclam Verlag 2007].

Gaudant, P. J. (1989): Nouvelles observations sur lichthyofaune miocène de Steinheim am Albuch (Wurtemberg, Allemagne). Stuttgarter Beitr. Naturk. B 151.

Gorthner, A. (1992): Bau, Funktion und Evolution komplexer Gastropodenschalen in Langzeit-Seen. Mit einem Beitrag zur Paläobiologie von *Gyraulus „multiformis“* im Steinheimer Becken. Stuttgarter Beitr. Naturk. B 190. S. 1–173.

Grant, P. R. & Grant, B. R. (2006): Evolution of character displacement in Darwin's finches. Science 313. S. 224–226.

Grant, P. R. & Grant, B. R. (2008): How and why species multiply: the radiation of Darwin's finches. Princeton University Press, Princeton.

Heerwaarden, B. v., Willi, Y., Kristensen, T. N. & Hoffmann, A. A. (2008): Population bottlenecks increase additive genetic variance but do not break a selection limit in rainforest Drosophila. Genetics 179. S. 2135–2146.

Heizmann, E. P. J. & Reiff, W. (2002): Der Steinheimer Meteorkrater. Verlag Dr. Friedrich Pfeil, München.

Herbert, S. (2005): Charles Darwin, Geologist. Cornell University Press.

Hilgendorf, F. (1863): Beiträge zur Kenntniß des Süßwasserkalkes von Steinheim. Diss. Univ. Tübingen.

Hilgendorf, F. (1867): Über *Planorbis multiformis* im Steinheimer Süßwasserkalk. Monatsber. K. Preuss. Akad. Wiss. Berlin 1866. S. 474–504.

Huber, S. K., De León, L. F., Hendry, A. P., Bermingham, E. & Podos, J. (2007): Reproductive isolation of sympatric morphs in a population of Darwin's finches. Proc. R. Soc. B 274. S. 1709–1714.

Janz, H. (1998): Muschelkrebse – Zeit- und Umweltzeugen im Tertiär. In: Heizmann, E. P. J. [Hrsg.]: Erdgeschichte mitteleuropäischer Regionen 2. Vom Schwarzwald zum Ries. Verl. Dr. Friedrich Pfeil, München. S. 191–198.

Janz, H. (2000): An example of intralacustrine evolution at an early stage: the freshwater ostracods of the Miocene crater lake of Steinheim (Germany). Hydrobiologia 419. S. 103–117.

Kelber, K.-P. (1999): *Triops cancriformis* (Crustacea, Notostraca). In: Hauschke, N. & Wilde, V. [Hrsg.]: Trias – Eine ganz andere Welt. Verlag Dr. Friedrich Pfeil, München. S. 383–394.

Kemp, T. S. (1999): Fossils and Evolution. Oxford University Press, Oxford, New York.

Kocher, T. D. (2004): Adaptive evolution and explosive speciation: the cichlid fish model. Nature Reviews Genetics 5. S. 288–298.

Kunzig, R. (2002): Der unsichtbare Kontinent. Marebuchverlag.

Mayden, R. L. (1997): A hierarchy of species concepts: the denouement in the saga of the species problem. In: Claridge, M. A., Dawah, H. A. & Wilson, M. R. [Hrsg.]: The Units of Diversity. Chapman & Hall, London. S. 381–424.

Mayr, E. (1942): Systematics and the Origin of Species. New York: Columbia University Press.

Mayr, E. (1954): Change of genetic environment and evolution. In: Huxley, J., Hardy, A. & Ford, E. B. [Hrsg.]: Evolution as a Process. Allen and Unwin, London. S. 157–180.

Mayr, E. (1963): Animal Species and Evolution. Harvard University Press Cambridge, Massachusetts [Deutsche Ausgabe (1967): Artbegriff und Evolution. Paul Parey Verlag, Hamburg, Berlin].

Mayr. E. (2003): Das ist Evolution. C. Bertelsmann Verlag, München.

Mensink, H. (1984): Die Entwicklung der Gastropoden im miozänen See des Steinheimer Beckens (Süddeutschland). Palaeontographica, Abt. A 183. S. 1–63.

Meyer, A., Kocher, Th. D., Basasibwaki, P. & Wilson, A. C. (1990): Monophyletic origin of Lake Victoria cichlid fishes suggested by mitochondrial DNA sequences. Nature 347. S. 550–553.

Neumayr, M. (1880): Über den geologischen Bau der Insel Kos und über die Gliederung der Jungtertiären Binnenablagerungen des Archipels. Denkschr. K. Akad. Wiss. 40. S. 213–314.

Neumayr, M. (1899): Die Stämme des Thierreiches 1. Tempsky, Wien, Prag.

Neumayr, M. & Paul, C. M. (1875): Die Congerien- und Paludinen-Schichten Slawoniens und deren Faunen. Ein Beitrag zur Descendenz-Theorie. Abh. kaiserl. königl. geolog. Reichsanstalt 7. S. 1–111.

Nützel, A. & Bandel, K. (1993): Studies on the side branch planorbids (Mollusca, Gastropoda) of the Miocene crater lake of Steinheim (southern Germany). Scripta Geol. Spec. Issue 2. S. 313–357.

Ohta, T. (1997): Role of random genetic drift in the evolution of interactive systems. J. Mol. Evol. 44 (Suppl.). S. S9–S14.

Palmer, A. R. (1979): Fish predation and the evolution of gastropod shell sculpture: experimental and geographic evidence. Evolution 33. S. 697–713.

Rasser, M. (2006): 140 Jahre Steinheimer Schnecken-Stammbaum: der älteste fossile Stammbaum aus heutiger Sicht. Geologica et Palaeontologica 40. S. 195–199.

Reif, W.-E. (1983a): Hilgendorf's (1863) dissertation on the Steinheim planorbids (Gastropoda; Miocene): The development of a phylogenetic research program for Paleontology. Paläont. Z. 57. S. 7–20.

Reif, W.-E. (1983b): The Steinheim snails (Miocene; Schwäbische Alb) from a Neo-Darwinian point of view: a discussion. Paläont. Z. 57. S. 21–26.

Rust, J. (1997): Evolution, Systematik, Paläoökologie und stratigraphischer Nutzen neogener Süß- und Brackwassergastropoden im Nord-Ägäis-Raum. Palaeontographica Abt. A 243. S. 37–180.

Sato, A., Tichy, H., o'Huigin, C., Grant, P. R., Grant, B. R. & Klein, J. (2001): On the origin of Darwin's finches. Mol. Biol. Evol. 18. S. 299–311.

Spratt, T. A. B. & Forbes, E. (1847): Travels in Lycia, Milyas and the Cibyratis 2. London.

Templeton, A. R. (1980): The theory of speciation via the founder principle. Genetics 94. S. 1011–1038.

Tütken, T., Vennemann, T. W., Janz, H. & Heizmann, E. P. J. (2006): Palaeoenvironment and palaeoclimate of the Middle Miocene lake in the Steinheim basin, SW Germany: A reconstruction from C, O, and Sr isotopes of fossil remains. Palaeogeogr., Palaeoclim., Palaeoecol. 241. S. 457–491.

Wägele, W. (2000): Grundlagen der Phylogenetischen Systematik. Verlag Dr. Friedrich Pfeil, München.

Willi, Y., Van Buskirk, B. & Hoffmann, A. A. (2006): Limits to the Adaptive Potential of Small Populations. Annu. Rev. Ecol. Evol. Syst. 37. S. 433–458.

Willmann, R. (1978): Die Formenreihen der pliozänen Süßwassergastropoden von Kos (Ägäis) und ihre Erforschungsgeschichte. Natur und Museum 108. S. 230–237.

Willmann, R. (1981): Evolution, Systematik und stratigraphische Bedeutung der neogenen Süßwassergastropoden von Rhodos und Kos/Ägäis. Palaeontographica A 174. S. 10–235.

Willmann, R. (1983): Neogen und jungtertiäre Entwicklung der Insel Kos (Ägäis, Griechenland). Geol. Rundschau 72. S. 815–860.

Willmann, R. (1985a): Die Art in Raum und Zeit. Paul Parey, Berlin, Hamburg.

Willmann, R. (1985b): Responses of the Plio-Pleistocene freshwater gastropods of Kos (Greece, Aegean Sea) to environmental changes. In: Bayer, U. & Seilacher, A. [Hrsg.]: Sedimentary and Evolutionary Cycles. Lecture Notes in Earth Sciences 1. S. 295–321.

Willmann, R. (1989): Muscheln und Schnecken der Nord- und Ostsee. Neumann-Neudamm, Melsungen.

# 4 Makroevolution – Muster in der Entwicklung des Lebens

*Der erste Vogel kroch aus einem Reptilei*" – mit dieser ungewöhnlichen Feststellung wollte der Tübinger Paläontologe Otto H. Schindewolf 1936 bildhaft unterstreichen, dass die übergeordneten „Typen" oder Baupläne der Organismen seiner Ansicht nach sprunghaft, d. h. ohne Bindeglieder zwischen den Ausgangsformen, entstanden sind. Schindewolf zitierte mit seiner Behauptung eine Aussage des englischen Embryologen Walter Garstang von 1922, der sich nicht nur als Wissenschaftler, sondern auch als Dichter von humorvollen zoologischen Versen einen Namen gemacht hat (z. B. „*The ballad of the veliger or how the gastropod got its twist*"). Aber schon etwa 100 Jahre früher, im Jahre 1833, hatte sich der französische Zoologe Étienne Geoffroy Saint-Hilaire die Frage gestellt, ob es einen Prozess geben könnte, der aus einem Reptil einen Vogel hervorbringt.

Was diese Forscher zu ihren Überlegungen antrieb, war vor allem das Problem des Ursprungs der großen, übergeordneten Organisationsformen, die in der traditionellen Systematik als Taxa höheren Ranges (Klassen, Ordnungen, Familien usw.) ausgewiesen werden. Bis heute haben viele Menschen Schwierigkeiten mit der Vorstellung, dass allein durch Mutation, Rekombination, Selektion und andere „mikroevolutive" Faktoren völlig unterschiedliche, „makroevolutive" Baupläne wie etwa Insekten, Seeigel, Wale und vor allem sie selbst aus stammesgeschichtlichen Vorfahren entstehen konnten. Verbreitet ist auch die Ansicht, dass der Fossilbericht scheinbar oft nicht genügend Material liefert, um die Übergänge zwischen den einzelnen Formen zu dokumentieren, und auch die Genetik scheint hier mit ihren experimentellen Methoden auf kaum überwindbare Grenzen zu stoßen. Diese Situation hat dazu geführt, dass die Suche nach einer Erklärung von makroevolutiven Mustern und den ihnen zugrunde liegenden Prozessen wie kaum ein anderes Forschungsfeld von kontroversen Theorien und gelegentlich harschen wissenschaftlichen Auseinandersetzungen beherrscht wurde, die vielfach bis in die Gegenwart andauern. Gegner der Evolutionstheorie glauben, in der vermeintlichen Unsicherheit der Datenlage „Beweise" gegen die Evolution insgesamt zu finden. Letztlich sind ihre Argumente aber politisch oder ideologisch motiviert und wissenschaftlich unhaltbar. Nicht zuletzt wegen derartiger Auseinandersetzungen gilt der Begriff Makroevolution gerade im deutschen Sprachraum vielen als belastet, und in der paläontologischen und biologischen Literatur taucht er nur selten auf. Dabei wird leider oft übersehen, dass hinter diesem Begriff ein aufregendes Forschungsfeld und eine Reihe von grundlegenden Phänomenen stehen, die bis heute nicht befriedigend geklärt sind.

## Makroevolution – Saltationen, durchbrochene Gleichgewichte und die Rote Königin

Zahlreiche Diskussionen um das Thema Makroevolution drehen sich in Wirklichkeit weniger um die zugrunde liegenden Phänomene als vielmehr um unterschiedliche theoretische Auffassungen des Begriffs und seine Anwendung auf unterschiedliche hierarchische Ebenen der Biologie (z. B. Gene, Genom, Organe, Populationen, Arten, transspezifische Einheiten). Unterschieden wird ferner zwischen Mustern, wie sie im Fossilbericht sichtbar werden, und Prozessen, welche die Ursachen makroevolutiver Phänomene erklären sollen. Von zentraler Bedeutung ist dabei die Frage, ob zwischen Mikroevolution und Makroevolution ein grundlegender Bruch besteht oder ob Makroevolution allein mittels mikroevolutiver Prozesse erklärt werden kann.

Mittlerweile hat sich in der Literatur eingebürgert, bei Evolution über geologische Zeiträume hinweg und oberhalb des Artniveaus von Makroevolution zu sprechen, während die Art und alle Ebenen unterhalb der Art in das Gebiet der Mikroevolution fallen. Das Begriffspaar „Mikroevolution / Makroevolution" geht auf den russischen Biologen Jūrij Aleksandrovič Filipčenko zurück, der ab 1919 als Professor für Genetik und Experimentelle Zoologie in St. Petersburg tätig war. In seinem Buch „Variabilität und Variation" hat er 1927 (S. 93) die Begriffe erstmals verwendet. Dabei stufte er die Evolution von Arten als Mikroevolution ein, die größtenteils mit den Mendel'schen Gesetzen zu erklären sei, während die Evolution oberhalb des Artniveaus (Makroevolution) immer nur hypothetisch sein sollte, da sich diese Form des Wandels nicht wirklich beobachten lasse. Ein Schüler von Filipčenko und späterer Mitarbeiter der *Drosophila*-Arbeitsgruppe von Thomas Hunt Morgan in New York, der russische Populationsgenetiker und Evolutionsbiologe Theodosius Dobzhansky, führte 1937 den Begriff Makroevolution in seinem Buch *„Genetics and the Origin of Species"* im englischen Sprachraum ein. Dobzhansky gilt als maßgeblicher Architekt der modernen Synthetischen Theorie der Evolution und sein Buch ist der vielleicht wichtigste Grundstein der Synthese. Im Gegensatz zu Filipčenko konnte er keinen Unterschied zwischen mikro- und makroevolutionären Prozessen erkennen.

Wirklich populär wurde der Begriff Makroevolution aber erst 1940 durch das Buch *„The Material Basis of Evolution"* des deutschen Zoologen und Genetikers Richard Goldschmidt. Goldschmidt hatte Karriere am Kaiser-Wilhelm-Institut in Berlin gemacht, bevor er 1935 von den Nazis wegen seiner jüdischen Herkunft ausgebürgert wurde. Er emigrierte in die USA und wurde noch im selben Jahr Professor für Genetik und Zytologie an der Universität von Kalifornien in Berkeley. Goldschmidt war davon überzeugt, dass neue Arten sprunghaft aus bereits bestehenden Formen entstehen. Voraussetzung für diesen Sprung sollten Makromutationen bzw. Systemmutationen sein, die während der Ontogenese Varietäten weit jenseits der normalen Variabilität hervorbringen könnten. Aus diesen *„hopeful monsters"* („hoffnungsvolle Monster") sollten schließlich neue Arten und höhere Taxa entstehen. In seinen erst 1960 publizierten Lebenserinnerungen berichtet Goldschmidt, dass er den berühmten Begriff *„hopeful monsters"* zuerst 1933 halb im Scherz erwähnt habe, und über die Reaktion auf seine Theorie von Makroevolution durch Makromutationen schreibt er rückblickend (in der deutschen Übersetzung von 1963 auf S. 346): *„Ich stach damit in ein Wespennest. Die Neodarwinisten reagierten heftig. Dieses Mal war ich nicht nur verrückt, sondern geradezu kriminell."* Ungeachtet dieser persönlichen Einschätzung war die Kritik zweifellos berechtigt. Schon zu Goldschmidts Zeit war bekannt, dass stark von der Norm abweichende Formen innerhalb von Populationen praktisch keine Überlebenschance haben; es sind „hoffnungslose Monster", wie etwa der englische Populationsgenetiker R.A. Fisher bereits 1930 gezeigt hatte. Bei aller Kritik an Goldschmidt darf jedoch nicht vergessen werden, dass er wesentliche Beiträge zur Genetik und vor allem zur Integration der Entwicklungsbiologie in die Evolutionstheorie geleistet hat (LEVINTON 2001, DIETRICH 2003).

Goldschmidt war einer der letzten Vertreter des Saltationismus im 20. Jahrhundert. Wie allen essentialistischen Theorien (u. a. Lamarckismus, Orthogenese) liegt dieser Anschauung der Glaube an konstante organismische Typen zugrunde, aus denen nur durch plötzliche Sprünge (Saltationen) neue Typen hervorgehen können (MAYR 1984). In dieser typologischen Tradition standen auch die Ansichten des bereits am Anfang dieses Kapitels zitierten Paläontologen Otto H. Schindewolf. Vor allem seine Arbeiten von 1936 und 1950 schienen Goldschmidts Vorstellungen recht zu geben. Neue Typen von Organismen, wie etwa die Fledermäuse (▸ 4.1) oder die Ichthyo-

4.1 Eine etwa 47 Millionen Jahre alte Fledermaus aus dem Eozän der Grube Messel, die bereits alle wesentlichen Merkmale moderner Fledermäuse aufweist.

4.2 Ichthyosaurier *(Stenopterygius quadriscissus)*, älteres Jungtier mit Hauterhaltung aus dem unteren Jura von Holzmaden. Bereits bei den ältesten Funden dieser Fischsaurier aus der Trias handelt es sich um hochgradig angepasste, schnellschwimmende Räuber mit der charakteristischen Körperform.

saurier (▸ 4.2) tauchen offenbar plötzlich und unvermittelt im Eozän bzw. in der Trias im Fossilbericht auf. Dabei sind ihre spezifischen Merkmale bereits weitgehend ausgebildet, d. h., es liegen keine fossilen Übergangsformen zwischen stammesgeschichtlichen Ahnenformen und ihren hochgradig spezialisierten Nachfahren vor. Schindewolf kam zu dem Schluss, dass die Bindeglieder primär fehlen, also nie vorhanden waren. Die Entstehung neuer Typen sollte explosionsartig in kurzen Perioden sprunghafter, diskontinuierlicher Formbildung stattgefunden haben. Diese Schlussfolgerung verknüpfte Schindewolf mit weiteren Annahmen in der sogenannten Typostrophentheorie (Schindewolf 1950), die seiner Vorstellung von einem phasenhaften Ablauf der stammesgeschichtlichen Entwicklung entsprach. Der Tübinger Paläontologe Wolf-Ernst Reif hat die Geschichte und die Auswirkungen dieser Theorie hervorragend analysiert (Reif 1983, 1986, 1997). Am Anfang eines Zyklus sollte die bereits geschilderte Phase der Entstehung neuer Typen oder Baupläne durch Makromutationen stehen (Typogenese). Während der folgenden Typostase erfolgt die langsame, fließende Ausgestaltung und Differenzierung der Formen in kleinen Schritten, ohne den Grundbauplan zu verändern. Die letzte Phase der Typolyse soll durch Merkmale des Niedergangs und der Entartung des Typus (Überspezialisierungen, übersteigerter Riesenwuchs) gekennzeichnet sein.

Schindewolf hat sich ebenso wie Goldschmidt nicht mit seinen typologischen Ansichten durchsetzen können, auch wenn die Typostrophentheorie die Paläontologie im deutschsprachigen Raum noch über Jahrzehnte beeinflusst hat (Reif 1983, Korn 2003). Vor allem die in ihren wesentlichen Zügen bereits 1947 abgeschlossene moderne Synthese der Evolutionstheorie (Jepsen et al. 1949) lieferte einen erfolgversprechenden Erklärungsrahmen und widerlegte ältere essenzialistisch geprägte Vorstellungen. Von den wichtigsten Beiträgen zur modernen Synthese (Dobzhansky (1937), Huxley (1942), Mayr (1942), Simpson (1944), Rensch (1947) und Stebbins (1950)) waren es vor allem der amerikanische Paläontologe und Evolutionsbiologe George Gaylord Simpson und der deutsche Biologe und Evolutionsforscher Bernhard Rensch, die sich mit der Klärung makroevolutiver Phänomene befasst haben. Beiden kommt das Verdienst zu, gezeigt zu haben, dass sich Evolution oberhalb der Artebene mit mikroevolutiven Prozessen erklären lässt, ohne dass Saltationen, Makromutationen oder autogenetische Prozesse erforderlich sind, und beide wiesen ausdrücklich auf die unterschiedliche Geschwindigkeit von Evolutionsraten hin. Simpson bezeichnete die schnellste Evolutionsrate als Quantenevolution. Er verstand darunter eine starke Beschleunigung des evolutionären Wandels innerhalb einer stammesgeschichtlichen Linie, die dabei von einer adaptiven Zone in eine andere wechselt. Später (Simpson 1953) wich er von dieser Ansicht aber wieder ab und sah in der Quantenevolution lediglich eine beschleunigte Variante von phyletischer Evolution. Rensch (1947) hat anders als Simpson die

Bedeutung von Variabilität und Selektion innerhalb von Populationen für die Artbildung betont, und er sah in diesen Vorgängen auch die alleinigen Ursachen der transspezifischen Evolution, wie er Makroevolution bezeichnete. Anhand verschiedener Beispiele kam RENSCH zu folgendem Schluss (1947: 65): *„Zumindest für die besprochenen Fälle lässt sich also die stammesgeschichtliche Entwicklung als ein Fortwirken der bei der Rassen- und Artbildung wirksamen Faktoren der richtungslosen Mutation und Selektion auffassen."*

Obwohl schon DARWIN (1859) diese Aspekte in seinem Werk besprochen hatte, leistete Rensch mit der Heraushebung der Bedeutung von Artbildungsprozessen 1947 einen richtungsweisenden Beitrag für das Verständnis makroevolutiver Phänomene. Im Rahmen der modernen Synthese der Evolutionstheorie hat sich neben Rensch vor allem der berühmte Evolutionsbiologe Ernst Mayr konsequent mit der Artbildung (Speziation) auseinandergesetzt. In seinem damals maßgeblichen Werk *„Systematics and the Origin of Species"* von 1942 kam MAYR zu dem Ergebnis, dass (S. 298) *„alle Prozesse und Phänomene der Makroevolution und des Ursprungs höherer Kategorien auf intraspezifische Variation zurückgeführt werden können, auch wenn die ersten Stufen dieser Prozesse normalerweise sehr klein sind"*.

Ebenfalls 1942 wies Mayr darauf hin, dass sich innerhalb einzelner Arten besonders die hochgradig isolierten Populationen von dem Rest des Vorkommens morphologisch so stark unterscheiden können, dass sie von Systematikern anderen Arten oder sogar Gattungen zugewiesen werden. Üblicherweise nahm man damals an, dass Arten durch allopatrische Speziation entstehen. Dabei wird eine Ausgangsart z. B. durch eine geographische Barriere in zwei Teile gegliedert, die dann nicht mehr miteinander in Kontakt stehen. Durch die allmähliche Zunahme genetischer und sonstiger Unterschiede kann sich schließlich Fortpflanzungsisolation einstellen und die Artbildung ist abgeschlossen. Diese Form der allopatrischen Speziation hat Cracraft später als dichopatrische Speziation bezeichnet (CRACRAFT 1984). Sie wird häufig so dargestellt, dass die Ausgangsart in zwei, mehr oder weniger gleich große Hälften unterteilt wird, aus denen dann eigenständige Arten hervorgehen. Dies steht aber in deutlichem Widerspruch zu Mayrs Ansicht von 1942. Wie Mayr später schrieb (MAYR 1991), begann er nach 1942 konkrete Fälle beginnender Artbildung bei Pflanzen und Tieren näher zu untersuchen. Dabei fand er heraus, dass die meisten Beispiele nicht zu der gängigen Vorstellung von allopatrischer Speziation passten. In den meisten Fällen waren die morphologisch am stärksten abweichenden Formen vor allem in den am weitesten peripher gelegenen, geographisch separierten Populationen des Verbreitungsgebietes einer Art zu finden. Diese empirisch gewonnenen Ergebnisse baute MAYR 1954 zu einer eigenständigen Theorie von allopatrischer Artbildung aus, die er später peripatrische Speziation nannte (MAYR 1982a, b). Eine der Schlussfolgerungen dieses Modus der Artbildung war, dass in kleinen separierten Populationen (Gründerpopulationen) der Genpool wesentlich leichter und schneller umorganisiert werden kann als in großen Populationen (3). Zusammen mit stark veränderten Selektionsdrücken, die in der Umwelt solcher Gründerpopulationen zu erwarten sind, sollte sich ein ungewöhnlich schneller und dramatischer Wandel des Phänotyps ergeben können. Natürlich werden viele solcher Populationen aussterben oder wieder mit ihrer Ausgangspopulation verschmelzen, aber einige werden etwas wirklich Neues hervorbringen. Wie MAYR 1954 weiter ausführte, ist es unwahrscheinlich, dass peripher separierte Populationen im Fossilbericht in Erscheinung treten. Erst, wenn sich die neue Art erfolgreich etabliert hat und über größere Gebiete ausbreitet, wird sie in der Regel in der Fossilüberlieferung in Erscheinung treten. Diese Beobachtung war den Paläontologen durchaus bekannt und ist schon 1895 von dem französischen Paläontologen Félix Bernard beschrieben worden.

Die durch Ernst Mayr 1954 und vor allem auch 1963 glänzend dargestellte Bedeutung von Artbildungsprozessen für die Erklärung makroevolutiver Phänomene ist von den Paläontologen erst nach fast 20 Jahren aufgegriffen worden. Es waren die amerikanischen Paläontologen Niles Eldredge und Stephen Jay Gould, die diesen Aspekt 1972 in ihrer bis heute umstrittenen Theorie der punktierten Gleichgewichte *(punctuated equilibria)* betonten. Kern der Theorie ist die Annahme, dass evolutionärer Wandel ausschließlich an im geologischen Zeitmaßstab kurzfristige Speziationsereignisse gekoppelt ist und nicht durch die graduelle Veränderung von phylogenetischen Stammlinien entsteht (▸ 4.3; phyletischer Gradualismus nach ELDREDGE & GOULD 1972). Nach der punktualistischen Theorie verharrt die Stammesentwicklung also über längere Zeit in einem „Gleichgewicht" (Stasis), das nur in größeren Abständen durch kurze und rasch ablaufende Evolutionsschübe (Speziationen) unterbrochen wird. Bis heute wird die Theorie der durchbrochenen Gleichgewichte kontrovers diskutiert, und hier ist nicht der Raum, die Vielzahl aller Einwände und Entgegnungen darzustellen. Wichtige theoretische Kritikpunkte hat z. B. MAYR (1991) erörtert, und GOULD hat in seinem

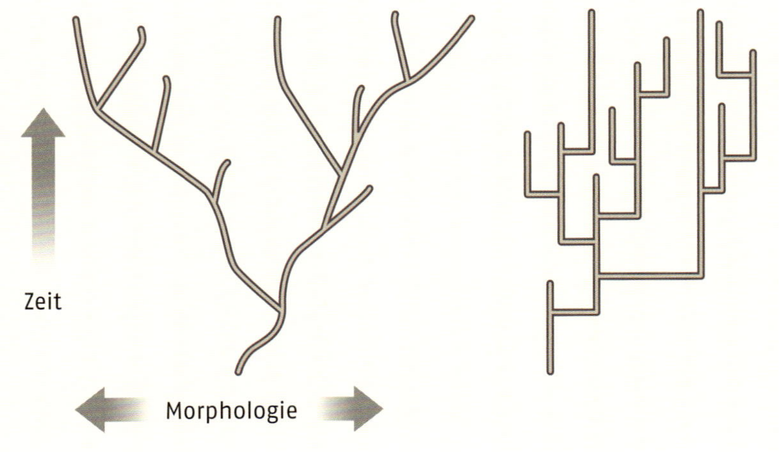


4.3 Evolution nach dem Modell des phyletischen Gradualismus (links) und der durchbrochenen Gleichgewichte (*punctuated equilibria*, rechts). Der morphologische Merkmalswandel erfolgt nach dem gradualistischen Modell wesentlich langsamer als nach der punktualistischen Theorie.

monumentalen Spätwerk „*The Structure of Evolutionary Theory*" 2002 ausführlich Stellung zu kritischen Punkten genommen.

Von besonderem Interesse war natürlich auch die Frage, ob sich das von Eldredge und Gould 1972 postulierte Muster der durchbrochenen Gleichgewichte im Fossilbericht tatsächlich wiederfindet. Eine der ersten Untersuchungen unternahm Davida E. Kellogg 1975 an planktonischen Radiolarien der Art *Pseudocubus vema* aus antarktischen Bohrkernen, die einen Zeitraum von etwa 2,5 Millionen Jahren umfassten. Das Ergebnis war eine deutliche Zunahme des thorakalen Schalendurchmessers, die aber nicht stetig erfolgte, sondern einen treppenähnlich gestuften Verlauf hatte. Die Autorin sah in dieser Entwicklung einen klaren Beleg für einen graduellen evolutiven Wandel. Gould und Eldredge interpretierten diesen Verlauf 1977 jedoch anders. Sie sahen die „Treppenstufen" als Phasen von Stasis an, die von Phasen schneller Veränderung unterbrochen wurden. In diesem Fall konnte also keine eindeutige Entscheidung über den Modus des evolutiven Ablaufs gefällt werden.

Ähnlich unterschiedliche Ansichten ergaben sich auch für andere Untersuchungen. Nur die Evolution der einzelligen Foraminifere *Lepidolina multiseptata* aus dem oberen Perm, die der japanische Geologe Ozawa 1975 an Material von mehreren ostasiatischen Fundorten analysiert hatte, akzeptierten Gould und Eldredge 1977 als echtes Beispiel von Gradualismus. Dies gilt allerdings nur für vier von insgesamt neun untersuchten Merkmalskomplexen. In den folgenden Jahren wurden immer mehr Untersuchungen veröffentlicht, die von den jeweiligen Autoren entweder als Beispiel für einen punktualistischen Verlauf der Evolution (z. B. Williamson 1981 für neogene Mollusken) oder als gradueller Wandel (z. B. Gingerich 1976, 1985 für eozäne Primaten und Condylarthra) gedeutet wurden. Es sei aber darauf hingewiesen, dass manche dieser Analysen gar nicht für eine Entscheidung zwischen gradueller oder punktualistischer Evolution geeignet waren. In den bereits erwähnten Arbeiten von Kellogg (1975) und Ozawa (1975) ist z. B. kein Speziationsereignis dokumentiert, sondern lediglich die morphologische Abwandlung einzelner Arten in der Zeit. Damit ist aber eine der Kernaussagen der Theorie der durchbrochenen Gleichgewichte, nämlich die Kopplung von evolutionärem Wandel an rasche Artbildungsereignisse, nicht nachprüfbar. Dass es innerhalb der Existenzdauer von Arten Phasen erhöhter bzw. stagnierender morphologischer Abwandlung geben kann, war zudem schon lange unumstritten.

Einen relativ neuen Zwischenstand der anhaltenden Debatte haben Douglas H. Erwin und Robert L. Anstey 1995 geliefert. Sie analysierten 58 Arbeiten über unterschiedlichste Fossilgruppen aus dem Zeitraum von 1972 bis 1995 im Hinblick auf die von den Autoren getroffenen Aussagen über Geschwindigkeit und Modus der Artbildung. Wenn man von den vielen Unsicherheiten einer solchen Auswertung einmal absieht (unterschiedliche Artkonzepte, unterschiedliche räumliche und zeitliche Auflösung, subjektive Auswahl von Merkmalen usw.), dann bietet sich folgendes Ergebnis (Kemp 1999): 17 Arbeiten ergaben einen graduellen morphologischen Wandel (davon 13 für Linien ohne Aufspaltung), 15 Untersuchungen zeigten das Vorhandensein von gradueller Veränderung *und* Stasis (davon wieder 13 für Linien ohne Aufspaltung), und 26 Analysen wiesen ein punktualistisches Muster und Stasis auf (davon 14 für Linien mit mehrfacher Aufspaltung). Nun wird eine Theorie natürlich nicht wie in einem Boxkampf nach dem jeweiligen Punktestand oder wie in der Politik nach Abstimmungsergebnissen bewertet. Was sich im Falle der Diskussion um den Verlauf der Evolution vielmehr deutlich zeigt, ist einerseits ein erheblicher Forschungsbedarf, mit dem Ziel, die weiterhin offenen Fragen zu klären, andererseits deutet sich an, dass nicht eine „Entweder-oder-Entscheidung", sondern allein eine pluralistische Sicht der Erklärung der bisher beobachteten Phänomene gerecht wird.

Die Annahme einer Konzentration von evolutiven Ereignissen in Phasen der Artbildung im Rahmen der Punktualismusdebatte hat zu der Frage geführt, ob makroevolutive Phänomene allein mit der natürlichen Auslese von Individuen erklärt werden können oder ob die Selektion hier auf höherer Ebene wirksam wird. Der amerikanische Paläontologe Steven Stanley legte vor diesem Hintergrund 1975 ein Konzept vor, dass er als Artselektion *(species selection)* bezeichnete. Zielobjekt der Selektion soll in diesem Fall die gesamte Art sein. Variabilität besteht insofern, als sich verschiedene Abstammungslinien hinsichtlich ihrer Artbildungs- und Aussterberaten unterscheiden. Der Erfolg würde dann von der Entstehungsrate neuer Arten innerhalb einer Linie abhängen. Als Resultat können aus einer solchen Entwicklung morphologische Trends hervorgehen (▸ 4.4). Nach Ansicht von Stanley (1975, 1979) wären in diesem Fall die natürliche Auslese von der Artselektion und damit die Mikro- von der Makroevolution entkoppelt. Das Konzept setzt natürlich voraus, dass es Eigenschaften bzw. Merkmale von Arten gibt, die nicht auf die Einzelindividuen dieser Art reduzierbar sind (sogenannte emergente Eigenschaften). Solche Eigenschaften könnten z. B. Populationsgröße, Populationsstruktur (z. B. räumliche und genetische Differenzierung zwischen verschiedenen Populationen einer Art) und Ausbreitungsvermögen sein (8). Schon hier wird aber rasch deutlich, dass diese Eigenschaften sehr wohl auf individueller Selektion beruhen. Nicht die Art an sich breitet sich z. B. aus, sondern es sind Individuen, die als Angehörige einer Art neue Kolonien gründen. Alle Beispiele, die zur Begründung von Artselektion angeführt wurden (z. B. die unterschiedlichen Entwicklungsstratgien von marinen Gastropoden; Hansen 1978, Jablonski & Lutz 1983, Jablonski 1986, Duda & Palumbi 1999), blieben den Nachweis schuldig, dass die beobachteten Phänomene nicht allein auf individuelle natürliche Auslese zurückgeführt werden können. Insbesondere die Existenz von Abstammungslinien, die vielfache Speziationen durchlaufen haben, und solchen, die nur eine geringe Tendenz zur Artbildung aufweisen, ist das Resultat von Selektion, die sich auf die natürliche Auslese von Individuen von Arten beziehen lässt, und nicht die Folge eines Prozesses, dem die Selektion von Arten insgesamt zugrunde liegt. Bislang konnte nicht schlüssig gezeigt werden, dass ein von der natürlichen Auslese von Individuen abgekoppelter Mechanismus der Artselektion tatsächlich existiert (siehe aber z. B. Jablonski 2008 und 8). Verschiedene Autoren haben deshalb das Konzept der Artselektion vollständig abgelehnt (z. B. Willmann 1988a, b) oder bezweifelt, dass der Begriff Selektion in diesem Fall angemessen sei (z. B. Mayr 1991).

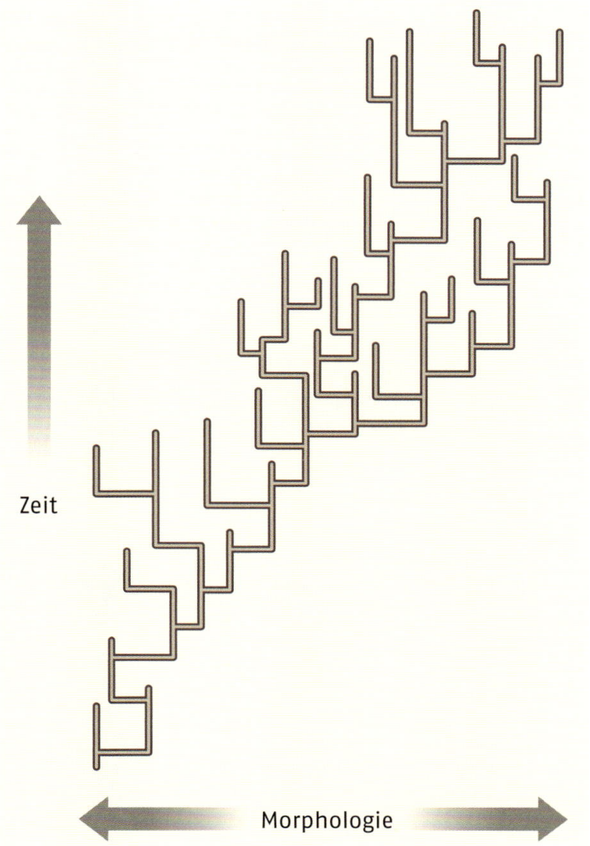


4.4 Durch Artselektion entsteht ein evolutionärer Trend, der nicht auf die Anpassung von Individuen und Populationen zurückzuführen ist. Die Zahl der Artbildungen stimmt in beide Richtungen überein. Die Tendenz zur Verzweigung sowie die Überlebensdauer der Arten sind aber auf der rechten Seite größer. Dadurch wird die Entstehungsrate neuer Arten nach rechts erhöht. Nach diesem Modell soll die Entstehung des Trends von der natürlichen Auslese völlig abgekoppelt sein (verändert nach Stanley 1979).

Eine Entkopplung von Makro- und Mikroevolution hatte auch die südafrikanische Paläontologin Elisabeth S. Vrba 1980 mit ihrem Vorschlag der „Effekt-Hypothese“ makroevolutiver Trends verbunden. Während der Artselektion adaptive Vorteile einzelner Arten zugrunde liegen, können makroevolutive Trends nach der Effekt-Hypothese durchaus nicht adaptiv sein. Wenn etwa innerhalb einer Abstammungslinie Merkmale entwickelt werden, die eine höhere Speziationsrate zur Folge haben, so kann sich daraus ein deutlicher Trend zu höherer Diversität entwickeln. Dieser Trend ist dann jedoch selbst nicht adaptiv, sondern nur ein Nebenprodukt oder ein „Effekt“ der Selektion von Merkmalen, die eine höhere Speziationsrate ermöglichen. Später haben VRBA und GOULD (1986) Artselektion, Effekt-Hypothese und andere Erscheinungen als Phänomene zusammengefasst, die über verschiedene biologische Ebenen hinweg (Gene, Organismen, Arten) wirksam werden und zu einer Sortierung *(sorting)* der jeweiligen Einheiten dieser Ebenen führen. Der Begriff der Sortierung ist insofern neutral, als ihm keine Vorannahmen über Ursachen zugrunde liegen.

Weder Artselektion noch Effekt-Hypothese oder die umfassendere Sortierung sind jedoch eigenständige Mechanismen der Evolution, die von mikroevolutiven Prozessen abgekoppelt wären. Gleichwohl sind z. B. unterschiedliche Speziations- oder Aussterberaten in verschiedenen Abstammungslinien ein äußerst interessantes Phänomen, zu dessen Klärung die Paläontologie noch viel beitragen kann. Einen Zugang zu der inzwischen umfangreichen Primärliteratur der hier beschriebenen Aspekte bietet z. B. eine neue Arbeit von LIEBERMANN & VRBA von 2005 (▸8).

Eine stärkere biologische bzw. ökologische Ausrichtung erhielt die Diskussion der Makroevolution 1973 durch die sogenannte Red-Queen-Hypothese von Leigh van Valen von der University of Chicago. Anhand der Geschwindigkeit des Aussterbens von fossilen Pflanzen- und Tiergruppen konnte van Valen zeigen, dass die Aussterbewahrscheinlichkeit über geologische Zeiträume hinweg konstant bleibt. Ältere Taxa, denen eine lange Zeit zur Anpassung an ihre Umwelt zur Verfügung gestanden hat, sterben also mit derselben Wahrscheinlichkeit aus wie wesentlich jüngere Taxa. Dieses überraschende Ergebnis, das er als „Gesetz der konstanten Aussterberate" bezeichnete, erklärte van Valen mit einer Art „ökologischem Wettlauf" von konkurrierenden Organismen in einem bestimmten Lebensraum (z. B. in Räuber-Beute- oder Parasiten-Wirt-Beziehungen). Daher stammt auch die Bezeichnung „Red Queen-Hypothese", die sich auf das Buch *„Through the looking glass"* (1872) des englischen Dichters und Mathematikers Lewis Carroll bezieht. In diesem Nachfolgebuch zu „Alice im Wunderland" sagt die Rote Königin zu Alice: *„Hierzulande musst du so schnell rennen, wie du kannst, wenn du am gleichen Fleck bleiben willst."* Bezogen auf den ökologischen Wettlauf muss eine Art also ständig evolvieren, um ihren Status innerhalb einer bestimmten Umwelt aufrechtzuerhalten und nicht auszusterben.

Während Leigh van Valen die belebte Umwelt in den Vordergrund seiner Betrachtungen stellte, entwickelten der Biologe Nils Christian Stenseth aus Oslo und der englische Evolutionsbiologe und Genetiker John Maynard Smith 1984 ein sogenanntes stationäres Modell, das im Wesentlichen davon ausgeht, dass die Evolution vor allem von abiotischen Faktoren beziehungsweise von Veränderungen der physikalischen Umwelt vorangetrieben wird. Nach diesem Modell würde der evolutive Wandel vollständig zum Erliegen kommen, wenn keine Schwankungen der Umweltbedingungen auftreten. Beide Modelle stehen bis heute in unterschiedlichsten Zusammenhängen zur Diskussion – die Red-Queen-Hypothese u. a. im Zusammenhang mit der Evolution der Sexualität (z. B. OTTO & NUISMER 2004). Die Prüfung der Red-Queen-Hypothese sowie des stationären Modells mithilfe paläontologischer Daten hat sich als schwierig erwiesen, da z. B. eine eindeutige Trennung des Einflusses von biotischen und abiotischen Faktoren auf ein bestimmtes Evolutionsgeschehen anhand von Fossilmaterial und Sedimentanalysen schwierig ist (▸8).

Makroevolution wird heute vor allem im englischen Sprachraum als sehr umfassendes Forschungsfeld angesehen und ist daher in seiner vollen ideen- und theoriegeschichtlichen Dimension kaum noch überschaubar. Der amerikanische Biologe Jeffrey S. Levinton hat mit seinem hervorragenden Buch *„Genetics, Paleontology, and Macroevolution"* (2001) z. B. einen sehr guten Überblick über dieses hochaktuelle Forschungsfeld geliefert. Aktuelle Entwicklungen auf diesem Gebiet werden auch in ▸8 ausführlicher besprochen. Im Folgenden sollen weitere Aspekte von Makroevolution näher betrachtet werden, die vor allem für die evolutionsbiologische Interpretation des Fossilberichts von Bedeutung sind.

## Die Geschwindigkeit der Evolution

Schon Charles Darwin war bekannt, dass Evolution kein kontinuierlicher und gleichmäßiger Prozess ist, der wie ein Uhrwerk immer mit derselben Geschwindigkeit abläuft (RHODES 1983). Er hat den graduellen Charakter der Evolution 1859 in seinem Werk „Über die Entstehung der Arten durch natürliche Zuchtwahl" vor allem deshalb stets betont, um dem kreationistischen und essentialistischen Denken seiner Zeit entgegenzutreten. Um den Extremfall einer langsamen Evolution bis hin zu einem scheinbaren Stillstand (Stasis) evolutiver Veränderung zu charakterisieren, führte Darwin 1859 den etwas unglücklichen, aber bildhaften Begriff der lebenden Fossilien ein. Zu diesen morphologisch ungewöhnlich konservativen Formen gehören etwa der Pfeilschwanzkrebs *Limulus* (▸ 4.5), der sich seit etwa 150 Millionen Jahren praktisch kaum verändert hat, die Brachiopode

4.5 Fossiler und lebender Vertreter der sogenannten „Pfeilschwanzkrebse" (Xiphosura), die zu den Spinnentieren (Chelicerata) gehören. Das fossile Exemplar ist *Mesolimulus walchi* aus dem Oberjura von Solnhofen, das rezente Tier ist *Limulus polyphemus* von der nordamerikanischen Atlantikküste.

*Lingula,* deren heutige Vertreter von ihren paläozoischen, über 500 Millionen Jahre alten Vorfahren kaum zu unterscheiden sind, die Schlitzbandschnecken, die bis 1856 nur als Fossilien bekannt waren (▸ 4.6), oder der berühmte Quastenflosser *Latimeria chalumnae,* der einer Fischgruppe angehört, die schon aus dem mittleren Devon bekannt ist.

Nun „leben" Fossilien natürlich nicht mehr und umgekehrt spricht auch niemand ernsthaft von „toten Fossilien". Ähnlich wie ein „alter Knabe" ist ein „lebendes Fossil" ein sogenanntes Oxymoron, also eine logische Aussage, die sich selbst widerspricht. Für die vorher genannten Beispiele scheint indes klar zu sein, was Darwin mit lebenden Fossilien gemeint hat. Andere Fälle sind aber weniger eindeutig, und es ist sinnvoll, über eine Definition des Begriffs nachzudenken. Im Licht der Phylogenetischen Systematik könnte man lebende Fossilien etwa als Taxa definieren, die sich durch die Bewahrung charakteristischer plesiomorpher (ursprünglicher) Merkmale über geologische Zeiträume hinweg auszeichnen. Jeder Systematiker kennt solche Beispiele. Es sind jeweils die ursprünglichsten Teilgruppen einer Abstammungsgemeinschaft, die bildlich gesprochen die ersten Abzweigungen in einem phylogenetischen Verwandtschaftsdiagramm darstellen. Innerhalb der Cephalopoden sind dies z. B. die Nautiloideen, die heute nur noch mit wenigen Arten der Gattungen *Nautilus* und *Allonautilus* (Ward & Saunders 1997, siehe aber Harvey et al. 1999, Bonnaud et al. 2004) im indopazifischen Raum verbreitet sind. Tat-

4.6 Wegen ihrer morphologischen Urtümlichkeit und ihrer heute reliktären Verbreitung werden die Schlitzbandschnecken oft als lebende Fossilien bezeichnet. Im Erdaltertum bewohnten sie die Flachmeerregionen, heute kommen sie nur noch in Tiefen unterhalb von 400 m vor.

sächlich gilt *Nautilus* als Klassiker eines lebenden Fossils (▸ 4.7) und ist innerhalb der Cephalopoden stammesgeschichtlich ursprünglicher als die ausgestorbenen Ammoniten und Belemniten. Bezieht man diese phylogenetische Definition aber auf höhere systematische Ebenen, werden die Aussagen sehr schnell fragwürdig. Es ist z. B. sinnlos, alle Schwämme (Porifera) als lebende Fossilien zu bezeichnen, wie dies z. B. Müller (1998) getan hat, nur weil sie die ursprünglichste Teilgruppe der Vielzeller (Metazoa) darstellen.

Der amerikanische Paläontologe Tom J. M. Schopf hat 1984 ganz andere Kriterien vorgeschlagen, die ein lebendes Fossil von anderen Organismen unterscheiden könnten. Danach ist ein lebendes Fossil (Schopf 1984: 272, in deutscher Übersetzung):

- eine lebende Art, die einen sehr langen geologischen Zeitraum überdauert hat
- eine lebende Art, die einer fossilen Art morphologisch und physiologisch über einen längeren geologischen Zeitraum hinweg ähnelt
- eine lebende Art, die viele primitive morphologische Merkmale aufweist
- eine lebende Art, die eine der vorherigen Bedingungen erfüllt und eine reliktäre Verbreitung hat
- eine lebende Art, von der angenommen wurde, dass sie ausgestorben sei
- ein rezentes Taxon mit geringer taxonomischer Diversität, dessen Arten eine oder mehrere der ersten drei vorangegangenen Bedingungen erfüllen

Dieser Kriterienkatalog setzt einen viel engeren Rahmen für die Existenz von lebenden Fossilien, dem nur noch wenige Formen entsprechen. Nach Schopf (1984) wären in diesem Fall die Notostraca oder Rückenschaler, eine ursprüngliche Teilgruppe der Krebse (Crustacea), die Rekordhalter unter den lebenden Fossilien. Heutige Arten, wie *Triops cancriformis,* haben sich seit der Trias, also seit etwa 220 Millionen Jahren, morphologisch praktisch nicht verändert (▸ 3.2). Die morphologische Stagnation geht in diesem Fall so weit, dass die gegenwärtig lebende Art (!) sogar aus der Trias (Keuper) beschrieben worden ist (Kelber 1999). Ähnliche Kriterien zur Bewertung von lebenden Fossilien, wie sie Schopf (1984) anführte, hat auch der Wiener Paläontologe Erich Thenius (2000) diskutiert und anhand einer Fülle von Beispielen geprüft.

Das Ziel, den Begriff „lebendes Fossil" schärfer zu definieren, ist sicherlich sinnvoll und hat zu sehr interessanten Ein-

4.7 Gehäuse eines Jungtieres von *Nautilus pompilius*. Die äußere Prismenschicht der Schale ist teilweise entfernt. Darunter sind die Perlmuttschicht, die dem *Nautilus* den Namen „Perlboot" eingebracht hat, und ein Teil der Kammerung des Gehäuseinneren zu erkennen.

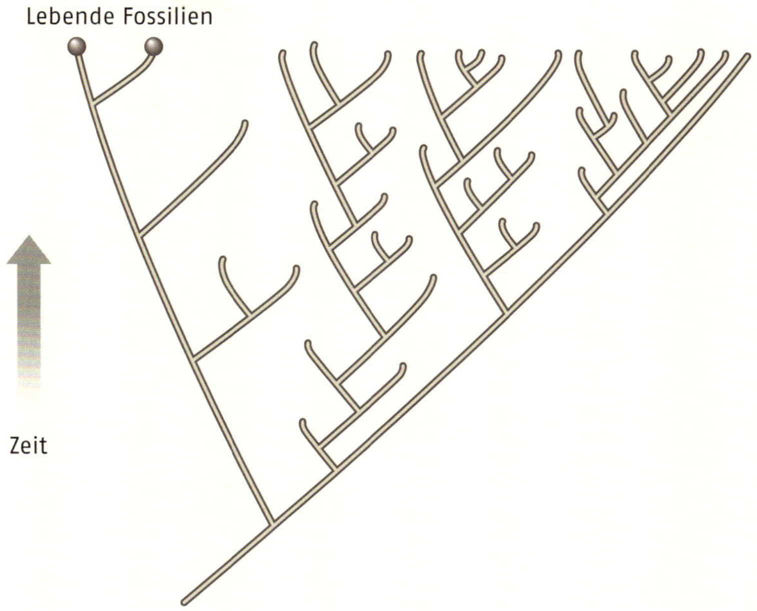


4.8 In Abstammungslinien sogenannter lebender Fossilien kann die Tendenz zur Artbildung im Vergleich mit anderen Abstammungslinien herabgesetzt sein. Der evolutive Wandel würde dadurch in diesen Linien wesentlich langsamer erfolgen, und ursprüngliche morphologische Merkmale können länger konserviert werden.

sichten in die Biologie und die Fossilüberlieferung der infrage kommenden Taxa geführt (ELDREDGE & STANLEY 1984). Beim Suchen und Prüfen von Kriterien und Definitionen sind aber die evolutionsbiologischen Phänomene teilweise zu sehr in den Hintergrund getreten. Vor allem die Frage nach den Ursachen der stark verlangsamten bzw. stagnierenden Evolutionsraten ist, ebenso wie die nach dem Extrem eines sehr schnellen evolutiven Wandels, bis heute nicht befriedigend beantwortet. Nicht umsonst hat MAYR diese Erscheinungen als besonders aktuelle Themen der Evolutionsforschung herausgestellt (2001).

Da evolutiver Wandel nicht immer, aber vermutlich häufig mit dem Entstehen von neuen Arten verknüpft ist, könnten Abstammungslinien von lebenden Fossilien gegenüber anderen Abstammungslinien durch eine deutlich geringere Tendenz zur Artbildung gekennzeichnet sein (▸ 4.8). Dies ist für viele konservative Formen zumindest über längere geologische Zeiträume wahrscheinlich. So erreichten z. B. die Nautiloidea ihre größte Artenvielfalt im Altpaläozoikum. Dies spiegelt sich auch in der damals noch reichen morphologischen Formenvielfalt wider. Schon im Jungpaläozoikum ging ihre Diversität aber deutlich zurück, und seit dem Jura gab es nur noch Vertreter der Teilgruppe Nautilida, zu denen alle heutigen Arten gehören. Ob mit dieser Entwicklung aber auch die Tendenz zur Bildung neuer Arten nachgelassen hat, ist damit noch nicht nachgewiesen. Schon MILLER stellte 1949 fest, dass das Erscheinen von fossilen Nautiliden im Tertiär von Europa immer an Episoden einer globalen Klimaerwärmung gebunden war: im unteren Paleozän, im unteren bis mittleren Eozän und im mittleren Miozän. Offensichtlich suchten die damaligen Nautiliden genau wie ihre heutigen Nachfahren mindestens zur Eiablage warmes, flacheres Wasser auf. Deshalb konnten sie sich zu Zeiten von Klimaerwärmungen erfolgreich ausbreiten. Dies gilt vor allem für das Eozän mit seinem extrem ausgeprägten Klimaoptimum. Mehrere der damaligen Nautilidengattungen waren kosmopolitisch verbreitet und einige scheinen relativ artenreich gewesen zu sein (Dzik & Gaździcki 2001). Dies könnte ein Beleg dafür sein, dass mit der geographischen Ausdehnung der optimalen Lebensbedingungen auch eine erhöhte Artbildungsrate verbunden war.

4.9 Wachstumsreihe von *Nautilus pompilius*. Ausgewachsene Tiere erreichen einen Schalendurchmesser von etwa 27 cm.

Wie sieht es aber mit den heute lebenden Vertretern von *Nautilus* aus? Handelt es sich wirklich um eine alte, reliktäre und isolierte Gruppe, die sich in einem Stadium der evolutionären Stasis befindet, wie der Begriff des lebenden Fossils suggerieren könnte? Genetische und karyologische Untersuchungen an rezenten Exemplaren von *Nautilus* zeigen, dass sich die anhand ihrer Morphologie begründeten Arten genetisch nur geringfügig auf dem Niveau von Populationen unterscheiden (Wray et al. 1995). Nur der 1997 von Ward und Saunders als eigene Gattung beschriebene *Allonautilus scrobiculatus* weist deutlichere Abweichungen gegenüber allen anderen Formen auf (Bonnaud et al. 2004). Vielleicht sind also alle Angehörigen der Gattung *Nautilus* Mitglieder nur einer einzigen Art, die dann aus Prioritätsgründen als *Nautilus pompilius* Linné 1758 zu bezeichnen wäre. Nach der Analyse von nukleärer und mitochondrialer DNS sowie von morphologischen Merkmalen existieren heute drei gut unterscheidbare Teilpopulationen, die jeweils auf eine bestimmte geographische Region des indopazifischen Raums beschränkt sind (Wray et al. 1995). Es könnte also sein, dass sich die rezenten Vertreter von *Nautilus* gegenwärtig in einer Phase der Artbildung befinden. Dieses Beispiel zeigt, dass das Potenzial zu einer Erhöhung der Artbildungsrate und damit zu einer Erhöhung der gesamten Evolutionsrate offensichtlich auch bei lebenden Fossilien vorhanden ist.

Nun kann sich Artbildung auch ohne deutlichen morphologischen Wandel vollziehen, und die mit dem Erreichen des Artstatus verbundene reproduktive Isolation einer separierten Population muss sich nicht sofort in besonderen morphologischen Neuheiten niederschlagen. Mitunter muss man gerade bei fossilen Formen auch nur sehr genau hinsehen, um morphologische Unterschiede aufzudecken. Der französische Spezialist für Brachiopoden Christian C. Emig hat z. B. 2003 bestritten, dass die bereits erwähnte *Lingula* die Bezeichnung lebendes Fossil überhaupt verdient. Bei näherer Betrachtung gibt es vom Kambrium bis heute sogar bedeutende morphologische Veränderungen, die an dem fossilen Schalenmaterial deutlich überliefert sind. Dem Nichtspezialisten erscheinen sie aber eher geringfügig, zumal der generelle Habitus der Schalen über Hunderte von Millionen Jahren im Wesentlichen erhalten blieb.

Andererseits sind gerade in den letzten Jahren dank molekulargenetischer Analysen zahlreiche sogenannte kryptische oder verborgene Arten entdeckt worden. Man findet sie z. B. bei Foraminiferen, dem Malariaerreger *Plasmodium*, bei Pflanzen, Quallen, Fadenwürmern, Wasserflöhen, Ameisen, Fischen und Fröschen. Anhand ihrer Morphologie sind solche Arten nicht von anderen zu unterscheiden, aber genetisch, physiologisch oder verhaltensbiologisch sind es echte Arten, die sich nicht untereinander fortpflanzen. Für die Interpretation des Fossilberichts verursachen kryptische Arten natürlich größte Schwierigkeiten, denn in der Regel ist nur der morphologische Wandel der Organismen überliefert. Wie aber schon betont wurde, muss eine fehlende oder nur geringe morphologische Veränderung nicht zwangsläufig bedeuten, dass die Organismen auch in anderen Eigenschaften unverändert geblieben sind. Könnte hier also ein Schlüssel zum Verständnis des Phänomens der lebenden Fossilien liegen?

Tatsächlich zeigen neuere Untersuchungen, dass innerhalb von Abstammungsgemeinschaften lebender Fossilien teilweise mehrere kryptische Arten existieren. Die bereits erwähnten Rückenschaler (Notostraca) weisen eine hohe genetische Variabilität auf, die auf mehrere kryptische Arten schließen lässt (King & Hanner 1998, Mantovani et al. 2004), und für den tasmanischen „Urzeitkrebs“ *Anaspides tasmaniae* (Crustacea: Anaspididae) konnten mindestens drei kryptische Arten nachgewiesen werden (Jarman & Elliott 2000). Besonders hoch ist die Anzahl verborgener Arten bei den sogenannten Stummelfüßern (Onychophora) eine sehr ursprüngliche Teilgruppe der Gliederfüßer (Arthropoda), deren älteste fossile Vorfahren aus dem oberen Karbon der USA (Mazon Creek) beschrieben wurden. Mutmaßliche Stammlinienvertreter der Stummelfüßer sind aber schon aus dem Kambrium bekannt. Damals lebten sie noch im Meer, während alle heutigen, etwa 160 Arten ausschließlich auf dem Land leben und dort ein verborgenes, nachtaktives Leben z. B. unter morschen Baumstämmen führen. Nach biochemischen und genetischen Analysen handelt es sich bei einigen Arten in Wirklichkeit um Artengruppen, die sich morphologisch fast völlig ähneln (Trewick 1998, 2000). Welche Unterschiede in der Ökologie oder dem Verhalten die Koexistenz dieser mutmaßlichen Arten auf engstem Raum ermöglichen, ist bislang nicht bekannt.

Ob die konservative Morphologie der lebenden Fossilien allein durch die Existenz kryptischer Speziation erklärt werden kann, ist indes fraglich. In der Regel ist zu erwarten, dass ein Wechsel des Lebensraums oder der Lebensweise früher oder später zu morphologischen Abwandlungen führt, sofern damit neue ökologische Herausforderungen verbunden sind (z. B. durch neue Konkurrenten, Räuber, Parasiten, neue Nahrungsquellen, abiotische Faktoren usw.). Ein Mindestmaß an ökologischer Stabilität des Lebensraums sowie eine weitgehende Stabilität der Lebensweise über längere Zeiträume scheinen deshalb Grundvoraussetzungen für die Existenz lebender Fossilien zu sein.

Auch die breite ökologische Toleranz sowie spezielle Fortpflanzungsstrategien mancher lebender Fossilien spielen vermutlich eine wichtige Rolle. Die schon erwähnten Rückenschaler der Gattung *Triops* bilden z. B. sogenannte Dauereier aus, bei denen es sich eigentlich um Zysten oder Kapseln mit mehreren Eiern handelt. Da die Tiere vor allem in kurzzeitigen Süßwasseransammlungen leben, können sie auf diese Weise jahrelanges Trockenfallen überdauern. Wenn sich der Tümpel allerdings wieder mit Wasser füllt, genügen durchschnittlich zwei Tage bis zum Schlüpfen der Larven und bei warmen Temperaturen ist *Triops cancriformis* schon nach 14 Tagen geschlechtsreif. Die eingetrockneten Eikapseln sollen bis zu neun Jahre einsatzfähig sein, weshalb Rückenschaler als „Urzeitkrebse" sogar in entsprechenden Experimentierkästen für Kinder angeboten werden können. Eine solche Strategie ermöglicht es auch unwirtliche Lebensumstände ohne Probleme zu überstehen und Fressfeinden aus dem Weg zu gehen. Ökologisch besonders belastbar ist auch der Schwertschwanz *Limulus polyphemus*, der vor allem in den großen Flussmündungen der nordamerikanischen Atlantikküste von Maine bis zur Halbinsel Yucatán lebt. Dort ist er erheblichen Salzgehaltsschwankungen (zwischen 5 – 34 ‰) und Verunreinigungen ausgesetzt. *Limulus* gilt als einer der letzten Bewohner von stark verschmutzten Küstengebieten und ist in diesem Sinne ein echter Überlebenskünstler des Flachmeerbereiches.

Für eine endgültige Klärung des Phänomens der lebenden Fossilien fehlen uns noch umfangreiche Informationen unter anderem zur Ökologie, zeitlichen und räumlichen Verbreitung, Diversität, Populationsstruktur, Populationsgenetik und Populationsgröße sowie zur Reproduktions- und Fortpflanzungsstrategie von lebenden und fossilen Vertretern der entsprechenden Tier- und Pflanzengruppen. Auch die bisherigen theoretischen Erwägungen scheinen nicht geeignet zu sein, die anstehenden Fragen abschließend zu beantworten. Nicht zuletzt deshalb wird uns dieses Forschungsfeld auch in Zukunft sicher noch interessante Ergebnisse liefern.

Der sehr langsamen Evolution der lebenden Fossilien steht der rasante evolutionäre Wandel anderer Organismengruppen, wie etwa der Säugetiere oder der Blütenpflanzen gegenüber. Innerhalb kurzer geologischer Zeitspannen haben diese Gruppen einen enormen Formenreichtum entwickelt, neue ökologische Zonen erschlossen und die Lebewelt unseres Planeten nachhaltig verändert. Spitzenreiter einer schnellen Evolution sind unter anderem die Buntbarsche der ostafrikanischen Seen, die innerhalb einiger Tausend Jahre bzw. weniger Millionen Jahre Hunderte von Arten hervorgebracht haben (z. B. Meyer et al. 1990, Kocher 2004). Zu den evolutionären „Sprintern" gehören auch Grillen der Gattung *Laupala* des hawaiischen Archipels, die mit einer Bildungsrate von ca. 4 Arten pro einer Million Jahre den bisherigen Geschwindigkeitsrekord innerhalb der Evolution der Arthropoden übernommen haben (Mendelson & Shaw 2005). Bei den Pflanzen dürften die Mittagsblumen (Aizoaceae) der südwestafrikanischen Kapregion den Spitzenplatz für eine schnelle Evolution behaupten. Zwischen 8,7 bis 3,8 Millionen Jahren vor heute haben sich mehr als 1500 Arten dieser Sukkulenten gebildet (Klak et al. 2003).

Unterschiedliche Evolutionsgeschwindigkeiten gibt es aber nicht nur zwischen verschiedenen Abstammungslinien, sondern auch innerhalb einzelner Abstammungslinien kann sich der Formenwandel phasenweise dramatisch erhöhen oder verlangsamen. Der Fossilbericht liefert dafür eine Vielzahl von Beispielen. So hat sich z. B. die Zahnmorphologie der Pferde vom Eozän bis zum unteren Miozän kaum verändert. Die Zähne waren niederkronig und bestens an das Zerkleinern von weicher Pflanzennahrung angepasst (▸ 4.10). Die weitere Entwicklung im Mio-

4.10 Kieferfragment mit niederkronigen Zähnen eines kleinwüchsigen Vertreters von Hyracotherium sp. aus dem Eozän von Wyoming im Vergleich mit einem Unterkieferbruchstück eines heutigen Pferdes mit hochkronigen Backenzähnen.

zän zeigte dann aber eine nahezu explosive Zunahme von hochkronigen Zähnen innerhalb verschiedener Abstammungslinien der Pferde, die sich an die Zerkleinerung von Gräsern und das Leben in offenen Graslandschaften angepasst hatten (MacFadden 2005, Franzen 2007). Manche dieser Linien gingen schließlich zu einer gemischten Nahrung aus Gräsern und Blättern über, wie die erneuten Veränderungen der Zahnformen erkennen lassen (MacFadden et al. 1999). Auch molekulargenetische Analysen von Abstammungslinien können Hinweise auf eine Zu- oder Abnahme der Evolutionsgeschwindigkeit liefern. Erst kürzlich ergab die Untersuchung mitochondrialer DNA aus Knochen der heute ausgestorbenen neuseeländischen Moas (flugunfähige Laufvögel), dass ihre Artenvielfalt vor ca. 10 bis 4 Millionen Jahren sprunghaft angestiegen ist (Baker et al. 2005). In diesem Fall kann die rasche Zunahme der Vielfalt mit tektonischen, gebirgsbildenden und klimatischen Ereignissen korreliert werden.

## Literatur


Baker, A. J., Huynen, L. J., Haddrath, O., Millar, C. D. & Lambert, D. M. (2005): Reconstructing the tempo and mode of evolution in an extinct clade of birds with ancient DNA: The giant moas of New Zealand. Proc. Nat. Acad. Sci. 102 (23). S. 8257–8262.

Bernard, F. (1895): Éléments de Paléontologie. Paris: J.-B. Baillière and Son.

Bonnaud, L., Ozouf-Costaz, C. & Boucher-Rodoni, R. (2004): A molecular and karyological approach to the taxonomy of *Nautilus*. Comptes Rendus Biologies 327. S. 133–138.

Cracraft, J. (1984): The Terminology of Allopatric Speciation. Syst. Zool. 33. S. 115–116.

Darwin, C. (1859): On the Origin of Species by Means of Natural Selection or the Preservation of Favored Races in the Struggle for Life. John Murray, London [Deutsche Ausgabe (2001): Die Entstehung der Arten durch natürliche Zuchtwahl. Philipp Reclam jun., Ditzingen].

Dietrich, M. R. (2003): Richard Goldschmidt: hopeful monsters and other „heresies". Nature Reviews Genetics 4. S. 68–74.

Dobzhansky, T. (1937): Genetics and the Origin of Species. Columbia University Press, New York [Deutsche Ausgabe (1939): Die genetischen Grundlagen der Artbildung. Gustav Fischer Verlag, Jena].

Duda, T. F. & Palombi, S. R. (1999): Developmental shifts and species selection in gastropods. Proc. Nat. Acad. Sci. USA 96. S. 10272–10277.

Dzik, J. & Gaździcki, A. (2001): The Eocene expansion of nautilids to high latitudes. Palaeogeogr., Palaeoclim., Palaeoecol. 172. S. 297–312.

Eldredge, N. & Gould, S. J. (1972): Punctuated equilibria: An alternative to phyletic gradualism. In: Schopf, T. J. M. [Hrsg.]: Models in Paleobiology. Freeman, Cooper, San Francisco. S. 82–115.

Eldredge, N. & Stanley, S. M. [Hrsg.] (1984): Living Fossils. Springer Verlag, New York.

Emig, C. C. (2003): Proof that Lingula (Brachiopoda) is not a living-fossil, and emended diagnoses of the Family Lingulidae. Carnets de Géologie / Notebooks on Geology, Maintenon, Letter 2003/01. S. 1–8.

Erwin, D. H. & Anstey, R. L. (1995): Speciation in the Fossil Record. In: Erwin, D. H. & Anstey, R. L. [Hrsg.]: New Approaches to Speciation in the Fossil Record. Columbia University Press, New York.

Filipčenko, J. A. (1927): Variabilität und Variation. Borntraeger, Berlin.

Fisher, R. A. (1930): The Genetical Theory of Natural Selection. Oxford University Press, Oxford.

Franzen, J. L. (2007): Die Urpferde der Morgenröte – Ursprung und Evolution der Pferde. Elsevier GmbH, Spektrum Akademischer Verlag, Heidelberg.

Garstang, W. (1922): The Theory of Recapitulation: a Critical Re-Statement of the Biogenetic Law. J. Linn. Soc. London, Zool. 35. S. 81–101.

Geoffroy Saint-Hilaire, É. (1833): Le degré d'influence du monde ambiant pour modifier les formes animales; question intéressant l'origine des espèces téléosauriennes et successivement celle des animaux de l'époque actuelle. Mém. Acad. R. Sci. Inst. France 12. S. 63–92.

Gingerich, P. D. (1976): Paleontology and phylogeny: Patterns of evolution of Early Tertiary mammals. American Journal of Science 276. S. 1–28.

Gingerich, P. D. (1985): Species in the fossil record: Concepts, trends, and transitions. Paleobiology 11. S. 27–41.

Goldschmidt, R. B. (1933): Some aspects of evolution. Science 78. S. 539–547.

Goldschmidt, R. B. (1940): The Material Basis of Evolution. New Haven: Yale University Press.

Goldschmidt, R. B. (1960): In and Out of the Ivory Tower: The Autobiography of Richard B. Goldschmidt. University of Washington Press, Seattle, Washington [Deutsche Ausgabe (1963): Im Wandel das Bleibende: Mein Lebensweg. Verlag Paul Parey, Hamburg & Berlin].

Gould, S. J. (2002): The Structure of Evolutionary Theory. The Belknap Press of Harvard University Press, Cambridge, Massachusetts, London.

Gould, S. J. & Eldredge, N. (1977): Punctuated equilibria: The tempo and mode of evolution reconsidered. Paleobiology 3. S. 115–151.

Hansen, T.A. (1978): Larval dispersal and species longevity in lower Tertiary gastropods. Science 199. S. 885–887.

Harvey, A.W., Mooi, R. & Gosliner, T.M. (1999): Phylogenetic taxonomy and the status of *Allonautilus* Ward and Saunders, 1997. J. Paleont. 73 (6). S. 1214–1217.

Huxley, J.S. (1942): Evolution: The Modern Synthesis. London: Allen and Unwin.

Jablonski, D. (1986): Larval ecology and macroevolution in marine invertebrates. Bulletin of Marine Science 39. S. 565–587.

Jablonski, D. (2008): Species Selection: Theory and Data. Annu. Rev. Ecol. Evol. Syst. 39. S. 501–524.

Jablonski, D. & Lutz, R.A. (1983): Larval ecology of marine benthic invertebrates: paleobiological implications. Biol. Rev. 58. S. 21–89.

Jarman, S.N. & Elliott, N.G. (2000): DNA evidence for morphological and cryptic Cenozoic speciations in the Anaspididae, "living fossils" from the Triassic. J. Evol. Biol. 13. S. 624–633.

Jepsen, G.L., Mayr, E. & Simpson, G.G. (1949): Genetics, Paleontology, and Evolution. Princeton, New York: Princeton University Press.

Kelber, K.-P. (1999): *Triops cancriformis* (Crustacea, Notostraca). In: Hauschke, N. & Wilde, V. [Hrsg.]: Trias – Eine ganz andere Welt. Verlag Dr. Friedrich Pfeil, München. S. 383–394.

Kellogg, D.E. (1975): The role of phyletic change in *Pseudocubus vema* (Radiolaria). Paleobiology 1. S. 359–370.

Kemp, T.S. (1999): Fossils and Evolution. Oxford University Press, Oxford, New York.

King, J.L. & Hanner, R. (1998): Cryptic species in a "living fossil" lineage: taxonomic and phylogenetic relationships within the genus *Lepidurus* (Crustacea: Notostraca) in North America. Mol. Phyl. Evol. 10. S. 23–36.

Klak, C., Reeves, G. & Hedderson, T. (2003): Unmatched tempo of evolution in Southern African semi-desert ice plants. Nature 427. S. 63–65.

Kocher, T.D. (2004): Adaptive evolution and explosive speciation: the cichlid fish model. Nature Reviews Genetics 5. S. 288–298.

Korn, D. (2003): Typostrophism in Palaeozoic Ammonoids? Paläont. Z. 77. S. 445–470.

Levinton, J.S. (2001): Genetics, Paleontology, and Macroevolution. Cambridge University Press, Cambridge.

Liebermann, B.S. & Vrba, E.S. (2005): Stephen Jay Gould on species selection: 30 years of insight. Paleobiology 31 (2). S. 113–121.

MacFadden, B.J. (2005): Fossil Horses – Evidence for Evolution. Science 307. S. 1728–1730.

MacFadden, B.J., Solounias, N. & Cerling, T.E. (1999): Ancient Diets, Ecology, and Extinction of 5-Million-Year-Old Horses from Florida. Science 283. S. 824–827.

Mantovani, B., Cesari, M., Scanabissi, F. (2004): Molecular taxonomy and phylogeny of the "living fossil" lineages *Triops* and *Lepidurus* (Branchiopoda: Notostraca). Zoologica Scripta 33. S. 367–374.

Mayr, E. (1942): Systematics and the Origin of Species. Columbia University Press, New York.

Mayr, E. (1954): Change of genetic environment and evolution. In: Huxley, J., Hardy, A. & Ford, E.B. [Hrsg.]: Evolution as a Process. Allen and Unwin, London. S. 157–180.

Mayr, E. (1963): Animal Species and Evolution. Harvard University Press, Cambridge, Massachusetts [Deutsche Ausgabe (1967): Artbegriff und Evolution. Paul Parey Verlag, Hamburg, Berlin].

Mayr, E. (1982a): Processes of Speciation in Animals. Mechanisms of Speciation, New York. S. 1–19.

Mayr, E. (1982b): Speciation and Macroevolution. Evolution 36. S. 1119–1132.

Mayr, E. (1984): Die Entwicklung der biologischen Gedankenwelt. Springer-Verlag, Berlin, Heidelberg, New York, Tokio [Englische Originalausgabe (1982): The Growth of Biological Thought. The Belknap Press of Harvard University, Cambridge, Massachusetts, London].

Mayr, E. (1991): Eine neue Philosophie der Biologie. Piper, München, Zürich [Englische Originalausgabe (1988): Toward a New Philosophy. The Belknap Press of Harvard University Press, Cambridge, Massachusetts, London].

Mayr, E. (2001): What Evolution is. Basic Books, New York [Deutsche Ausgabe (2003): Das ist Evolution. Bertelsmann, München.

Mendelson, T.C. & Shaw, K.L. (2005): Rapid speciation in an arthropod. Nature 433. S. 375–376.

Meyer, A., Kocher, Th. D., Basasibwaki, P. & Wilson, A.C. (1990): Monophyletic origin of Lake Victoria cichlid fishes suggested by mitochondrial DNA sequences. Nature 347. S. 550–553.

Miller, A.K. (1949): The last surge of the nautiloid cephalopods. Evolution 3. S. 231–238.

Müller, W.E.G. (1998): Origin of Metazoa: Sponges as Living Fossils. Naturwissenschaften 85 (1). S. 11–25.

Otto, S.P. & Nuismer, S.L. (2004): Species Interactions and the Evolution of Sex. Science 304. S. 1018–1020.

Ozawa, T. (1975): Evolution of *Lepidolina multiseptata* (Permian foraminifera) in East Asia. Memoir of the Faculty of Science, Kyushu University, Geology D 23. S. 117–164.

Reif, W.-E. (1983): Evolutionary theory in German paleontology. In: Grene, M. [Hrsg.]: Dimensions of Darwinism. Cambridge University Press, Cambridge, New York. S. 173–203.

Reif, W.-E. (1986): The Search for a Macroevolutionary Theory in German Paleontology. J. Hist. Biol. 19 (1). S. 79–130.

Reif, W.-E. (1997): Typology and the primacy of morphology: The concepts of O.H. Schindewolf. N. Jb. Geol. Paläont. Abh. 205 (3). S. 355–371.

Rensch, B. (1947): Neuere Probleme der Abstammungslehre. Ferdinand Enke Verlag. Stuttgart.

Rhodes, F.H.T. (1983): Gradualism, punctuated equilibrium and the Origin of Species. Nature 305. S. 269–272.

Schindewolf, O.H. (1936): Paläontologie, Entwicklungslehre und Genetik. Borntraeger, Berlin.

Schindewolf, O.H. (1950): Grundfragen der Paläontologie. E. Schweizerbart'sche Verlagsbuchhandlung (Erwin Nägele), Stuttgart.

Schopf, T.J.M. (1984): Rates of evolution and the notion of living fossils. Annu. Rev. Earth Planet. Sci. 12. S. 215–292.

Simpson, G.G. (1944): Tempo and Mode in Evolution. Columbia University Press, New York [Deutsche Ausgabe (1951): Zeitmaße und Ablaufformen der Evolution. „Musterschmidt", Wissenschaftlicher Verlag, Göttingen].

Simpson, G.G. (1953): The Major Features of Evolution. Columbia University Press, New York.

Stanley, S.M. (1975): A Theory of Evolution Above the Species Level. Proc. Nat. Acad. Sci. 72. S. 646–650.

Stanley, S.M. (1979): Macroevolution – Pattern and Process. W.H. Freeman & Co., San Francisco [Nachdruck mit neuer Einleitung (1998). The Johns

Hopkins University Press, Baltimore, London].

STEBBINS, G.L. (1950): Variation and Evolution in Plants. Columbia University Press, New York.

STENSETH, N.C. & MAYNARD SMITH, J. (1984): Coevolution in ecosystems: Red Queen evolution or stasis. Evolution 38. S. 870–880.

THENIUS, E. (2000): Lebende Fossilien. Verlag Dr. Friedrich Pfeil, München.

TREWICK, S.A. (1998): Sympatric cryptic species in New Zealand Onychophora. Biol. J. Linnean Soc. 63. S. 307–329.

TREWICK, S.A. (2000): Mitochondrial DNA sequences support allozyme evidence for cryptic radiation of New Zealand Peripatoides (Onychophora). Mol. Ecol. 9. S. 269–281.

VAN VALEN, L. (1973): A new evolutionary law. Evol. Theory 1. S. 1–30.

VRBA, E.S. (1980): Evolution, species and fossils: how does life evolve? S. Afr. J. Sci. 76. S. 61–84.

VRBA, E.S. & GOULD, S.J. (1986): The hierarchical expansion of sorting and selection: sorting and selection cannot be equated. Paleobiology 12 (2). S. 217–228.

WARD, P.D. & SAUNDERS, W.B. (1997): *Allonautilus*: a new genus of living nautiloid cephalopod and its bearing on phylogeny of the Nautilida. J. Paleont. 71 (6). S. 1054–1064.

WILLIAMSON, P.G. (1981): Palaeontological documentation of speciation in Cenozoic molluscs from the Turkana Basin. Nature 293. S. 437–443.

WILLMANN, R. (1988a): Makroevolution aus paläontologischer Sicht. Sitzungsberichte der Gesellschaft Naturforschender Freunde zu Berlin N.F. 28. S. 137–162.

WILLMANN, R. (1988b): Microevolution as the only evolutionary mode. Eclogae geol. Helv. 81 (3). S. 895–903.

WRAY, C.G., LANDMANN, N.H., SAUNDERS, W.B. & BONACUM, J. (1995): Genetic divergence and geographic diversification in *Nautilus*. Paleobiology 21 (2). S. 220–228.

# Die großen Katastrophen – Massenaussterben und ihre Ursachen

# 5

*Als ich meinen Weg fortsetzte, flogen die Massen immer stärker über mir hinweg. Die Luft war buchstäblich mit Tauben erfüllt, sie verdunkelten die Nachmittagssonne wie bei einer Sonnenfinsternis, ihr Dung fiel in dichtem Regen wie Schneeflocken herab, und das Sausen der Flügelschläge schläferte mich fast ein.“* Was sich wie eine Szene aus Alfred Hitchcocks berühmtem Film „Die Vögel“ anhört, ist die Schilderung eines riesigen Zuges von Wandertauben aus dem Jahre 1813 durch den amerikanischen Ornithologen und Zeichner John James La Forest Audubon. Die Wandertaube gehörte zu jener Zeit noch zu den häufigsten Vögeln der Welt und es erschien unvorstellbar, dass eine Vogelart, deren Populationsgröße vermutlich 3 bis 5 Milliarden Individuen umfasste, letztlich durch den Menschen ausgerottet werden sollte. Am 1. September 1914 starb jedoch die letzte Wandertaube „Martha“, benannt nach der Frau von Präsident George Washington, im Zoo von Cincinnati. Das millionenfache Abschlach-

5.1 Die Wandertaube gehörte einst zu den häufigsten Vögeln der Welt. Aufgrund intensiver Bejagung und Rodung der Brutgebiete starb diese Art jedoch 1914 aus. Im Hintergrund das lebhafter gefärbte Männchen, davor ein Weibchen (Originale im Zoologischen Museum der Universität Göttingen).

ten und die Rodung der Wälder in ihren Brutgebieten hatten schließlich zur endgültigen Auslöschung dieser Art geführt.

Das traurige Schicksal der Wandertaube teilen zahlreiche Pflanzen- und Tierarten, die in der Vergangenheit durch den Menschen ausgerottet wurden. Das Aussterben von Arten bedeutet einen unwiederbringlichen Verlust von Biodiversität. Dabei ist nicht nur das Erlöschen der Art selbst von Bedeutung, sondern weil auch die ökologische Funktion der Art endet, kommt es zu unvorhersehbaren Veränderungen im gesamten Ökosystem. Biodiversität ist offensichtlich mehr als die reine Anzahl von Arten. Der bekannte amerikanische Biologe Edward O. Wilson fasste den Begriff Biodiversität 1997 wesentlich weiter und bezog ihn auf alle biologischen Ebenen – von den Genen, über Populationen und Arten, hin zu Lebensgemeinschaften und ganzen Ökosystemen. Das Aussterben von Arten ist natürlich ein besonders dramatischer Verlust von Biodiversität, und durch die technische und wirtschaftliche Entwicklung, das damit verbundene Weltbevölkerungswachstum und die rücksichtslose Ausbeutung natürlicher Ressourcen ist die Geschwindigkeit des Artensterbens rapide gewachsen. In einer 2009 veröffentlichten Studie über die zehn größten gesellschaftsrelevanten Umweltherausforderungen, die von der Menschheit in Zukunft zu bewältigen sein werden, liegt der Verlust der biologischen Vielfalt mit Abstand auf Platz eins (Rockström et al. 2009). Dabei wird kalkuliert, dass die gegenwärtige Rate des Artensterbens um das Hundert- bis Tausendfache gegenüber der natürlichen Aussterberate erhöht ist. Viele Forscher und Autoren sind deshalb der Ansicht, dass wir inmitten eines Massenaussterbens leben, das den größten Aussterbeereignissen in der Erdgeschichte gleichkommt (z. B. Leaky & Lewin 1995, Wilson 1995, Glavin 2007). Für eine realistische Einschätzung der gegenwärtigen Vorgänge und ihrer Folgen ist deshalb ein tiefes Verständnis der Ursachen, Prozesse und Konsequenzen von vergangenen Massenaussterben sowie der Dauer von Erholungsphasen nach solchen dramatischen Krisen von grundlegender Bedeutung.

## Was sind Massenaussterben?

Grundsätzlich müssen Massenaussterben von Massensterben klar unterschieden werden, um Ungenauigkeiten zu vermeiden. Die vorab erwähnte Bejagung der Wandertauben war in den meisten Fällen ein Massensterben, da oft Tausende dieser Vögel in kurzer Zeit von vielen Jägern erlegt wurden. Aber auch natürliche Massensterben sind bei einer ganzen Reihe von Organismen verbreitet. Ein Beispiel sind die Eintagsfliegen, die als erwachsene Tiere tatsächlich zum Teil nur mehrere Minuten, oft nur einen oder mehrere Tage und in seltenen Ausnahmen länger als eine Woche leben, um sich zu vermehren. Damit der Fortpflanzungserfolg in diesem kurzen Zeitrahmen sichergestellt wird, ist die letzte Häutung der Larven meistens sehr präzise synchronisiert. Dadurch kommt es häufig zur Bildung riesiger Schwärme von Eintagsfliegen und anschließend zu entsprechend dramatischen Massensterben. So legten tote Eintagsfliegen etwa 2009 in der bayrischen Ortschaft Schwandorf den Verkehr über eine Brücke lahm, da ihre Körper einen gefährlichen, schmierigen Teppich auf der Fahrbahn bildeten. Erst durch den Einsatz der Feuerwehr konnten wieder normale Verhältnisse hergestellt werden. Dieses Phänomen ist kein Einzelfall, sondern kommt häufig vor, so z. B. auch im August 1990 in Köln und Bonn, wo riesige Schwärme von Eintagsfliegen den Verkehr auf den Rheinbrücken zum Erliegen brachten (Staniczek 2003). So auffällig derartige Ereignisse auch sind, mit dem Phänomen des massenhaften Aussterbens von Arten sind sie auch nicht annähernd vergleichbar.

Das Aussterben von Arten sowie das Erscheinen von neuen Arten ist ein natürlicher Vorgang, der auch ohne den Einfluss des Menschen millionenfach im Laufe der Erdgeschichte stattgefunden hat. Der Fossilbericht zeigt, dass die normale Aussterberate für marine Arten statistisch bei ungefähr 0,1 bis 1 Aussterbeereignissen pro eine Million Arten und Jahr liegt, für Säugetiere beträgt diese Rate 0,2 bis 0,5 (Mace et al. 2005). Massenaussterben unterscheiden sich in verschiedener Hinsicht von dieser normalen Aussterberate, die auch als Hintergrundaussterben bezeichnet wird (siehe ▸ 5.4). Einer der Begründer der Erforschung der Entwicklung der Biodiversität in der Erdgeschichte, der amerikanische Paläontologe Jack Sepkoski hat Massenaussterben wie folgt definiert (Sepkoski 1986: 278): „*A mass extinction is any substantial increase in the amount of extinction (i. e., lineage termination) suffered by more than one geographically wide-spread higher taxon during a relatively short interval of geologic time, resulting in an at least temporary decline in their standing diversity.*“ Einfach ausgedrückt sind Massenaussterben also nach geologischen Maßstäben kurzzeitige, signifikante Erhöhungen der Aussterberate von umfangreichen,

5.2 Eintagsfliegen, wie diese *Epeorus sylvicola*, bilden derart große Schwärme, dass der Straßenverkehr zum Erliegen kommen kann (Originalaufnahme: Peter Maihöfer, Gmünd).

geographisch weit verbreiteten Organismengruppen. Fast alle Aspekte dieser Definition sind sehr unscharf formuliert und tragen dem Phänomen Rechnung, dass Massenaussterben in der Erdgeschichte zum Teil sehr unterschiedliche Ursachen, Verläufe und Auswirkungen hatten (z. B. BAMBACH 2006).

Jeffrey S. Levinton, Professor für Ökologie und Evolution an der Stony Brook Universität in New York, hat die entscheidenden Gemeinsamkeiten der großen Massenaussterben in mehreren Punkten zusammengetragen (LEVINTON 2001):

- Die Anzahl der ausgestorbenen Taxa war bedeutend größer als zu Zeiten anderer Aussterbeereignisse.
- Das Ereignis hat nach geologischen Maßstäben in sehr kurzer Zeit stattgefunden.
- Das Aussterben umfasste ein sehr breites Spektrum von taxonomisch verschiedenen und unterschiedlich alten Organismengruppen.
- Das Aussterben wirkte sich in vielen verschiedenen Lebensräumen aus, unter Umständen jedoch nicht einheitlich.
- Das Ereignis war geographisch weitreichend, im Normalfall handelte es sich um Aussterben globalen Maßstabs.
- Die Ursachen von Massenaussterben unterscheiden sich mitunter qualitativ, immer aber quantitativ von den Ursachen des Hintergrundaussterbens.
- Massenaussterben beeinträchtigen Taxa auf andere Weise als normale Aussterbeereignisse, wobei kleinskalige Einflüsse auf das Ausmaß des Aussterbens, wie etwa die geographische Verbreitung, durch Massenaussterben überprägt werden.
- Die Erholungsphase nach Massenaussterben ist durch das Aufkommen neuer Taxa, die Ausbreitung von vorher seltenen Taxa oder die vollständige Neustrukturierung von Ökosystemen gekennzeichnet.

## Wie können Massenaussterben „entdeckt" werden?

Wenn wir den Aspekt der Ursachen von Massenaussterben vorerst zurückstellen, ergibt sich vor dem Hintergrund dieser Kriterien die grundlegende Frage, wie häufig solche dramatischen Einschnitte in der Entwicklung der Biodiversität waren und wie die damit verbundenen quantitaiven und qualitativen Veränderungen überhaupt erfasst und gemessen werden können. Es liegt auf der Hand, dass auch hier die Vollständigkeit bzw. Unvollständigkeit des Fossilberichts von entscheidender Bedeutung ist. Der gegenwärtige Verlust der Biodiversität wird z. B. ganz überwiegend anhand des Rückgangs der Artenzahl dargestellt. Nun sind die Identifizierung von Arten und die Erfassung ihrer Existenzdauer im Fossilbericht aber mit einer Reihe von Schwierigkeiten verbunden, wobei allein schon die Erfassung der bis heute beschriebenen fossilen Arten und die Überprüfung ihres Artstatus einen kaum zu bewältigenden Arbeitsaufwand darstellen würde.

Die ersten neueren Analysen der Veränderung der Biodiversität im Laufe des Phanerozoikums (das sind die letzten 542 Millionen Jahre) wurden deshalb zuerst auf dem Niveau von Familien durchgeführt, wobei die Daten aus der Literatur extrahiert wurden (SEPKOSKI 1982, RAUP & SEPKOSKI 1982, für Hinweise auf ältere Untersuchungen siehe z. B. MILLER 2009). Diese Daten bezogen sich damals ausschließlich auf marine Organismengruppen, weil ihr Fossilbericht im Allgemeinen vollständiger überliefert ist als jener von terrestrischen Taxa. Die Nutzung von Familien für die Darstellung der Veränderung der Biodiversität ist jedoch nicht unumstritten. Es muss kritisch hinterfragt werden, in welchem Maße und in welcher Qualität die Familiendiversität auch die Diversität der Arten abbildet.

Bereits in 1 wurde darauf hingewiesen, dass in der Natur gar keine Familien existieren, da es sich, genau wie bei Gattungen oder Ordnungen, um künstliche, vom Menschen eingerichtete Kategorien einer Klassifikation handelt. Solche Familien können poly-, para- oder monophyletisch sein und die Befürchtung, dass sich der jeweilige Status auf die Ergebnisse einer Analyse auswirken kann, erschien durchaus berechtigt. Einigkeit herrscht weitgehend darüber, dass polyphyletische Taxa zu eliminieren sind, da hier die Verwandtschaft der Teilgruppen lediglich auf der Bewertung von konvergenten Merkmalen beruht. Bei paraphyletischen Taxa sind die Ansichten dagegen unterschiedlich. Untersuchungen von Veränderungen der Biodiversität haben in manchen Fällen gezeigt, dass die Einbeziehung von paraphyletischen Taxa tatsächlich zu ganz anderen Ergebnissen führen kann, als wenn sie von der Analyse ausgeschlossen werden (z. B. SMITH & PATTERSON 1988, EDGECOMBE 1992). Andererseits konnte unter anderem durch Computersimulationen nachgewiesen werden, dass die Nutzung höherer Taxa zu verlässlichen Annäherungen an die Artenvielfalt führt und dass, zumindest unter bestimmten Bedingungen, die Einbeziehung paraphyletischer Taxa sogar eine bessere Auflösung der tatsächlichen Entwicklung der Artenvielfalt liefern kann als eine strikt an der Phylogenie orientierte Klassifikation (z. B. ROBECK et al. 2000, LANE et al. 2005). GRANTHAM (2009) hat diese Diskussion ausführlicher zusammengefasst und bewertet.

Die Aussage, dass die Analyse der Diversität höherer taxonomischer Einheiten eine verlässliche Annähe-

5.3 Um die Zahl von ausgestorbenen Arten am Ende des Perms aus der Anzahl von ausgestorbenen Gattungen, Familien oder Ordnungen im Fossilbericht zu ermitteln, wählte David M. Raup rezente Seeigel als Modellorganismen. Sie sind systematisch relativ gut erfasst und liefern damit gute Voraussetzungen zur Erstellung einer sogenannten *rarefaction*-Kurve (▸ 5.4). Der hier abgebildete Seeigel der Gattung *Plococidaris* fällt vor allem durch seine ungewöhnlich ausgebildeten Stacheln auf.

rung an die Entwicklung der ehemaligen Artenvielfalt liefert, ist ein sehr wichtiges Ergebnis dieser Debatte. Eine von Sepkoskis Datenbank weitgehend unabhängige Erfassung der Vielfalt von marinen und terrestrischen Organismen auf dem Niveau von Familien hat Benton (1993) zusammen mit zahlreichen Spezialisten erstellt. In ihren wesentlichen Zügen stimmen die dabei ermittelten Verteilungsmuster mit den Ergebnissen von Sepkoski überein (Benton 1995). Auch eine neuere, umfangreiche Datenerhebung auf Gattungsebene zeigt die schon bekannten großskaligen Trends, auch wenn sie im Detail genauere Analysen zulässt (Alroy et al. 2008).

Wenn man dieses Ergebnis nun auf das Phänomen der Massenaussterben überträgt, stellt sich die Frage, wie aus der Anzahl von ausgestorbenen Gattungen, Familien oder Ordnungen im Fossilbericht die Anzahl von ausgestorbenen Arten abgeleitet werden kann. Der amerikanische Paläontologe David M. Raup ging dieses Problem mit der sogenannten *rarefaction*-Methode an und wollte am Beispiel des großen Massenaussterbens am Ende des Perms ermitteln, wie hoch der Anteil von ausgestorbenen Arten tatsächlich gewesen sein könnte (Raup 1979). Die *rarefaction*-Methode, die schon lange vor allem in der Ökologie etabliert war, ist ein statistisches Verfahren, mit dem geschätzt werden kann, wie groß eine Probenmenge oder hier die Anzahl gesammelter Fossilien sein muss, um tatsächlich alle vorhandenen Arten in einem bestimmten Vorkommen zu erfassen (zur Methode siehe z. B. Hammer & Harper 2005, Foote & Miller 2007).

Raup (1979) wählte die rezenten Seeigel als Modellorganismen (▸ 5.3), da sie systematisch relativ gut bekannt waren und weil sie ein durchschnittliches Verhältnis von Arten zu Gattungen von 4:1 aufweisen. Dieser Wert ist für verschiedene Organismengruppen unterschiedlich, was u. a. mit uneinheitlichen Klassifikationen, aber auch Unterschieden in der evolutiven Ge-

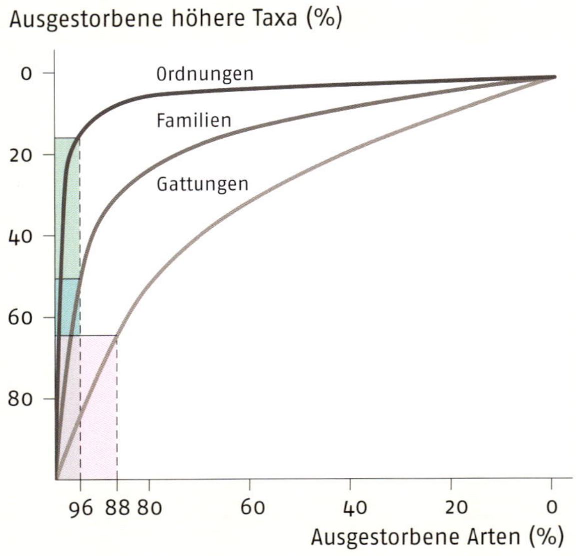


5.4 *rarefaction*-Kurven für rezente Seeigel, die hier lediglich als Modell dienen, zur Darstellung des prozentualen Verhältnisses von ausgestorbenen höheren Taxa zu ausgestorbenen Arten (verändert nach RAUP 1979). Wenn, wie im Falle des Massenaussterbens am Ende des Perms, 16,8 % der Ordnungen bzw. etwa 52 % der Familien ausgestorben sind, würde dies bedeuten, dass damals 96 % aller marinen Arten ausgestorben wären. Der Wert für die Gattungen (64,8 %) ist unsicher, würde aber immer noch ein Aussterben von 88 % aller Arten anzeigen.

schichte der Taxa zusammenhängt. Für marine Organismen ist der Wert zudem auch für einzelne Abschnitte in der Erdgeschichte unterschiedlich (z. B. 6:1 im mittleren Kambrium oder 8,2:1 im Oberkarbon), wie bereits VALENTINE (1969) untersucht hatte. In diesem Spektrum weisen die Seeigel mit 4:1 einen eher konservativen Wert auf. RAUP (1979) wollte damit vermeiden, dass sich aufgrund kritischer Vorannahmen unrealistisch hohe Artenzahlen ergeben würden. Grundlage seiner Berechnungen war die klassische Seeigelmonographie des dänischen Seeigelexperten Theodor Mortensen, der seine Untersuchungen in insgesamt fünf Bänden niedergelegt hatte (MORTENSEN 1928–1952).

Am Beispiel der heute lebenden Seeigel erstellte RAUP (1979) nun zuerst sogenannte *rarefaction*-Kurven, die auf dem Anteil von Arten in Gattungen, Familien und Ordnungen beruhen. Nach Mortensen (1928–1952) gibt es 894 rezente Seeigelarten, die auf 222 Gattungen, 40 Familien und neun Ordnungen aufgeteilt sind. Etwa 78 von 222 Gattungen sind monotypisch, d. h., sie enthalten nur eine Art, 42 Gattungen führen zwei Arten, während andere Gattungen zahlreiche Arten umfassen. Auch auf dem Niveau der Familien gibt es monotypische Taxa, d. h., sie führen nur eine Gattung, die wiederum nur wenige oder sogar nur eine Art einschließen kann. Aus dieser Klassifikation ergeben sich jeweils unterschiedliche Kurven für Gattungen, Familien und Ordnungen (▸ 5.4). Es sei nochmals betont, dass die systematisch relativ gut erfassten rezenten Seeigel hier lediglich ein Modell für einen charakteristischen Kurvenverlauf liefern, das verschiedene Rahmenbedingungen erfüllt. Da RAUP (1979) sich in seinem Beispiel nun aber nicht für den relativen Anteil von Arten in höheren Taxa interessierte, sondern die Zahl der ausgestorbenen Arten anhand des Aussterbens von höheren Taxa ermitteln wollte, kehrte er die Beschriftungen auf der Abszisse und der Ordinate jeweils um. Dadurch konnte jetzt auf der Ordinate der prozentuale Anteil der ausgestorbenen höheren Taxa und auf der Abszisse der zugehörige prozentuale Anteil der ausgestorbenen Arten abgelesen werden.

Das Ergebnis der Kalkulation von RAUP (1979) für das Massenaussterben am Ende des Perms war beeindruckend. Aus den damals verfügbaren Datensätzen für fossile marine Organismen ergab sich ein durchschnittlicher Wert von 16,8 % für das Aussterben auf dem Niveau von Ordnungen und 52 % für das Aussterben von Familien. Nach dem Modell von RAUP (1979) würden diese Werte dem Aussterben von 96 % aller marinen Arten am Ende des Perms entsprechen. Die Weltmeere wären also fast auf einen Schlag komplett entvölkert gewesen. Selbst wenn man den relativ unsicheren durchschnittlichen Wert für das Erlöschen von Gattungen zugrunde legt (64,8 %), würde dies immer noch das Verschwinden von 88 % aller Arten am Ende der Perms bedeuten.

Die Ergebnisse von RAUP sind natürlich kritisch hinterfragt worden. So hat z. B. MCKINNEY (1995) völlig zu Recht kritisiert, dass die Aussterbewahrscheinlichkeit für verschiedene Arten unterschiedlich groß ist und nicht gleich groß, wie RAUP (1979) angenommen hatte. Dafür können z. B. die geographische Verbreitung, Populationsgröße, Körpergröße oder ökologische Toleranz verantwortlich sein. Einfach gesagt, eine Säugetierart wie z. B. der Afrikanische Elefant hat eine höhere Aussterbewahrscheinlichkeit als eine Ameisenart, deren Population aus Milliarden von Individuen besteht. Diese ungleiche Aussterbewahrscheinlichkeit wirkt sich auch auf die Aussterbewahrscheinlichkeit von Gattungen und Familien aus, insbesondere, wenn diese nur wenige Arten umfassen. Mithilfe von Simulationen konnte MCKINNEY (1995) nun zeigen, dass die Zahlen für das Artensterben am Ende des Perms zu hoch sind. Er ermittelte einen Wert von immerhin noch etwa

90 %. Nun ist ein Artensterben im Meer, bei dem nur 10 % aller Arten überleben, natürlich immer noch eine unvorstellbare Katastrophe. Wenn diese Berechnungen richtig waren, stellte sich die Frage, wie häufig derartige Ereignisse in der Erdgeschichte waren, welches Ausmaß und welche Folgen sie hatten und welche Ursachen für derartig tiefe Einschnitte in die Geschichte des Lebens verantwortlich sein konnten.

## Die „Big Five" oder wie häufig waren Massenaussterben?

Die stratigraphische Gliederung der erdgeschichtlichen Ablagerungen fußt ganz wesentlich auf der Erkenntnis, dass zu unterschiedlichen Zeiträumen ganz unterschiedliche Floren- und Faunengemeinschaften gelebt haben, die eine zeitliche Gliederung von Sedimenten ermöglichen. Diese Erkenntnis geht bereits auf das Ende des 18. Jahrhunderts zurück und wurde schon im 19. Jahrhundert weitgehend zu dem heute gebräuchlichen stratigraphischen Gliederungssystem ausgebaut (z. B. Walliser 1985, Hölder 1989). So unterschied z. B. der französische Naturforscher Alcide d'Orbigny, der von 1802 bis 1857 lebte, bereits 27 faunistische Revolutionen, anhand derer er verschiedene Stufen festmachte, deren Bezeichnungen zum Teil heute noch gebräuchlich sind (z. B. Callovium und Cenomanium). Die Unterteilung der Gesteinsabfolge in stratigraphische Einheiten wie Aeratheme (Paläozoikum, Mesozoikum, Känozoikum), Systeme (z. B. Trias, Jura und Kreide), Serien (z. B. Unterkreide, Oberkreide, Paleozän, Eozän usw.) sowie die noch feinere Gliederung orientiert sich also in sehr vielen Fällen an einschneidenden Veränderungen der ehemaligen Lebensgemeinschaften, die infolge von teilweise globalen, mitunter aber auch regional begrenzten Umweltveränderungen eingetreten sind. Dieser Zusammenhang ist ein wichtiges Fundament geologischen Arbeitens und bildet z. B. eine unverzichtbare Grundlage für stratigraphische Korrelationen und für die Herstellung geologischer Karten.

Ohne auf die Arbeitsmethoden der Stratigraphie näher einzugehen, wird doch sehr schnell deutlich, dass es offensichtlich eine Vielzahl von Zäsuren in der Entwicklung der Organismen gab, die mehr oder weniger deutliche Spuren in der geologischen und paläontologischen Überlieferung hinterlassen haben. Barnes et al. (1996) verzeichneten insgesamt 65 solcher globalen Ereignisse *(global events)* für die letzten 542 Millionen Jahre und Hallam & Wignall (1997) lieferten eine ausführliche Beschreibung für 26 große und kleinere Massenaussterben, einschließlich frühester Ereignisse im Neoproterozoikum. In einer neueren Analyse, die auf der Auswertung der etwa 36 000 Gattungen von fossilen, marinen Organismen in der Datenbank von Sepkoski (2002) beruht, kommt Bambach (2006) zu dem Schluss, dass es 18 Intervalle erhöhten Aussterbens im Phanerozoikum gegeben hat. Drei Massenaussterben, die im Oberordovizium, am Ende des Perms und am Ende der Kreide stattgefunden haben, erwiesen sich dabei als besonders schwerwiegend, d. h., sie fallen statistisch aus dem Rahmen der übrigen Ereignisse.

In vielen Lehrbüchern und in der populären Literatur ist in der Regel von fünf großen Massenaussterben die Rede, die in Anlehnung an die fünf afrikanischen Wildarten, die ein bevorzugtes Ziel für Großwildjäger darstellten (Elefant, Nashorn, Büffel, Löwe, Leopard), auch als „Big Five" bezeichnet werden. Diese Einschätzung geht auf eine klassische Arbeit von Raup & Sepkoski (1982) zurück, die auf der Grundlage eines größeren Datensatzes von fossilen marinen Organismen erstmals statistisch untermauern konnten, dass es fünf große Massenaussterben im Phanerozoikum gegeben hat (▸ 5.5), wobei die Autoren jedoch

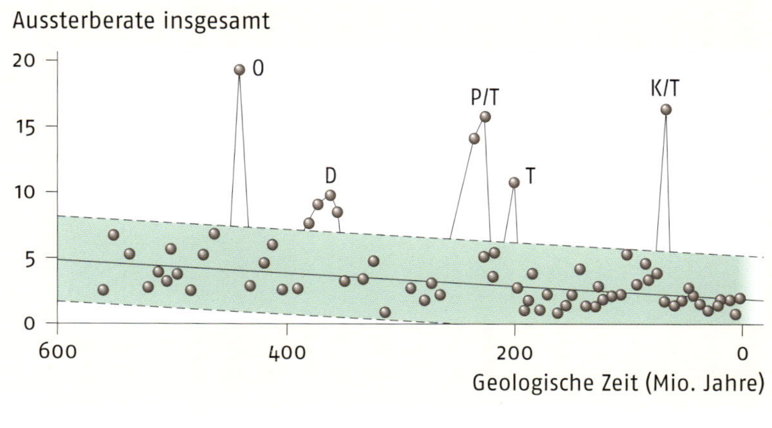


5.5 Statistischer Nachweis der großen Massenaussterben für marine Organismen während der letzten 600 Millionen Jahre. Die Aussterberate (d. h. das Aussterben pro einer Million Jahre) ist hier für etwa 3300 Familien und für stratigraphische Abschnitte (Stufen) von durchschnittlich 7,4 Millionen Jahren berechnet worden. Fünf Phasen ungewöhnlich großer Massenaussterben ragen aus dem normalen sogenannten Hintergrundaussterben (grüner Balken) hervor. Man beachte, dass die Aussterberate im Laufe von 600 Millionen Jahren insgesamt kontinuierlich abgenommen hat (O = Ordovizium, D = Devon, P/T = Perm/Trias, T = Trias, K/T = Kreide/Tertiär, verändert nach Raup & Sepkoski 1982).

die Ereignisse gegen Ende des Devons ursprünglich nicht als statistisch signifikant ansahen.

Das erste der fünf großen Massenaussterben fand vor ungefähr 445 Millionen Jahren im Oberen Ordovizium statt. Genau genommen handelte es sich um zwei Ereignisse, die innerhalb von nur wenigen Millionen Jahren aufeinanderfolgten. Etwa 26 % aller Familien bzw. 49 % aller Gattungen (SEPKOSKI 1996) starben aus, was einem Artensterben von etwa 85 % entspricht (JABLONSKI 1991). Gemessen an diesen Zahlen handelt es sich um das zweitgrößte Massenaussterben im Laufe der Erdgeschichte. Es wurde nur von den Ereignissen am Ende des Perms übertroffen. In Mitleidenschaft wurden ausschließlich marine Organismengruppen gezogen, da zu dieser Zeit noch keine terrestrischen Ökosysteme entwickelt waren.

Unter den ausgestorbenen Taxa finden sich Riff bildende Organismen, wie die rugosen und tabulaten Korallen. Besonders stark waren die Brachiopoden oder Armfüßer betroffen und auch bei den Stachelhäutern (vor allem Seelilien), Trilobiten, Ostrakoden, Graptolithen und Kopffüßern (Nautiloideen) kam es zu erheblichen Einschnitten ihrer Vielfalt (SHEEHAN 2001). Trotz der hohen Zahl ausgestorbener Taxa im Oberen Ordovizium waren die ökologischen Auswirkungen der Krise deutlich schwächer als z. B. während der Massenaussterben im Oberen Devon (BRENCHLEY et al. 2001).

Die nächste große Katastrophe folgte im Oberen Devon in mehreren Schüben vor etwa 375 bis 360 Millionen Jahren. Das größte dieser Ereignisse wird auch als Kellwasser-Event (Frasnium-Famennium-Grenze) bezeichnet – nach dem Kellwassertal an der Okertalsperre im Harz, von dem der Paläontologe Friedrich Adolf Roemer schon 1850 eine Beschreibung der Schichtenfolge und der Fossilien geliefert hat. Die Intensität des Aussterbens lag für Gattungen bei etwa 35 %, wobei aber in manchen Gruppen, wie bei den Kieselschwämmen, rugosen Korallen, bestimmten Brachiopodentaxa, Trilobiten sowie den großen Panzerfischen, über 65 % der Gattungen betroffen waren (BAMBACH 2006). Ein weiteres Großereignis im höchsten Devon war der sogenannte Hangenberg-Event, der kurz vor der Devon-Karbon-Grenze liegt. Auch der Umfang dieses Massenaussterbens war sehr groß. Durchschnittlich 31 % aller Gattungen starben aus. Für manche Taxa, so z. B. für die Stromatoporen, die zu den wichtigsten Riffbildnern des Silurs und Devons gehörten (▸ 5.6), die Brachiopoden, die zu den Ammonoideen gehörigen Goniatiten, für die Trilobiten und die Fische, war der Verlust von Gattungen mit 70 % und mehr besonders groß (BAMBACH 2006).

Am Ende des Perms bzw. an der Perm-Trias-Grenze vor 251 Millionen Jahren folgte das größte Massenaussterben, das aus der Erd- und Lebensgeschichte bekannt ist. Wie bereits erläutert wurde, starben etwa 65 % der Gattungen und ungefähr 80 bis 90 %

5.6 Große geschliffene und polierte Platte von Gestein aus einem Stromatoporen-Blockriff aus dem Devon der Eifel. Bei den kugelförmigen und wulstigen, feinschichtigen Gebilden handelt es sich um Stromatoporen, die in die Verwandtschaft der Schwämme gestellt werden. Sie waren maßgeblich am Aufbau der großen Riffe im Silur und Devon beteiligt. Durch das Massenaussterben im Oberen Devon wurden sie zusammen mit den Riff bildenden tabulaten und rugosen Korallen so stark dezimiert, dass das globale Wachstum großer Riffbauten über viele Millionen Jahre hinweg fast völlig zum Erliegen kam.

10 cm

5.7 Ein Seeskorpion (Eurypterida: *Eurypterus lacustris*) aus dem Silur des Staates New York. Es handelt sich um Stammlinienvertreter der Cheliceraten, zu denen auch die Skorpione und Spinnen gehören. Sie konnten deutlich über 2 m Länge erreichen und lebten anfangs in marinen Lebensräumen, später auch im Brack- und Süßwasser. Dass die Eurypteriden auch kurzzeitig an Land gehen konnten, zeigen Spurenfossilien, die sie in Gezeiten- und Flussmündungsablagerungen hinterlassen haben.

aller Arten in den Ozeanen aus (z. B. Benton 2003, Benton & Twitchett 2003, Bambach 2006, Erwin 2006). Zu den Gruppen, die besonders stark beeinträchtigt wurden oder sogar vollständig ausstarben, gehören Foraminiferen, Radiolarien, die tabulaten und rugosen Korallen, Trilobiten, verschiedene Taxa der Stachelhäuter, Armfüßer (Brachiopoden), Moostierchen (Bryozoen), Schnecken (Gastropoden), Muscheln (Bivalvia), Ammonoideen und Fische. Daneben gab es auch kleinere Taxa, wie z. B. die Seeskorpione (Eurypteriden; ▸ 5.7), die im Paläozoikum auffällige und großwüchsige Formen ausgebildet hatten und am Ende des Perms verschwanden. Bei manchen Gruppen, wie z. B. den Trilobiten, kam es schon lange vor ihrem Aussterben am Ende des Perms zu einer deutlichen Reduktion der Artenvielfalt, sodass für diese Taxa kaum noch von einem Massenaussterben gesprochen werden kann.

Auch an Land hatten die Ereignisse am Ende des Perms tief greifende Auswirkungen. So sind global vielleicht etwa 60 % aller Pflanzengattungen ausgestorben, wobei es aber zum Teil erhebliche regionale Unterschiede gab und die Zahl der Fossilvorkommen mit fossilen Pflanzen in der Unteren Trias erheblich eingeschränkt ist (Rees 2002, Wing 2004, McElwain & Punyasena 2007). Bei den Insekten wurden große Gruppen, die im Paläozoikum artenreich und ökologisch stark differenziert waren, vollständig ausgelöscht (z. B. Grimaldi & Engel 2005), und ähnlich dramatisch war der Einschnitt bei den Wirbeltieren (z. B. Benton 2003, Lucas 2009).

Das Massenaussterben am Ende der Trias vor etwa 200 Millionen Jahren ist das vierte der „Big Five“-Ereignisse. Es ist noch am wenigsten untersucht, was unter anderem an den wenigen Aufschlüssen liegt, die bislang sowohl aus marinen als auch terrestrischen Ablagerungen bekannt sind. Genauere Analysen zeigen, dass manche Taxa während der gesamten Oberen Trias dezimiert wurden und nicht erst am Ende der Trias (z. B. Ammonoideen, Muscheln und Conodonten; ▸ 5.8), während andere Gruppen scheinbar nur wenig und zum Teil auf regionaler Ebene betroffen waren (Tanner et al. 2004). Manche Autoren bestreiten denn auch, dass es sich überhaupt um ein katastrophales Massenaussterben gehandelt hat (Hallam 2002). Nach Raup (1992) sollen etwa 76 % aller Arten am Ende der Trias ausgestorben sein. Eine präzise zeitliche Auflösung und Korrelation der Ereignisse in der Oberen Trias haben erst kürzlich Deenen et al. (2010) geliefert.

Das Massenaussterben am Ende der Kreide bzw. an der Kreide-Tertiär-Grenze (K-T-Grenze) vor etwa 65,5 Millionen Jahren hat ohne Zweifel die größte Aufmerksamkeit in einer breiten Öffentlichkeit gefunden. Ein wichtiger Grund für diese besondere Beachtung ist natürlich das Aussterben der überaus populären Saurier (genauer gesagt der „Nicht-Vogel-Dinosaurier“). Doch damit nicht genug, wird

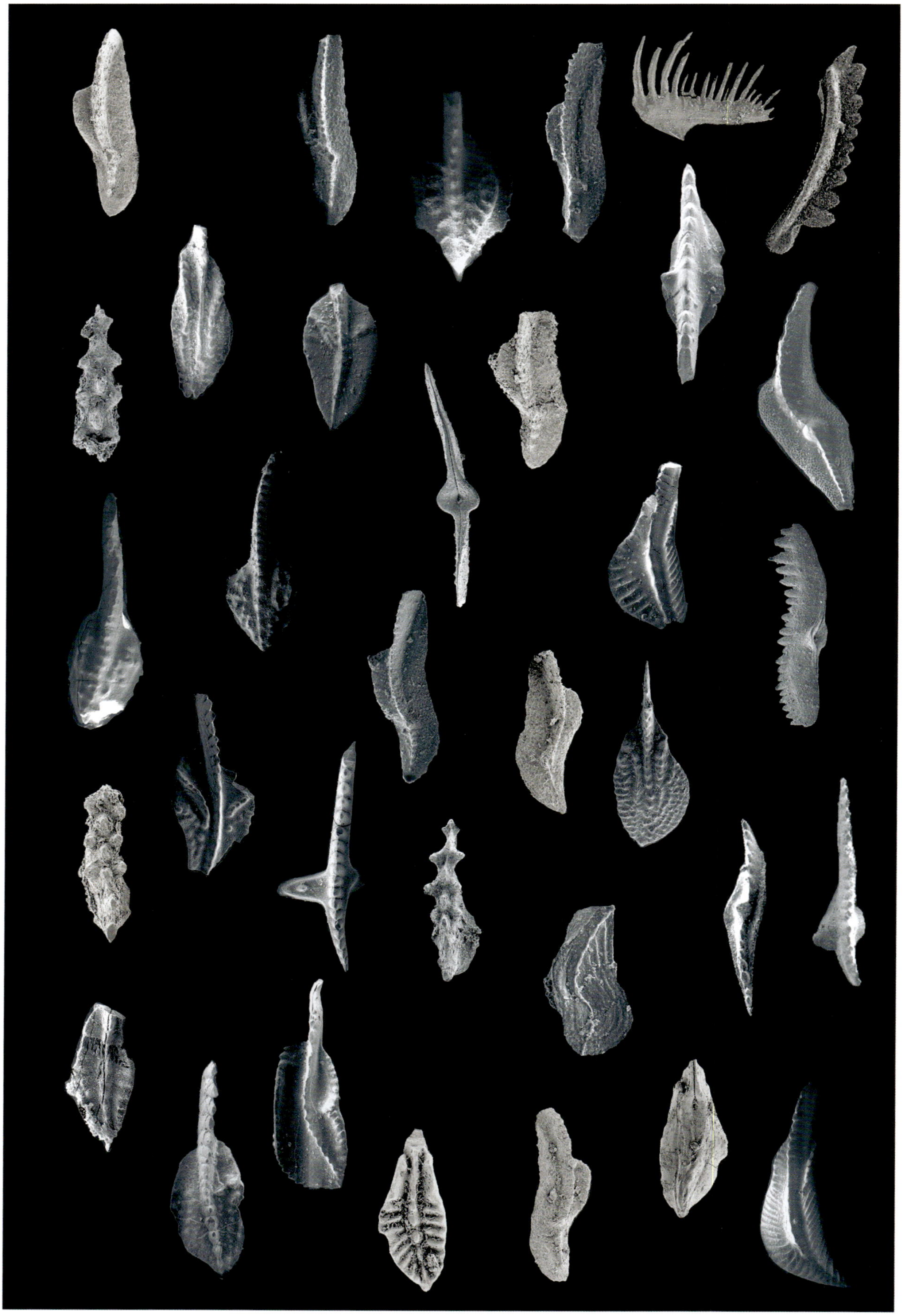

5.8 Rasterelektronenmikroskopische Aufnahmen von Conodonten. Es handelt sich um zahnähnliche Elemente primitiver Wirbeltiere, die moderner als die Schleimaale und Neunaugen, aber urtümlicher als alle übrigen Wirbeltiere waren (DONOGHUE et al. 2000). Die Conodonten sind Bestandteile eines komplexen Apparates im Mundbereich der ihrer Gestalt nach aalähnlichen Tiere, der zur Nahrungsaufnahme und Nahrungsverwertung diente. Die Natur dieser vor allem für das Paläozoikum artenreichen und wichtigen Leitfossilien konnte erst durch vollständige Funde mit Weichkörpererhaltung geklärt werden (BRIGGS et al. 1983, ALDRIDGE & BRIGGS 2009; Originalaufnahmen: Sandra Kaiser, Bonn).

ihr jähes Ende auch noch mit dem Einschlag eines gigantischen Himmelskörpers in Verbindung gebracht. Diese Kombination hat zu einer ganzen Industrie von Film-, Fernseh- und Buchbeiträgen geführt, die in mehr oder weniger realistischer, immer aber spektakulärer Weise versuchen, die Katastrophe zu rekonstruieren.

Tatsächlich gehört das Massenaussterben am Ende der Kreide zu den besonders schweren und nachhaltigen Ereignissen in der Erdgeschichte und es ist besonders gut untersucht. Nach SEPKOSKI (1996) starben etwa 47 % der marinen Gattungen aus. Manche Taxa, wie die Ammoniten (▸ 5.9), Belemniten (▸ 8.5) und die Riff bildenden Rudisten (▸ 2.7) verschwanden vollständig. Andere Taxa, wie die Foraminiferen, Schwämme, Brachiopoden und Muscheln verloren über 60 % ihrer Gattungen (BAMBACH 2006). An Land kam es zu dramatischen Veränderungen der Pflanzengemeinschaften, die insbesondere in Nordamerika zu einer langfristigen Destabilisierung der terrestrischen Ökosysteme führten (MCELWAIN & PUNYASENA 2007, WAPPLER et al. 2009).

Die „Big Five“ sind besondere Extreme in einer großen Palette von Floren- und Faunenschnitten in der Erdgeschichte. Nicht zuletzt aufgrund ihrer Dramatik und ihrer Popularität stehen sie oft zu Recht bevorzugt im Fokus der Forschung, denn sie stellen in der Tat besondere Herausforderungen an Forschungsprogramme und haben dadurch sehr zu einer Stärkung der Interdisziplinarität verschiedenster Wissensgebiete beigetragen. Es ist aber zu bezweifeln, ob mit der Untersuchung der großen Massenaussterben auch die zahlreichen weniger dramatischen Ereignisse erklärt werden können, die im Laufe der Erdgeschichte zu beobachten sind (LEVINTON 2001). Dabei ist es wichtig festzuhalten, dass jedem Ereignis ganz unterschiedliche Rahmenbedingungen zugrunde liegen. So waren z. B. die Verteilung der Ozeane und Kontinente und damit auch die Meeresströmungen, die geodynamische Aktivität, das Klima, die Struktur der marinen und terrestrischen Ökosysteme und die Zusammensetzung ihrer Floren- und Faunengemeinschaften zu jeder Zeit unterschiedlich. Schon vor diesem Hintergrund ist es also ganz unwahrscheinlich, dass zwei Ereignisse in ihren Ursachen, ihrem Ablauf und ihren Auswirkungen vollständig übereinstimmen.

5.9 Ammoniten, wie der hier abgebildete Vertreter der Gattung *Scaphites* aus der Oberen Kreide, waren seit dem Unteren Devon eine äußerst artenreiche Gruppe in den Meeren. Nachdem sie mehrere große Aussterbeereignisse überlebt hatten, starben sie am Ende der Kreidezeit schließlich vollständig aus.

## „Rauchende Colts" – die Suche nach den Ursachen

Die amerikanische Westernserie „Rauchende Colts", im englischen Originaltitel unter dem Namen *„Gunsmoke"* bekannt, wurde von 1955 bis 1975 produziert und ist damit eine der erfolgreichsten Fernsehserien aller Zeiten. Wie der Titel schon andeutet und wie es sich für einen anständigen Western gehört, wird in den Filmen oft geschossen und die Colts rauchen heftig. Dieser Rauch ist eine Folge des Mündungsfeuers, das beim Abschuss des Projektils entsteht. Eigentlich ist dieser Nebeneffekt unerwünscht, denn er behindert nicht nur die Sicht des Schützen, sondern er verrät vor allem wer geschossen hat und wo sich der Schütze befindet. Bei der Erforschung der Ursachen von Massenaussterben wird deshalb gern bildhaft von der Suche nach den *„smoking guns"*, den „rauchenden Colts" gesprochen. Entsprechend der Komplexität der Ereignisse wurden ganz unterschiedliche „rauchende Colts" identifiziert; die häufigsten Erklärungen sind: Einschlag eines oder mehrerer Himmelskörper, starker Vulkanismus, dramatischer Klimawechsel (Erwärmung oder Abkühlung), Absenkung des Meeresspiegels (marine Regression) oder Anstieg des Meeresspiegels (marine Transgression), Sauerstoffmangel im Tiefenwasser der Ozeane gekoppelt mit einem Anstieg dieser Wassermassen auf die Schelfe (z. B. Levinton 2001, Wignall 2004).

Diese häufig genannten, möglichen Ursachen für Massenaussterben liegen auf verschiedenen Erklärungsebenen. Der englische Paläontologe Paul B. Wignall hat zu Recht darauf hingewiesen, dass eigentlich immer zwei Nachweise zu führen sind, um Massenaussterben zu erklären: Zum einen muss eine proximate oder unmittelbare Ursache gefunden werden, und zum anderen muss ein ultimater oder grundlegender Vorgang entdeckt werden, der zu dem Massenaussterben geführt hat (Wignall 2004). Starker Vulkanismus, wie er etwa für die Perm-Trias-Grenze oder die Kreide-Tertiär-Grenze nachgewiesen wurde, ist ein solcher ultimater Vorgang, und für Organismen, die im Gebiet des Vulkans leben, kann ein solcher Ausbruch zugleich die proximate Ursache für ihr Aussterben darstellen. Wenn jedoch infolge des Vulkanismus, etwa wegen des Ausstoßes großer Aschenmengen, über lange Zeiträume hinweg eine deutliche Änderung des Klimas stattfindet, die z. B. zur Reduktion der Primärproduktion führt, dann ist diese Entwicklung lediglich eine proximate Ursache für das Aussterben von Arten. Natürlich ist es nicht einfach, stets eindeutig zwischen den verschiedenen Erklärungsebenen zu unterscheiden und teilweise ist es auch unmöglich, da man häufig auf indirekte und unvollständige Anzeichen angewiesen ist, aus denen auf mögliche Ursachen geschlossen werden muss.

Ein grundlegendes Problem bei der ursächlichen Klärung von Massenaussterben ist die möglichst präzise Korrelation von Ereignissen, die in ganz unterschiedlichen Ablagerungs- und Lebensräumen gleichzeitig und je nach Ursache nach einem spezifischen Muster abgelaufen sind. Dabei ist zuerst die Frage zu klären, ob es sich um ein graduelles oder plötzliches Aussterben gehandelt hat. Ein weiterer Aspekt, auf den noch näher eingegangen wird, ist die Selektivität des Aussterbens. Das bedeutet, es sollte analysiert werden, ob alle Gruppen von Organismen gleichermaßen betroffen waren oder ob es Unterschiede, z. B. im Größenspektrum, der Art der Ernährung, der Zuordnung zu bestimmten Lebensräumen oder der Verbreitung gegeben hat (8). Im Falle von Massenaussterben sollte das Ereignis zudem global aufgetreten sein. Dies setzt voraus, dass eine hinreichend präzise stratigraphische bzw. zeitliche Korrelation von oft weit voneinander entfernten Sedimentvorkommen und ihren Fossilien möglich ist. Außerdem sollte ein solches Ereignis in unterschiedlichen Faziesräumen nachzuweisen sein, d. h. z. B. in Schelfablagerungen, in Tiefwasserablagerungen, aber vielleicht auch in terrestrischen Sedimenten. Schließlich gilt es, Anzeichen für die möglichen Ursachen des Massenaussterbens zu finden. Dies erfolgt häufig anhand von Korrelationen mit im weitesten Sinne geodynamischen Ereignissen, wie etwa marinen transgressiven oder regressiven Phasen, besonderen plattentektonischen Konstellationen, Signalen für Klimaveränderungen oder dem Nachweis starker vulkanischer Aktivität. Im Detail liefert die Untersuchung der Sedimente wichtige Hinweise. So kann etwa das Vorkommen von Schwarzschiefern auf ehemals anoxische, also sauersatoffarme Verhältnisse am Meeresboden hinweisen. Auch geochemische Signale, wie etwa eine ungewöhnliche Erhöhung seltener Elemente (z. B. Iridium an der K-T-Grenze) oder bestimmter Isotope (z. B. von Kohlenstoff oder Sauerstoff) können entscheidende Hinweise auf besondere Ereignisse liefern.

Wie aus dieser knappen Zusammenfassung ersichtlich wird, steht am Ende ein komplexes Gefüge aus Korrelationen von zahlreichen biologischen, geologischen und chemischen Daten, die widerspruchsfrei mit Hypothesen über die Ursachen von Massenaussterben in Einklang zu bringen sind. Der gegenwärtige Stand der Erklärungen der großen Massenaussterben hängt entsprechend stark von der Qualität und der Intensität der Untersuchungen sowie der Qualität der verfügbaren Ablagerungen und Fossilvorkommen ab. Dies soll die folgende, kurze Zusammenfassung der wichtigsten Ursachen für die „Big Five" etwas näher beleuchten.

Das Obere Ordovizium ist durch eine relativ kurze, aber intensive Vergletscherung des Großkontinentes Gondwana gekennzeichnet, die z. B. in weiten Teilen Afrikas nachgewiesen wurde und für weite Teile Südamerikas wahrscheinlich ist (z. B. SHEEHAN 2001, FORTEY & COCKS 2003). Die erste Aussterbewelle trat zu Beginn der Vergletscherung auf, als der Meersspiegel infolge der Eisbildung absank und das Klima deutlich rauer wurde. Die zweite Aussterbewelle steht mit dem relativ plötzlichen Ende der Vergletscherung in Verbindung, die mit einem Anstieg des Meeresspiegels und einer Erwärmung des Klimas einherging. Sowohl die Regression als auch die spätere Transgression hatten Auswirkungen auf die ozeanischen Zirkulationsmuster und trugen zusätzlich zum Aussterben bestimmter Taxa bei. MELOTT et al. (2004) diskutierten einen Ausbruch von hochenergetischen Gammastrahlen als mögliche ultimate Ursache der ordovizischen Vereisungsphase und des damit gekoppelten Massenaussterbens.

Auch für das Massenaussterben im Oberen Devon werden erhebliche Schwankungen des Meeresspiegels und damit verbunden Veränderungen der ozeanischen Strömungs- und Zirkulationsmuster als Ursache angenommen (z. B. CHEN & TUCKER 2003). Es gibt zudem deutliche Hinweise auf eine mehr oder weniger globale Ausdehnung von anoxischen Verhältnissen in den Ozeanen. Insbesondere während transgressiver Phasen kann sauerstoffarmes Bodenwasser weit bis in Flachwasserbereiche vordringen und das Überleben von artenreichen Lebensgemeinschaften stark beeinträchtigen (z. B. WIGNALL 2004). Eine kurzzeitige Vereisung wurde als Ursache des jüngeren Hangenberg-Events diskutiert (z. B. BRAND et al. 2004). Ob ein mehrfacher Einschlag von Meteoriten (mindestens drei) zum Massenaussterben im Oberen Devon beigetragen hat, ist umstritten (z. B. MCGHEE 2002, WIGNALL 2004).

Eine Vielzahl von Untersuchungen haben sich gerade in den letzten Jahren mit den Ursachen des Massenaussterbens an der Perm-Trias-Grenze beschäftigt (z. B. BENTON 2003, ERWIN 2006). Nachdem der Einschlag eines Himmelskörpers als mögliche Ursache für das Massenaussterben an der Kreide-Tertiär-Grenze für großes Aufsehen gesorgt hatte, ließ eine übereinstimmende Hypothese für die Perm-Trias-Grenze nicht lange auf sich warten. Doch die geologischen, geochemischen, sedimentologischen und paläontologischen Anzeichen für einen Impakt sind in diesem Fall noch sehr unsicher (z. B. ERWIN 2003, 2006, BENTON 2003, Benton & Twitchett 2003). Stattdessen findet ein komplexes Szenario mehr und mehr Zustimmung, in dessen Mittelpunkt gigantische Schüttungen von Flutbasalten in Sibirien stehen, die als Initiator und Motor des Massenaussterbens angesehen werden.

Bei diesem sogenannten „Sibirischen Trapp" handelt es sich um insgesamt etwa 6500 m mächtige, basaltische Decken, die in weniger als einer Million Jahren geschüttet wurden und ursprünglich ein Gebiet von mehreren Millionen Quadratkilometern bedeckten (z. B. WIGNALL 2001). Ihr Alter beträgt 251 Millionen Jahre, sodass ihre Entstehung sehr exakt mit dem Massenaussterben am Ende des Perms übereinstimmt (z. B. KAMO et al. 2003). Ein unmittelbarer Effekt der Ausbrüche könnte saurer Regen gewesen sein, der die Pflanzen und damit die gesamten terrestrischen Ökosysteme zerstört haben könnte. Eine weitere Folge der Basaltschüttungen könnte eine Erwärmung des Klimas um ungefähr 6 °C gewesen sein, in dessen Folge die ozeanische Zirkulation stagnierte, sodass die Durchlüftung des Bodenwassers reduziert wurde und sich weiträumig anoxische Verhältnisse einstellten. Außerdem gibt es Hinweise auf eine Übersäuerung des Ozeanwassers (PAYNE et al. 2010). Damit nicht genug, sollen durch diese Erwärmung große Vorkommen von Methanhydrat, bei dem es sich um in Wasser eingefrorenes Methangas handelt, geschmolzen sein, sodass es zu enormen Ausgasungen dieses Treibhausgases in die Atmosphäre kam. Die Folge wäre eine weitere Erwärmung gewesen, die in einem Rückkopplungseffekt zum Aufschmelzen weiterer Methanhydratvorkommen geführt haben könnte (BENTON 2003, BENTON & TWITCHETT 2003).

So plausibel sich dieses Modell auch anhören mag, so ist doch auch klar, dass noch ein erheblicher Forschungsbedarf besteht, bis die Ursachen des Massenaussterbens am Ende des Perms als endgültig geklärt angesehen werden können. Nicht ohne Grund antwortet einer der besten Kenner dieses Zeitabschnittes, der amerikanische Paläontologe Douglas H. Erwin, auf die Frage, was das größte Massenaussterben der letzten 600 Millionen Jahre verursacht haben könnte (ERWIN 2006: 215–216): *„The short answer is that we don't know, or at least I don't know. Several of my colleagues are sure they know but their answers are mutually contradictory and so cannot all be correct."*

Auch das Massenaussterben am Ende der Trias wird mit der Schüttung von Flutbasalten in Verbindung gebracht. Dieser Vulkanismus trat in einem riesigen Gebiet auf, der sogenannten Zentralatlantischen Magmenprovinz (*Central Atlantic magmatic province* oder kurz CAMP, z. B. WIGNALL 2001). Er steht mit dem initialen Auseinanderbrechen des Superkontinentes Pangäa in Zusammenhang und die zugehörigen

5.10 Das berühmte Kreide-Tertiär-Profil am Stevns Klint bei der Kirche von Højerup, südlich von Kopenhagen. Die K-T-Grenze liegt ungefähr in der Bildmitte zwischen der sogenannten „grauen Kreide", die auf dem Bild als leuchtend weiße, relativ homogene Kreide in Erscheinung tritt, und den dunkleren hervorstehenden Kalken des tiefsten Tertiärs (Danium). Zwischen beiden Einheiten liegt eine unscheinbare, dunkle Tonschicht, die an dieser Stelle die großwellige Oberfläche des ehemaligen Meeresbodens nachzeichnet bzw. die Tröge zwischen den Erhebungen aufgefüllt hat. Dies ist der Grenzton oder „Fischton", in dem die Iridiumanomalie an der K-T-Grenze 1980 nachgewiesen wurde (Alvarez et al. 1980).

Basaltablagerungen finden sich heute entsprechend weiträumig verteilt in Nordamerika, Südamerika und Nordwestafrika (z. B. Deenen et al. 2010, Whiteside et al. 2010). Eine Folge dieses extrem ausgedehnten Vulkanismus waren starke Ausgasungen von Kohlendioxid und Schwefeldioxid, die zu einer Erwärmung geführt haben könnten. Durch diese Erwärmung könnte es auch am Ende der Trias zu einer Freisetzung von Methanhydrat gekommen sein, mit ganz ähnlichen Folgen für die Ökosysteme, wie es das Szenario für das Massenaussterben am Ende des Perms beschreibt (Tanner et al 2004).

Das Massenaussterben an der Kreide-Tertiär-Grenze wird von vielen Menschen als „Mutter aller Aussterbeereignisse" wahrgenommen. Dies hängt nicht nur mit dem Ende der beliebten Dinosaurier zusammen, sondern auch mit dem Einschlag eines gigantischen Himmelskörpers, der gern als die einzige oder zumindest die wesentliche Ursache für diese große Krise des Lebens verantwortlich gemacht wird. Beides zusammen hat dieses Ereignis ungeheuer populär gemacht. Das Szenario eines Asteroiden- oder Meteoriteneinschlags geht auf eine Arbeit von Alvarez et al. (1980) zurück, die in drei geologischen Profilen in Italien, Dänemark (▸ 5.10 und 5.11) und Neuseeland stark erhöhte Konzentrationen von Iridium sowie anderer Platinmetalle im Grenzbereich von der Kreide zum Tertiär nachweisen konnten.

Iridium ist in Sedimenten im Normalfall ausgesprochen selten, während es vor allem in Meteoriten deutlich erhöhte Konzentrationen erreichen kann. Die Autoren der Studie von 1980 kamen deshalb zu dem Schluss, dass nur ein sehr großer Himmelskörper eine Iridiumanomalie, wie sie an der K-T-Grenze zu finden ist, verursacht haben könnte. Seinen Durchmesser berechneten sie mit etwa 10 km, und er soll einen Einschlagskrater von 100 bis 150 km Durchmesser erzeugt haben. Das Resultat eines derart heftigen Impaktes sollen unter anderem enorme Staubwolken gewesen sein, die jahrelang in der Stratosphäre verweilten, die Erde verfinsterten und dadurch jegliche Photosynthese verhinderten. Dies hätte nach ALVAREZ et al. (1980) zum Massenaussterben am Ende der Kreide geführt.

Die Impakttheorie von ALVAREZ et al. (1980) hat im wahrsten Sinne des Wortes tief in der wissenschaftlichen Gemeinschaft eingeschlagen. Sie wurde insbesondere von Geologen und Paläontologen heftig kritisiert (z. B. STRAUCH 2004). Gleichzeitig wurden dadurch aber auch zahlreiche Untersuchungen angestoßen, die sehr zu einem besseren Verständnis der Ereignisse an der K-T-Grenze beigetragen haben, und es wurden weitere, sehr deutliche Hinweise auf eine Kollision der Erde mit einem Himmelskörper am Ende der Kreide gefunden. So konnten etwa BOHOR et al. (1984) geschockte Quarze in den Grenzsedimenten nachweisen, die durch enorm hohen Druck entstanden sind und mehrere Serien von charakteristischen parallelen Linien in ihrem deformierten Kristallgitter zeigen. Es wurden geschmolzene Gesteine im Süden der USA und im karibischen Raum entdeckt, die in Form perlenähnlicher Gläser vorliegen, und in Sedimenten von der K-T-Grenze aus New Mexico wurden zusammen mit einer Iridiumanomalie ungewöhnlich hohe Anteile von Farnsporen entdeckt, die auf eine Pionierbesiedlung nach einem katastrophalen Ereignis schließen ließen (ORTH et al. 1981).

Die letzten Zweifel an der Impakttheorie schienen beseitigt zu sein, als der Einschlagkrater des Himmelskörpers im Gebiet der mexikanischen Yucatán-Halbinsel entdeckt wurde (HILDEBRAND et al. 1991). Dieser sogenannte Chicxulub-Krater hat einen Durchmesser von etwa 180 bis 200 km, und in seiner Umgebung wurden Sedimente nachgewiesen, die sehr deutlich auf den Einschlag eines großen Himmelskörpers hinweisen. Sie wurden infolge des Impaktes ausgeworfen oder entstanden durch gewaltige Tsunamis, die noch in größerer Entfernung Küstengebiete zerstörten und charakteristische Ablagerungen hinterließen (z. B. SCHULTE et al. 2010).

Es kann heute also als sicher angesehen werden, dass ein großer Himmelskörper die Erde vor 65 Millionen Jahren im Gebiet der Yucatán-Halbinsel getroffen hat. Ob dieser Impakt jedoch als alleinige Ursache für das Massenaussterben am Ende der Kreide angesehen werden kann, ist nach wie vor umstritten. Bereits früh wurden die gewaltigen Flutbasalte der Deccan Trapps in Indien als alternative Ursache für das Aussterben ins Spiel gebracht (siehe z. B. WIGNALL 2001). Die Basalte bedecken heute ein Gebiet von etwa 500 000 Quadratkilometern im nordwestlichen Indien und ihre maximale Mächtigkeit beträgt etwa 2,5 km. Die ursprüngliche Ausdehnung mag bei 1,5 bis 2,5 Millionen Quadratkilometern gelegen haben. Die Hauptmasse der Basalte wurde in weniger als einer Million Jahre geschüttet, wobei ihre wesentliche Bildungsphase etwa bei 65 Millionen Jahren gelegen hat (z. B. KELLER et al. 2008, SELF et al. 2008, CHENET et al. 2009). Damit fällt die Bildung des überwiegenden Teils der Deccan Trapps deutlich in den Bereich der Kreide-Tertiär-Grenze.

5.11 Der graue Mergel („Fischton") auf dem Niveau des Hammerkopfes markiert am Stevns Klint die Kreide-Tertiär-Grenze. In dieser Schicht ist die Iridiumkonzentration um ein Vielfaches gegenüber den darunter und darüber liegenden Ablagerungen erhöht.

Die Auswirkungen dieser Basaltschüttungen sind offenbar nicht so einschneidend gewesen wie die entsprechenden Ereignisse an der Perm-Trias-Grenze (z. B. VAJDA & MCLOUGHLIN 2007). Die möglichen Folgen des Deccan-Trapp-Vukanismus sind jedoch zurzeit nicht hinreichend genug untersucht, um bestimmten Prozessen entsprechende Auswirkungen auf verschiedene Ökosysteme mit Sicherheit zuordnen zu können. Das wichtigste Argument für einen Einfluss des Vulkanismus auf das Leben ist nach wie vor die enge zeitliche Korrelation mit dem Massenaussterben (WIGNALL 2004). Für die Klärung dieser Fragen ist ohne Zweifel weitere interdisziplinäre Forschung notwendig.

## Die Bedeutung von Massenaussterben für die Evolution

Die Auswirkungen von Massenaussterben gehen weit über den rein zahlenmäßigen Verlust von Arten, Gattungen oder Familien hinaus. Massenaussterben haben tief greifende ökologische Umwälzungen nach sich gezogen, sodass sich völlig neue Lebensgemeinschaften etablieren und vorher vielleicht nur marginal vertretene Gruppen evolutiv entfalten konnten. Auf diese Erholungsphasen im Anschluss an Aussterbeereignisse wird in 8 näher eingegangen.

Der amerikanische Paläobiologe Douglas H. Erwin hat untersucht, welchen Verlust Massenaussterben über die taxonomische Reduzierung der Vielfalt hinaus für die Evolution bedeuten und wie diese Veränderungen analysiert werden können (ERWIN 2008). Solche anderen Aspekte der Reduzierung der Biodiversität sind:

- Verlust von funktionaler ökologischer Diversität
- Veränderung der Struktur bzw. auch Architektur von Ökosystemen
- Verlust der Vielfalt von Verhalten und sozialen Strukturen
- Verlust von entwicklungsbiologischen Strategien

Mit dem Verlust von funktionaler ökologischer Diversität sind z. B. Veränderungen der Zusammensetzung von funktionalen Nahrungsgruppen gemeint, die vor einem Aussterbeereignis um ähnliche Ressourcen konkurrierten, oder Einschnitte in Nahrungsnetze, die durch ein solches Ereignis völlig neu strukturiert wurden. Dabei spielen auch Rückkopplungseffekte eine wichtige Rolle, wenn z. B. entscheidende Schlüsselarten in Nahrungsnetzen ausgelöscht werden, die dann zum Aussterben weiterer Arten führen. Auch in modernen Untersuchungen zur Dynamik von heutigen Nahrungsnetzen sind die Effekte des Aussterbens von Taxa von großer Bedeutung (z. B. AMARASEKARE 2008).

Die Veränderung der Struktur oder Architektur von Ökosystemen wird am besten am Beispiel von Riffen deutlich (ERWIN 2008). Heutige Riffe werden vor allem von Steinkorallen und korallinen Algen gebildet, die feste Kalkskelette aufbauen. Die spezifische Architektur dieser Riffe, die vor allem durch die gerüstbildenden Korallen entsteht, ermöglicht die Ansiedlung zahlreicher weiterer Arten, die Zwischenräume und Höhlen auf vielfältigste Weise besiedeln. Die komplexe Riffarchitektur hat also einen positiven Rückkopplungseffekt auf die Gesamtvielfalt und die Stabilität von Riffökosystemen (z. B. KIESSLING 2005). Massenaussterben haben in der Erdgeschichte mehrfach zu einem völligen Zusammenbruch von hochkomplexen Riffökosystemen geführt. Es konnten sich danach zwar jeweils neue riffbildende Gemeinschaften etablieren, aber der Aufbau und die Struktur bzw. Architektur dieser Riffe war in der Regel sehr unterschiedlich (z. B. WOOD 1999), was entsprechende Auswirkungen auf die Gesamtdiversität der Lebensgemeinschaften hatte.

Die Auswirkungen von Massenaussterben auf die Vielfalt von komplexen Verhaltensweisen zeichnen sich vor allem an im Fossilbericht überlieferten Lebensspuren ab. Diese sogenannten Ichnofossilien (z. B. SEILACHER 2007) können zwar nur selten bestimmten Erzeugern zugeordnet werden, aber dennoch spiegeln sie die Diversität von generellen oder sehr spezialisierten Beziehungen von Organismen und ihrer Umwelt wider. Deshalb können sie für Untersuchungen der Auswirkungen von Massenaussterben genutzt werden, wie z. B. Analysen der Fraßspurintensität von Insekten auf Blattfloren für die Kreide-Tertiär-Grenze gezeigt haben (LABANDEIRA et al. 2002). Hochspezialisierte herbivore Insektentaxa, die noch in der Kreide z. B. verschiedene Minen und Gallen produziert hatten, waren bevorzugt vom Aussterben betroffen, während Generalisten das Ereignis zum großen Teil überstehen konnten.

Durch das Aussterben eines sehr breiten Spektrums und zum Teil sehr großer Gruppen von Organismen während der Massenaussterben könnte auch die Vielfalt von möglichen entwicklungsbiologischen Strategien reduziert worden sein (ERWIN 2008). Dabei geht es vor allem um den möglichen Verlust von Elementen in den Regulationsnetzwerken von Entwicklungsgenen, wodurch das Potenzial für neue entwicklungsbiologische Strategien für manche Gruppen von Organismen herabgesetzt worden sein könnte (8).

Ein weiterer wichtiger Gesichtspunkt der Auswirkungen von Massenaussterben für die Evolution ist die Reduzierung der Disparität, d. h. der Verschiedenartigkeit von morphologischen Formen innerhalb umfangreicher Taxa (ERWIN 2007). Veränderungen der Disparität sind für verschiedene Gruppen und Aussterbeereignisse untersucht worden (ERWIN 2008). So ist z. B. die Disparität der Stachelhäuter (Echinodermen) im Laufe der Erdgeschichte durch mehrere Aussterbeereignisse deutlich reduziert worden (▸ 2.9). In anderen Fällen, wie bei den Ammonoideen, kam es nach einer starken Verringerung der Disparität im Anschluss an das Massenaussterben am Ende des Perms zu einer erneuten Blüte der morphologischen Formenvielfalt, die sogar höher war als zuvor (MCGOWAN 2004). Dabei ist zu bedenken, dass die Disparität (Verschiedenartigkeit) nicht unmittelbar mit der taxonomischen Diversität (Vielfalt) gekoppelt ist. Für eine Reihe von Organismengruppen (z. B. Crinoiden, paläozoische Gastropoden und Brachiopoden) konnte gezeigt werden, dass ihre Disparität zu Beginn ihrer Evolution schnell angestiegen ist und ein frühes Maximum erreichte, während die taxonomische Diversität sich erst langsam und zum Teil sogar gegenläufig entwickelte (siehe ERWIN 2007).

## Literatur


ALDRIDGE, R. J. & BRIGGS, D. E. G. (2009): The Discovery of Conodont Anatomy and Its Importance for Understanding the Early History of Vertebrates. In: SEPKOSKI, D. & RUSE, M. [Hrsg.]: The Paleobiological Revolution – Essays on the Growth of Modern Paleontology. The University of Chicago Press, Chicago & London. S. 73–88.

ALROY, J., ABERHAN, M., BOTTJER, D. J., FOOTE, M., FÜRSICH, F. T., HARRIES, P. J., HENDY, A. J. W., HOLLAND, S. M., IVANY, L. C., KIESSLING, W., KOSNIK, M. A., MARSHALL, C. R., MCGOWAN, A. J., MILLER, A. I., OLSZEWSKI, T. D., PATZKOWSKY, M. E., PETERS, S. E., VILLIER, L., WAGNER, P. J., BONUSO, N., BORKOW, P. S., BRENNEIS, B., CLAPHAM, M. E., FALL, L. M., FERGUSON, C. A., HANSON, V. L., KRUG, A. Z., LAYOU, K. M., LECKEY, E. H., NÜRNBERG, S., POWERS, C. M., SESSA, J. A., SIMPSON, C., TOMAŠOVÝCH, VISAGGI, C. C. (2008): Phanerozoic Trends in the Global Diversity of Marine Invertebrates. Science 321. S. 97–100.

ALVAREZ, L. W., ALVAREZ, W., ASARO, F., MICHEL, H. V. (1980): Extraterrestrial Cause for the Cretaceous-Tertiary Extinction – Experimental results and theoretical interpretation. Science 208. S. 1095–1108.

AMARASEKARE, P. (2008): Spatial Dynamics of Foodwebs. Annu. Rev. Ecol. Evol. Syst. 39. S. 479–500.

BAMBACH, R. K. (2006): Phanerozoic Biodiversity Mass Extinctions. Annu. Rev. Earth Planet. Sci. 34. S. 127–155.

BARNES, C., HALLAM, A., KALJO, D., KAUFFMAN, E. G., WALLISER, O. H. (1996): Global Event Stratigraphy. In: Walliser, O. H. [Hrsg.]: Global Events and Event Stratigraphy in the Phanerozoic. Springer Verlag. S. 319–333.

BENTON, M. J. [Hrsg.] (1993): The Fossil Record 2. Chapman & Hall, London.

BENTON, M. J. (1995): Diversification and the history of life. Science 268. S. 52–58.

BENTON, M. J. (2003): When life nearly died – The greatest mass extinction of all time. Thames & Hudson Ltd., London.

BENTON, M. J. & TWITCHETT, R. J. (2003): How to kill (almost) all life: the end-Permian extinction event. Trends Ecol. Evol. 18. S. 358–365.

BOHOR, B. F., FOORD, E. E., MODRESKI, P. J., TRIPLEHORN, D. M. (1984): Mineralogic evidence for an impact event at the Cretaceous-Tertiary boundary. Science 224. S. 867–869.

BRAND, U., LEGRAND-BLAIN, M., STREEL, M. (2004): Biochemostratigraphy of the Devonian-Carboniferous boundary global stratotype section and point, Griotte Formation, La serre, Montagne Noire, France. Palaeogeogr. Palaeoclimatol. Palaeoecol. 20. S. 337–357.

BRENCHLEY, P. J., MARSHALL, J. D., UNDERWOOD, C. J. (2001): Do all mass extinctions represent an ecological crisis? Evidence from the Late Ordovician. Geological Journal 36. S. 329–340.

BRIGGS, D. E. G., CLARKSON, E. N. K., ALDRIDGE, R. J. (1983): The conodont animal. Lethaia, 16. S. 1–14.

CHEN, D. & TUCKER, M. E. (2003): The Frasnian-Famenian mass extinction: insights from high-resolution sequence stratigraphy and cyclostratigraphy in South China. Palaeogeogr. Palaeoclimatol. Palaeoecol. 193. S. 87–111.

CHENET, A.-L., COURTILLOT, V., FLUTEAU, F., GÉRARD, M., QUIDELLEUR, X., KHADRI, S. F. R., SUBBARAO, K. V., THORDARSON, T. (2009): Determination of rapid Deccan eruptions across the Cretaceous-Tertiary boundary using paleomagnetic secular variation: 2. Constraints from analysis of eight new sections and synthesis for a 3500-m-thick composite section. Journal of Geophysical Research 114 (B06103).

DEENEN, M. H. L., RUHL, M., BONIS, N. R., KRIJGSMAN, W., KUERSCHNER, W. M., REITSMA, M., VAN BERGEN, M. J. (2010): A new chronology for the end-Triassic mass extinction. Earth and Planetary Science Letters 291. S. 113–125.

DONOGHUE, P. C. J., FOREY, P. L., ALDRIDGE, R. J. (2000): Conodont affinity and chordate phylogeny. Biol. Rev. 75. S. 191–251.

EDGECOMBE, G. D. (1992): Trilobite phylogeny and the Cambrian-Ordovician "event": Cladistic reappraisal. In: Novacek, M. J. & Wheeler, Q. D. [Hrsg.]: Extinction and Phylogeny. Oxford Univ. Press, Oxford UK. S. 144–177.

ERWIN, D. H. (2003): Impact at the Permo-Triassic Boundary: A Critical Evaluation. Astrobiology 3. S. 67–74.

ERWIN, D. H. (2006): Extinction: How Life on Earth Nearly Ended 250 Million Years Ago. Princeton University Press, Princeton, New Jersey.

ERWIN, D. H. (2007): Disparity: Morphological pattern and developmental context. Palaeontology 50. S. 57–73.

ERWIN, D. H. (2008): Extinction as the loss of evolutionary history. Proc. Nat. Acad. Sci. 105 (suppl. 1). S. 11520–11527.

FOOTE, M. & MILLER, A. I. (2007): Principles of Paleontology. W. H. Freeman and Company, New York.

FORTEY, R. A. & COCKS L. R. M. (2003): Palaeontological evidence bearing on global Ordovician-Silurian continental reconstructions. Earth-Science Reviews 61. S. 245–307.

GLAVIN, T. (2007): The Sixth Extinction: Journeys among the Lost and Left Behind. Thomas Dunne Books, New York.

GRANTHAM, T. A. (2009): Taxic Paleobiology and the Pursuit of a Unified Evolutionary Theory. In: Sepkoski, D. & Ruse, M. [Hrsg.]: The Paleobiological Revolution – Essays on the Growth of Modern Paleontology. The University of Chicago Press, Chicago & London. S. 215–238.

GRIMALDI, D. & ENGEL, M. S. (2005): Evolution of the Insects. Cambridge University Press.

HALLAM, A. (2002): How catastrophic was the end-Triassic mass extinction? Lethaia 35. S. 147–157.

HALLAM, A. & WIGNALL, P. B. (1997): Mass extinctions and their aftermath. Oxford University Press, Oxford.

HAMMER, Ø. & HARPER, D. A. T. (2005): Paleontological Data Analysis. Blackwell Publishing, Oxford, UK.

HILDEBRAND, A. R., PENFIELD, G. T., KRING, D. A., PILKINGTON, M., CAMARGO, Z. A., JACOBSEN, S. B., BOYNTON, W. V. (1991): Chicxulub Crater: A possible Cretaceous/Tertiary boundary impact crater on the Yucatan Peninsula, Mexico. Geology 19. S. 867–871.

HÖLDER, H. (1989): Kurze Geschichte der Geologie und Paläontologie. Springer Verlag, Berlin, Heidelberg.

JABLONSKI, D. (1991): Extinctions: a paleontological perspective. Science 253. S. 754–757.

KAMO, S. L., CZAMANSKE, G. K., AMELIN, Y., FEDORENKO, V. A., DAVIS, D. W., TROFIMOV, V. R. (2003): Rapid eruption of Siberian flood-volcanic rocks and evidence for coincidence with the Permian-Triassic boundary and mass extinction at 251 Ma. Earth and Planetary Science Letters 214. S. 75–91.

KELLER, G., ADATTE, T., GARDIN, S., BARTOLINI, A., BAJPAI, S. (2008): Main Deccan volcanism phase ends near the K-T boundary: Evidence from the Krishna-Godavari Basin, SE India. Earth and Planetary Science Letters 268. S. 293–311.

KIESSLING, W. (2005): Long-term relationships between ecological stability and biodiversity in Phanerozoic reefs. Nature 433. S. 410–413.

LABANDEIRA, C. C., JOHNSON, K. R., WILF, P. (2002): Impact of the terminal Cretaceous event on plant-insect associations. Proc. Nat. Acad. Sci. 99. S. 2061–2066.

LANE, A., JANIS, C. M. & SEPKOSKI, J. J. (2005): Estimating paleodiversities: A test of the taxic and phylogenetic methods. Paleobiology 31. S. 21–34.

LEAKY, R. & LEWIN, R. (1995): The Sixth Extinction: Biodiversity and Its Survival. Doubleday, New York.

LEVINTON, J. S. (2001): Genetics, Paleontology, and Macroevolution. Cambridge Univers. Press, Cambridge, UK.

LUCAS, S. G. (2009): Timing and magnitude of tetrapod extinctions across the Permo-Triassic boundary. Journal of Asian Earth Sciences 36. S. 491–502.

MACE, G., MASUNDIRE, H., BAILLIE, J., RICKETTS, T., BROOKS, T. et al. (2005): Biodiversity. In: HASSAN, R., SCHOLES, R., ASH, N. [Hrsg.]: Ecosystems and human well-being: Current state and trends: Findings of the Condition and Trends Working Group. Island Press, Washington D. C. S. 77–122.

MCELWAIN, J. C. & PUNYASENA, S. W. (2007): Mass extinction events and the plant fossil record. Trends Ecol. Evol. 22. S. 548–557.

MCGHEE, G. R. JR. (2002): The "multiple impacts hypothesis" for mass extinction: a comparison of the Late Devonian and the late Eocene. Palaeogeogr. Palaeoclimatol. Palaeoecol. 176. S. 47–58.

MCGOWAN, A. J. (2004): The effect of the Permo-Triassic bottleneck on Triassic ammonoid morphological evolution. Paleobiology 30. S. 369–395.

MCKINNEY, M. L. (1995): Extinction selectivity among lower taxa: gradational patterns and rarefaction error in extinction estimates. Paleobiology 21. S. 300–313.

MELOTT, A. L., LIEBERMAN, B. S., LAIRD, C. M., MARTIN, L. D., MEDVEDEV, M. V., THOMAS, B. C., CANNIZZO, J. K., GEHRELS, N., JACKMAN, C. H. (2004): Did a gamma-ray burst initiate the late Ordovician mass extinction? – Intern. Jour. Astrobiology 3 (1). S. 55–61.

MILLER, A. I. (2009): The Consensus that Changed the Paleobiological World. In: Sepkoski, D. & Ruse, M. [Hrsg.]: The Paleobiological Revolution – Essays on the Growth of Modern Paleontology. The University of Chicago Press, Chicago & London. S. 364–382.

MORTENSEN, T. (1928–1952): A Monograph of the Echinoidea. Vol. I–V, Reitzel, Copenhagen.

ORTH, C. J., GILMORE, J. S., KNIGHT, J. D., PILLMORE, C. L., TSCHUDY, R. H., FASSETT, J. E. (1981): An Ir abundance anomaly at the palynological Cretaceous-Tertiary boundary in northern New Mexico. Science 214. S. 1341–1343.

PAYNE, J. L., TURCHYN , A. V., PAYTAN, A., DEPAOLO, A., LEHRMANN, D. J., YU, M. WEI, J. (2010): Calcium isotope constraints on the end-Permian mass extinction. Proc. Nat. Acad. Sci. 107: 8543–8548.

RAUP, D. M. (1979): Size of the Permo-Triassic bottleneck and its evolutionary implications. Science 206. S. 217–218.

RAUP, D. M. (1992): Large-body impact and extinction in the Phanerozoic. Paleobiology 18. S. 80–88.

RAUP, D. M. & SEPKOSKI, J. J. (1982): Mass extinctions in the marine fossil record. Science 215. S. 1501–1503.

REES, P. M. (2002): Land-plant diversity and the end-Permian mass extinction. Geology 30. S. 827–830.

ROBECK, H. E., MALEY C. C. & DONOGHUE, M. J. (2000): Taxonomy and temporal diversity patterns. Paleobiology 26. S. 171–187.

ROCKSTRÖM, J. STEFFEN, W., NOONE, K., PERSSON, Å, STUART CHAPIN, III, F., LAMBIN, E. F., LENTON, T. M., SCHEFFER, M., FOLKE, C., SCHELLNHUBER, H. J., NYKVIST, B., DE WIT, C. A., VAN DER LEEUW, S., RODHE, H., SÖRLIN, S., SNYDER, P. K., COSTANZA, R., SVEDIN, U., FALKENMARK, M., KARLBERG, L., CORELL, R. W., FABRY, V. J., HANSEN, J., WALKER, B., LIVERMAN, D., RICHARDSON, K., CRUTZEN, P., FOLEY, J. A. (2009): A safe operating space for humanity. Nature 461. S. 472–475.

SCHULTE, P., ALEGRET, L., ARENILLAS, I., ARZ, J. A., BARTON, P., BOWN, P. R., BRALOWER, T. J., CHRISTESON, G. L., CLAEYS, P., COCKELL, C. S., COLLINS, G. S., DEUTSCH, A., GOLDFIN, T. J., GOTO, K., GRAJALES-NISHIMURA, J. M., GRIEVE, R. A. F., GULICK, S. P. S., JOHNSON, K. R., KIESSLING, W., KOEBERL, C., KRING, D. A., MACLEOD, K. G., MATSUI, T., MELOSH, J., MONTANARI, A., MORGAN, J. V., NEAL, C. R., NICHOLS, D. J., NORRIS, R. D., PIERAZZO, E., RAVIZZA, G., REBOLLEDO-VIEYRA M., REIMOLD, W. U., ROBIN, E., SALGE, T., SPEIJER, R. P., SWEET, A. R., URRUTAI-FUCUGAUCHI, J., VAJDA, V., WHALEN, M. T., WILLUMSEN, P. S. (2010): The Chicxulub Asteroid Impact and Mass Extinction at the Cretaceous-Paleogene Boundary. Science 327. S. 1214–1218.

SEILACHER, A. (2007): Trace Fossil Analysis. Springer Verlag, Berlin, Heidelberg.

SELF, S., JAY, A. E., WIDDOWSON, M., KESZTHELYI, L. P. (2008): Correlation of the Deccan and Rajahmundry Trap lavas: Are these the longest and largest lava flows on Earth? J. Volcanol. Geother. Res. 172. S. 3–19.

SEPKOSKI, J. J. (1982): A compendium of fossil marine families. Milw. Public Mus. Contrib. Biol. Geol. 51. S. 1–125.

SEPKOSKI, J. J. (1986): Phanerozoic overview of mass extinction. In: Raup, D. M. & Jablonski, D. [Hrsg.]: Patterns and Processes in the History of Life. Springer Verlag, Berlin. S. 277–295.

SEPKOSKI, J. J. (1996): Patterns of Phanerozoic extinction: a perspective from global data bases. In: Walliser, O. H. [Hrsg.]: Global Events and Event Stratigraphy in the Phanerozoic. Springer Verlag, Berlin. S. 35–51.

SEPKOSKI, J. J. (2002): A Compendium of Fossil Marine Animal Genera. In: JABLONSKI, D. & FOOTE, M. [Hrsg.]: Bull. Am. Paleontol. 363. S. 1–560.

SHEEHAN, P. M. (2001): The late Ordovician mass extinction. Annu. Rev. Earth Planet. Sci. 29. S. 331–364.

SMITH, A. B. & PATTERSON, C. (1988): The influence of taxonomic method on the perception of patterns of evolution. Evolutionary Biology 23. S. 127–216.

STANICZEK, A. (2003): Eintagsfliegen – Manna der Flüsse. Stuttgarter Beitr. Naturk. C 53.

STRAUCH, F. (2004): Katastrophen und Aussterbeereignisse in der Erdgeschichte – zum Stand der Diskussion. Abhandlungen der Mathematisch-naturwissenschaftlichen Klasse der Akademie der Wissenschaften und der Literatur, Jahrgang 2004, Nr. 1. Mainz.

TANNER, L. H., LUCAS, S. G., CHAPMAN, M. G. (2004): Assessing the record and causes of Late Triassic extinctions. Earth-Science Reviews 65. S. 103–139.

VAJDA, V. & MCLOUGHLIN, S. (2007): Extinction and recovery patterns of the vegetation across the Cretaceous-Palaeogene boundary – a tool for unravelling the causes of the end-Permian mass-extinction. Rev. Palaeobot. Palyn. 144. S. 99–112.

VALENTINE, J. W. (1969): Patterns of taxonomic and ecological structure of the shelf benthos during Phanerozoic time. Palaeontology 12. S. 684–709.

WALLISER, O. H. (1985): Natural boundaries and commission boundaries in the Devonian. Cour. Forsch.-Inst. Senckenberg 75. S. 401–408.

WAPPLER, T., CURRANO, E. D., WILF, P., RUST, J., LABANDEIRA, C. C. (2009): No post-Cretaceous ecosystem depression in European forests? Rich insect-feeding damage on diverse middle Palaeocene plants, Menat, France. Proceedings of the Royal Society of London, B, 276. S. 4271–4277.

WHITESIDE, J. H., OLSEN, P. E., EGLINTON, T., BROOKFIELD, M. E., SAMBROTTO, R. N. (2010): Compound-specific carbon isotopes from Earth's largest flood basalt eruptions directly linked to the end-Triassic mass extinction. Proc. Nat. Acad. Sci. 107. S. 6721–6725.

WIGNALL, P. B. (2001): Large igneous provinces and mass extinctions. Earth-Science Reviews 53. S. 1–33.

WIGNALL, P. B. (2004): Causes of mass extinctions. In: Taylor, P. D. [Hrsg.]: Extinctions in the History of Life. Cambridge University Press. S. 119–150.

WILSON, E. O. (1995): Der Wert der Vielfalt. Piper Verlag GmbH, München.

WING, S. L. (2004): Mass extinctions in plant evolution. In: Taylor, P. D. [Hrsg.]: Extinctions in the History of Life. Cambridge University Press. S. 61–97.

WOOD, R. (1999): Reef Evolution. Oxford Univ. Press, Oxford.

# 6 Fossillagerstätten – besondere Fenster in die Geschichte des Lebens

Wenn man der Überlieferung glauben möchte, dann wurde das Tor zu einem der faszinierendsten Fossilvorkommen der Welt im wahrsten Sinne des Wortes durch den Tritt eines Pferdes aufgestoßen. Wie sich der amerikanische Paläontologe Charles Schuchert in einem Nachruf auf seinen Freund Charles D. Walcott 1928 erinnerte, war dieser im Jahre 1909 mit seiner Familie und seinem Assistenten in den kanadischen Rocky Mountains im Gebiet des Burgess-Passes in British Columbia zu Pferde unterwegs, um geologische Untersuchungen und Fossilaufsammlungen durchzuführen. Als sie auf einem abwärts führenden Pfad im Gebiet des Mount Wapta entlangritten, rutschte das Pferd von Mrs. Walcott aus und warf dabei eine Steinplatte um, die auf ihrer Oberfläche ungewöhnlich gut erhaltene Arthropoden aus dem Kambrium offenbarte. Schuchert erinnerte sich weiter, dass es damals unmöglich war, das anstehende Gestein zu finden, aus dem die Platte herausgebrochen und abgerutscht war, da es heftig zu schneien anfing. Ein Jahr mussten die armen Walcotts warten, um den Ursprung der Fossilplatte zu lokalisieren, weitere Fossilien sammeln zu können und um festzustellen, dass sie eines der bedeutendsten Fossilvorkommen entdeckt hatten.

Diese Geschichte ist zu schön, um nicht wahr zu sein, aber tatsächlich ist die Abfolge der Ereignisse von Schuchert völlig falsch dargestellt worden, wie Stephen Jay Gould in seinem wundervollen Buch *„Wonderful Life: The Burgess Shale and the Nature of History“* (GOULD 1989) nach den Tagebuchaufzeichnungen von Walcott rekonstruiert hat (BRIGGS et al. 1994). Danach ist das eigentliche Vorkommen nur spätestens einen Tag nach dem Fund der besonderen Gesteinsplatte, an deren Auffinden offenbar kein Pferd einen Anteil hatte, entdeckt worden und Walcott und seine Familie haben noch viele Tage in dem Aufschluss gesammelt. Aber ganz unabhängig von dem Ablauf der Entdeckungsgeschichte gebührt Charles D. Walcott größter Respekt für seine Leistung, denn er hat die Fundstätte am Burgess-Pass nicht nur entdeckt, sondern sammelte in mehreren Feldkampagnen bis 1924 etwa 65 000 Fossilien, die er in sein Heimatinstitut, das Smithsonian National Museum of Natural History, nach Washington brachte. Auch die ersten Beschreibungen der Fossilien aus dem Burgess Shale gehen auf Walcott zurück. Dabei ist zu bedenken, dass er überaus vielfältige administrative und wissenschaftspolitische Verpflichtungen hatte, so war er z. B. Direktor des U. S. Geological Survey, Sekretär des Smithsonian sowie Präsident der amerikanischen National Academy of Sciences.

Was ist nun aber das besondere an dieser Fundstelle und ihren Fossilien, und warum genießt sie bis heu-

6.1 Fossiliensuche in kambrischen Sedimenten am Burgess-Pass im Yoho-Nationalpark in den kanadischen Rocky Mountains. Hier entdeckte Charles Doolittle Walcott die berühmte Fauna des Burgess Shale (Foto: Gabriele Kühl, Bonn).

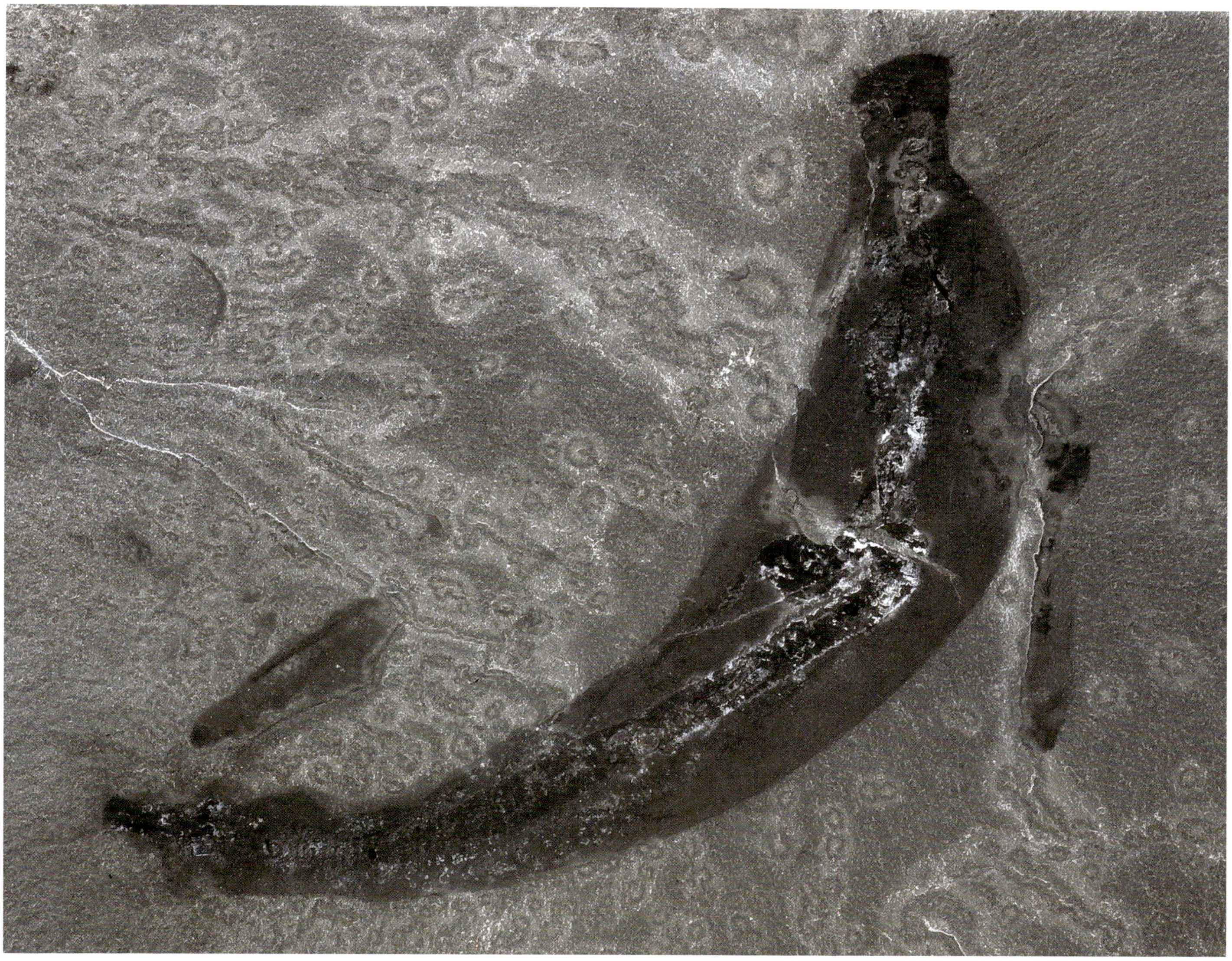

6.2 Der Priapswurm *Ottoia prolifica* aus dem Burgess Shale. Wie ihre heutigen Verwandten lebten diese Würmer eingegraben im Sediment. Sie besaßen einen ausstülpbaren Vorderkörper und einen walzenförmigen Rumpf. Es waren Räuber, die sich von Hyolithen, einer im Perm ausgestorbenen Gruppe von mutmaßlichen Weichtieren, sowie kannibalisch von ihren eigenen Artgenossen ernährten, wie anhand fossil erhaltener Verdauungstrakte nachgewiesen werden konnte.

te größte Aufmerksamkeit nicht nur unter Paläontologen und Evolutionsbiologen? Da ist zum einen die schier unglaubliche Menge von Fossilien. Von dem häufigsten Organismus im Burgess Shale, dem Arthropoden *Marrella splendens,* sind z. B. über 15 000 Funde bekannt (▸ 6.8). Dann verblüfft die enorme Vielfalt unterschiedlichster Lebensformen: Algen, Schwämme, Nesseltiere, Armfüßer, Weichtiere, Stachelhäuter, Ringelwürmer, Priapswürmer, eine große Zahl verschiedener Gliederfüßer, einschließlich der Stummelfüßer, und sogar frühe Chordatiere wurden neben einer Reihe von ausgestorbenen Gruppen nachgewiesen (Briggs et al. 1994, Hagadorn 2002b). Bemerkenswert ist ferner das hohe Alter der Ablagerungen, die in das mittlere Kambrium datieren und Einblicke in die frühe Evolution und Radiation der Organismen ermöglichen (7). Die wichtigste Besonderheit des Burgess Shale ist aber die ungewöhnlich gute Erhaltung der Fossilien, die in den meisten Fällen mit ihren Weichteilen überliefert sind oder sogar komplett aus weichen Geweben aufgebaut sind, die normalerweise gar nicht erhaltungsfähig sind (▸ 6.2). Nach einer Analyse von Conway Morris (1986) handelt es sich bei den Angehörigen von 86 % aller Gattungen und vielleicht 98 % aller Individuen um Lebensfor-

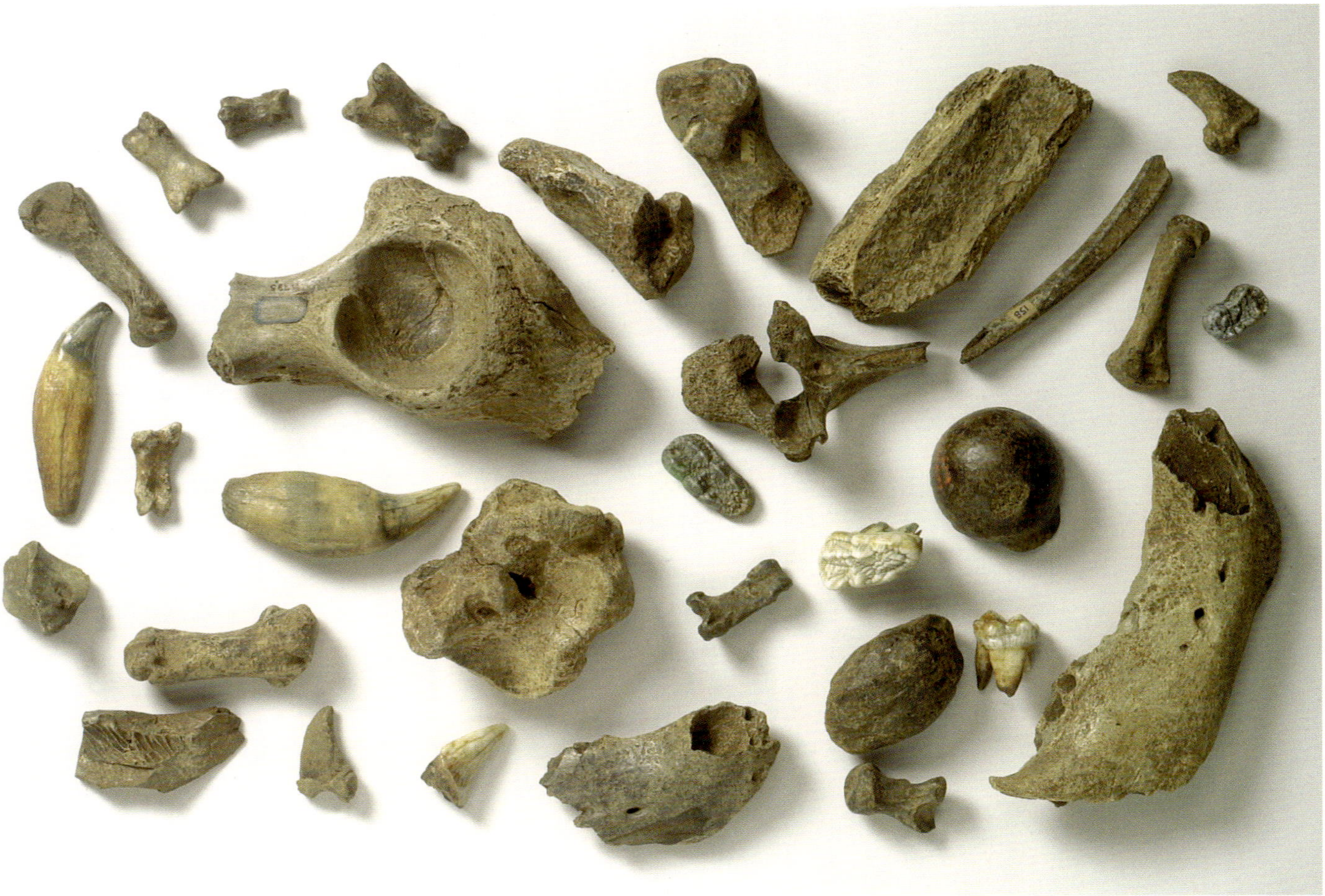

6.3 In Höhlensedimenten können Zähne und Knochen der ehemaligen Bewohner, hier z. B. von Höhlenbären, über viele Generationen hinweg angereichert werden.

men, die kein biomineralisches Skelett ausbilden. Die Fossilien des Burgess Shale bilden also die ehemalige Lebensgemeinschaft in ungewöhnlich großer Vollständigkeit ab.

Fundstellen wie der Burgess Shale gibt es aus allen Zeiten der Erdgeschichte und auf allen Kontinenten. Es sind seltene, aber stets herausragende Fenster in die Geschichte der Erde und des Lebens, die uns einmalige Einblicke in die Evolution der organismischen Vielfalt und die tatsächliche Diversität vergangener Lebensgemeinschaften erlauben. Fossilien aus solchen Fundstellen sind die besondere Zierde der naturhistorischen Museen und gelten als Kronjuwelen paläontologischer Forschung. Worin die Bedeutung dieser herausragenden Fossilvorkommen für die Rekonstruktion der Geschichte des Lebens und die Evolutionsforschung liegt, soll im Folgenden auch anhand prominenter Beispiele näher erläutert werden.

## Die Klassifikation von Fossillagerstätten

Als Fossillagerstätten wurden von Seilacher (1970) Gesteinskörper klassifiziert, die ein nach Qualität und Quantität ungewöhnliches Maß an paläontologischer Information enthalten. Dabei handelt es sich ganz überwiegend um weltberühmte Fossilvorkommen, die unter anderem wegen ihrer großen Anzahl von Fossilien, ihrer ungewöhnlich guten Fossilerhaltung sowie der Vollständigkeit der ehemaligen Lebensgemeinschaften besondere Beachtung finden. Grundsätzlich unterschied Seilacher (1970) zwischen Konzentratlagerstätten, bei denen es sich im Wesentlichen um Fossilanreicherungen handelt, und Konservatlagerstätten, die durch artikulierte Reste und ganz überwiegend auch durch Weichkörpererhaltung ausgezeichnet sind. Später wurde diese Klassifikation noch präzisiert und mit Beispielen belegt (Seilacher et al. 1985).

Konzentratlagerstätten sind Anreicherungen von zerfallenen Hartteilen, die sich vor allem in unterschiedlichen Sedimentationsraten, Transportbedingungen und diagenetischen Veränderungen unterscheiden. Im Normalfall handelt es sich immer um zeitlich durchmischte Anreicherungen von Fossilien. So können z. B. in Höhlensedimenten über viele Generationen hinweg Knochen und Zähne von Höhlenbären angereichert werden, die einen solchen Unterschlupf über lange Zeiträume aufsuchten, um den Winter zu überstehen und ihre Jungen zur Welt zu bringen (▸ 6.3). In diesem Fall handelt es sich um Kondensate, die immer dann entstehen, wenn die Sedimentation so gering ist, dass Fossilreste akkumuliert werden können.

Zu den Konzentratlagerstätten gehören auch die sogenannten „Seifen". Dieser Begriff wird häufig eher mit mineralischen Lagerstätten in Verbindung gebracht und ist durch das Bild des Goldsuchers geprägt, der in mühsamer Arbeit Goldseifen in Flussablagerungen ausbeutet. Fossilseifen sind entsprechende Anreicherungen von Fossilien, die durch Transportvorgänge und Frachtsonderung in Meeresgebieten oder in Flüssen zusammengeschwemmt wurden. Ein bekanntes Beispiel, das sogar wirtschaftlichen Nutzen in der frühen Bauindustrie hatte, sind die Trochitenkalke des oberen Muschelkalkes der Trias. Sie bestehen zu großen Teilen aus den umkristallisierten Stiel- und Kronengliedern von Seelilien, also Vertretern der Stachelhäuter (▸ 6.4), die zu bestimmten Zeiten in den Flachwassergebieten des Muschelkalkmeeres in ungeheurer Menge abgelagert wurden.

Schließlich gibt es noch Konzentratfallen, in denen Fossilien durch Einschwemmung angereichert wurden. Hierzu gehören z. B. die Füllungen von Spalten, wie sie etwa in Karstgebieten vorkommen. Sie haben u. a. bedeutende Fundstellen von Wirbeltieren geliefert.

Wegen der herausragenden Erhaltung der Fossilien sind Konservatlagerstätten durch einen wesentlich größeren paläobiologischen Informationsgehalt gekennzeichnet als Konzentratlagerstätten und bilden ehemalige Lebensgemeinschaften in ungewöhnlicher Vollständigkeit ab. Entsprechend ihrer Bildungsbedingungen und ihrer sedimentologischen Besonderheiten haben Seilacher (1970) und Seilacher et al. (1985) auch für die Konservatlagerstätten eine Gliederung vorgeschlagen.

Die sogenannten Stagnate sind marine oder lakustrine Bildungen, die während einer eingeschränkten Zirkulation der Wassermassen und dadurch oft deutlich ausgeprägter und stabiler Schichtung des Wasserkörpers entstanden sind. Dadurch herrschten am Meeres- oder Seeboden zumindest zeitweilig sauerstoffarme, lebensfeindliche Bedingungen vor, die den biologischen Abbau der Organismen weitgehend verhinderten. In diese Gruppe von Fossillagerstätten gehören z. B. die oberjurassischen, lithographischen Plattenkalke aus den Gebieten von Solnhofen, Eichstätt oder Nusplingen, die Schwarzschiefer des Posidonienschiefers aus dem Unteren Jura von Südwestdeutschland (▸ 6.5) und die eozänen Ölschieferablagerungen der ehemaligen Seen von Messel bei Darmstadt oder Eckfeld in der Eifel.

Weitere, sehr bedeutende Fossilvorkommen sind an sogenannte Obrutionslagerstätten geknüpft. Dabei wurden die Organismen plötzlich durch feinkörnige

6.4 Kronen, Stiele und einzelne Stielglieder (Trochiten) der triassischen Seelilie *Encrinus liliiformis*. Ihre Stiel- und Kronenglieder bauen den sogenannten Trochitenkalk auf, der in früheren Zeiten als Baustein, u. a. für Wehranlagen und Kirchen, und als Mauer- oder Pflasterstein geschätzt wurde.

Sedimente (sogenannte Turbidite) verschüttet (z. B. durch Trübe- oder Suspensionsströme) und sind dadurch vollständig eingeschlossen worden, bevor ihre Körper zerfallen und abgebaut werden konnten. Das bereits erwähnte Vorkommen des kambrischen Burgess Shale oder der devonische Hunsrückschiefer gehören diesem Typ von Fossillagerstätte an. Es sei ergänzt, dass auch für die Bildung von Stagnationslagerstätten eine rasche Einbettung der Organismen bzw. eine zumindest episodisch hohe Sedimentationsrate eine wichtige Rolle spielte (z. B. BRETT & BAIRD 1986). In diesem Sinne weisen auch Stagnationslagerstätten stets Anzeichen von Obrutionsereignissen auf.

Zu den Konservatfallen gehören Fossilvorkommen in Bernstein, bei denen es sich um fossile Harze handelt, Eis oder Asphaltsümpfe, wie die berühmten Rancho La Brea Tar Pits und die McKittrick Tar Pits in Kalifornien, aus denen Tausende von Fossilresten des Pleistozäns bekannt sind (▸ 6.6). Konservatfallen sind sehr heterogene Erscheinungen, die durch sehr unterschiedliche Bedingungen während der Fossilisation gekennzeichnet sind.

6.5 Ammonit aus dem Unteren Jura (Lias, Toarcium) von Dotternhausen. Er ist ein häufiges Fossil in den Stagnationslagerstätten des Posidonienschiefers von Südwestdeutschland.

Zur Gruppe der Konservatlagerstätten gehören schließlich noch Vorkommen von Konkretionen aus verschiedensten Zeiten der Erdgeschichte. Es sind in der Regel knollenförmige Gebilde unterschiedlicher Größe, die vorwiegend als Kalk- oder Kieselkonkretionen in Erscheinung treten. In ihnen können ganz verschiedene Fossilien eingeschlossen sein. Wenn sie frühdiagenetisch gebildet wurden, also unmittelbar oder mindestens sehr früh nach der Einbettung des Organismus, liegt häufig eine dreidimensionale Erhaltung mit zahlreichen Details vor.

Für die Bildung von Konservatlagerstätten spielen neben den speziellen Bedingungen der ehemaligen Wasserkörper und plötzlichen Verschüttungsereignissen noch viele weitere Bildungsfaktoren eine wichtige Rolle, so z. B. bakterielle Tätigkeit, die zu geochemischen Gradienten in den Sedimenten führt, und frühdiagenetische Mineralisation (z. B. ALLISON 1988, ALLISON & BRIGGS 1991a, b, SAGEMANN et al. 1999, BRIGGS 2003). Von großer Bedeutung ist ferner das Fehlen von Aasfressern, die tote Organismen unter normalen Bedingungen abbauen würden und nur durch ein besonderes Milieu (z. B. anoxische Verhältnisse am Boden oder hohe Salinität) oder besondere Ereignisse (rasche Einbettung der toten Organismen) daran gehindert werden.

Die bisherige Forschung hat gezeigt, dass die genetische Klassifikation der verschiedenen Fossillagerstätten, wie sie von SEILACHER (1970) und SEILACHER et al. (1985) vorgelegt wurde, gut funktioniert, um Lagerstätten in einen generellen Zusammenhang zu stellen. Durch die zunehmenden Detailkenntnisse für einzelne Vorkommen wurde indes erkannt, dass jede Fossillagerstätte ihren eigenen geologischen und taphonomischen Fingerabdruck besitzt, sodass sich neben der vorher erwähnten Klassifikation eine Zuordnung von Fossillagerstätten zu charakteristischen Lagerstättentypen eingebürgert hat (z. B. Burgess-Shale-Typ, Orsten-Typ, Solnhofen-Typ, Posidonienschiefer-Typ, Baltischer-Bernstein-Typ; ALLISON & BRIGGS 1991a). Von einer Synthese oder gar einer generellen Theorie zur Bildung von Fossillagerstätten sind wir heute dadurch jedoch weiter entfernt denn je. In neueren Übersichtsdarstellungen zum Thema „Fossillagerstätten" spiegelt sich diese Situation oft darin wider, dass vor allem der Status der Erforschung einzel-

6.6 Dreidimensional erhaltene Käferreste aus den pleistozänen Asphaltsümpfen von McKittrick in Kalifornien.

ner lokaler Fossillagerstätten dargestellt wird, da hier die Detailkenntnisse gerade in den letzten Jahren oft stark zugenommen haben (z. B. MEISCHNER 2000, BRIGGS & CROWTHER 2001, BOTTJER et al. 2002, SELDEN & NUDDS 2004). Im Folgenden werden einige der bekanntesten Fossillagerstätten und ihre Bedeutung exemplarisch vorgestellt.

## Vom Burgess-Pass in Kanada nach China und Schweden

Der bereits eingangs vorgestellte kanadische Burgess Shale mit seinen herausragenden Fossilien ist ohne Zweifel eine Ikone der weltweiten Vorkommen von Fossillagerstätten. Der allergrößte Teil des uns bislang bekannten globalen Fossilberichts – das sind vermutlich etwa 95 % aller bisher beschriebenen Arten (BENTON 2009) – besteht aus Hartteilen von marinen Organismen, wie Foraminiferen, Radiolarien, Diatomeen, Muscheln, Schnecken, Brachiopoden oder Ammoniten, sowie aus mineralisierten Panzern von Arthropoden, wie z. B. Trilobiten. Erst durch die Erforschung der Fauna des Burgess Shale wurde letztlich klar, dass die Biodiversität schon in frühester Zeit wesentlich reicher an Formen war, die keine Hartteile ausbilden, und dass bereits im Kambrium marine Ökosysteme existierten, die in ihrer Komplexität heutigen Lebensgemeinschaften kaum nachstehen.

Mit großer Biodiversität ist hier aber nicht nur die reine Anzahl von Arten gemeint, sondern vielmehr die Vielfalt an bereits vorhandenen Grundmustern von übergeordneten Taxa, was oft auch als Bauplan bezeichnet wird. Die Fauna des Burgess Shale lieferte zum ersten Mal deutliche Hinweise für eine überraschend große Verschiedenartigkeit oder Disparität dieser Baupläne bereits im Kambrium (BRIGGS et al. 1992, CONWAY MORRIS 1998). Dabei hatte die Zuordnung der Fossilien aus dem Burgess Shale zu heutigen bzw. ausgestorbenen Taxa eine ganz eigene Entwicklung genommen. Während Walcott noch sämtliche Formen rezenten Linien zuordnete, kamen später Zweifel auf, ob es sich nicht eher um ausgestorbene, heute gänzlich unbekannte Lebensformen handeln könnte. Diese Position ist insbesondere von GOULD (1989) vertreten worden, dem jedoch insbesondere von CONWAY MORRIS (1998) energisch

6.7 *Canadaspis perfecta* aus dem mittleren Kambrium des Burgess Shale. Die systematische Stellung dieses Arthropoden ist umstritten, häufig wurde er in die Verwandtschaft der Krebse gestellt (z. B. BRIGGS 1992). Deutlich ist der mehrschichtige Aufbau des Fossils zu erkennen, wodurch Einblicke in verschiedene Körperebenen ermöglicht werden.

widersprochen wurde (HAGADORN 2002b). Bei aller Faszination, die von Goulds Schilderung der Burgess-Shale-Fossilien und ihrer Erforschung ausgeht, weist seine Darstellung doch einen erheblichen Mangel auf: Sie ist völlig frei von jeglichen phylogenetischen Analysen und fußt auf einer sehr traditionellen Klassifikation der Arthropoden. Wenn man Goulds Ansicht folgt, so müssten in der Tat für viele Burgess-Shale-Organismen eigenständige, hochrangige Gruppen (nach Gould eigene „Stämme") eingerichtet werden, die dann für eine ungewöhnlich große Verschiedenartigkeit der kambrischen Organismen sprechen würden. Tatsächlich können aber nahezu alle Burgess-Shale-Formen, wenn man sie einer sorgfältigen phylogenetischen Analyse unterzieht, sehr wohl bekannten, noch heute existenten Linien zugeordnet werden. Es sind ursprüngliche Stammlinienvertreter von Arthropoden und anderen Gruppen. Es ist das große Verdienst der Arbeitsgruppe um Harry B. Whittington, die in den 1960er-Jahren begonnen hatte, die Fossilien aus dem Burgess Shale detailiert neu zu untersuchen (WHITTINGTON 2003), diese einzigartigen Formen einer phylogenetischen Analyse zugänglich gemacht zu haben. Erst dadurch wurde auch eine fundierte Diskussion des Phänomens der „Kambrischen Radiation" möglich (z. B. MARSHALL 2006; 8).

Die Beobachtung, dass es schon im Kambrium eine enorme Fülle von verschiedenen Lebensformen gegeben hat, wurde in den 1980er-Jahren nachdrücklich bestätigt, als in China Fundstellen im Unteren Kambrium entdeckt wurden, die ebenfalls einen unvorstellbaren Reichtum an unterschiedlichsten Organismen offenbarten. Als vermutlich wenig bekannte historische Fußnote sei hier angemerkt, dass es vermutlich Charles D. Walcott selbst war, der einen ersten direkten Hinweis auf die Existenz von Burgess-Fossilien in den entsprechenden Gebieten in China lieferte. In der ersten Beschreibung eines Fossils aus dem Burgess Shale, dem Arthropoden *Sidneyia inexpectans*, den Walcott nach seinem zweiten Sohn Sidney benannte, findet sich der folgende Hinweis (WALCOTT 1911: 19): *„When preparing this paper I received from H. Mansuy, Geologist of Indo-China, a series of photographs of Cambrian fossils from Yunnan, and among them one of a fragment of a Merostome showing six segments of the abdomen. From their form and sur-*

**6.8** Mit über 15 000 Exemplaren ist der bizarre Arthropode *Marrella splendens* das häufigste Fossil des Burgess Shale.

*face markings the species appears to belong to the genus Amiella* [dieses Fossil ist mit *Sidneyia* identisch] *described in this paper.*" Wenig später fährt er fort (WALCOTT 1911: 28): „*A second species of this genus or a closely allied form occurs in the Redlichia chinensis zone of Indo-China.* [...] *It is the oldest Merostome -now known as it comes from the horizon of the Man-t'o shale formation of the upper Lower Cambrian terrane.*" Damit hatte Walcott entscheidende Hinweise auf die Existenz von sehr ursprünglichen Arthropoden im Unterkambrium von China gegeben.

Henri Mansuy gehörte zu einer Gruppe von Franzosen, die zu Beginn des 20. Jahrhunderts geologische und paläontologische Untersuchungen in der Provinz Yunnan durchführten und dabei auch fossile Arthropoden sammelten (MANSUY 1907). Da Walcott als Autorität für altpaläozoische Arthropoden galt, ist es verständlich, dass Mansuy ihn wegen der Bestimmung der Fossilien um Rat bat. Viele Jahre später ist *Sidneyia* tatsächlich mit einer eigenen Art *(Sidneyia sinica)* aus dem Unterkambrium von China beschrieben worden (ZHANG et al. 2002). Richtig bekannt wurde das Vorkommen aber erst durch Fossilfunde, die der chinesische Paläontologe Hou Xian-guang 1984 in der nähe der Stadt Chengjiang machte. Sie waren durch die Erhaltung von Weichteilen ausgezeichnet und die Verbindung zu anderen Fossillagerstätten, wie dem Burgess Shale, wurde offensichtlich. Heute sind eine ganze Reihe von Fundstellen bekannt, die vor allem im Osten der Stadt Chengjiang liegen, weshalb die verschiedenen Vorkommen meistens auch als Chengjiang-Fauna zusammengefasst werden. Die fossilführenden Ablagerungen treten in einem Gebiet von über 100 km Ausdehnung zutage.

Über 97 % der Chengjiang-Fauna bestehen aus Formen ohne mineralisierte Hartteile, darunter Rippenquallen sowie zahlreiche wurmförmige Organismen, wie Priapswürmer oder sogenannte Lobopodia, bei denen es sich vermutlich um Stammlinienvertreter der Stummelfüßer handelt. Besondere Beachtung haben Funde von sehr frühen Chordaten gefunden, die zum Teil Ähnlichkeit mit den heutigen Lanzettfischen bzw. Neunaugen und Schleimaalen aufweisen. Insgesamt sind bis heute über 100 verschiedene Arten beschrieben worden, aber es kommen ständig neue, spektakuläre Funde hinzu (z. B. HAGADORN 2002a, HOU et al. 2004). Damit unterstreicht die Chengjiang-Fauna die weite Verbreitung von komplexen Lebensgemeinschaften schon im Unteren Kambrium, bereits etwa 10 Millionen Jahre vor der Existenz der Burgess-Shale-Fauna. Eine Vielzahl von Formen ist im Unteren Kambrium von China zum ersten Mal fossil belegt und ermöglicht damit präzisere stammesgeschichtliche Datierungen, die im Zusammenhang mit phylogenetischen Analysen eine genauere Vorstellung von der frühen Radiation der vielzelligen Organismen zulässt (BUTTERFIELD 2003; 8).

Inzwischen sind eine Reihe weiterer Konservatlagerstätten aus dem Kambrium bekannt geworden, die in kleinerem Maßstab typische Burgess-Shale-Fossilien geliefert haben und eine ähnliche Fossilerhaltung zeigen, wie das berühmte Vorkommen in Kanada (HAGADORN 2002c). Ihre Verbreitung reicht vom Norden Gönlands über Nordamerika, Europa und Asien bis ins südliche Afrika und nach Australien. Insgesamt sind es vermutlich weit über 40 verschiedene Vorkommen, von denen die meisten auf einen ganz ähnlichen Fossilisationsmodus zurückgeführt werden (GAINES et al. 2008).

Aus dem Kambrium gibt es noch einen weiteren Typ von Konservatlagerstätte, der sich deutlich von jenem des Burgess Shale unterscheidet, aber ebenfalls von großer evolutionsbiologischer Bedeutung ist. Das erste dieser Vorkommen wurde bereits 1964 von dem Bonner Paläontologen Klaus J. Müller entdeckt, dem 1975 erste Funde von nicht mineralisierten Strukturen auffielen. Es handelte sich um kalkige Konkretionen, die in schwedischen Alaunschiefern aus dem Kambrium vorkommen und eine reiche Fauna von mikroskopisch kleinen, dreidimensional überlieferten Arthropoden und anderen Organismen enthalten. Nach dem auffälligen Geruch der bituminösen Schiefer wird das Gestein auf Schwedisch auch als „*Orsten*" bezeichnet, was so viel wie „Stinkstein" bedeutet. Dadurch hat sich für die besondere Art der Fossilerhaltung der Name Orsten-Erhaltung bzw. Orsten-Fossilien eingebürgert (MAAS et al. 2006).

Orsten-Fossilien sind winzig klein. Ihre Größe reicht von nur einem Zehntelmillimeter bis zu zwei Millimetern. In den meisten Fällen handelt es sich um Larven oder embryonale Stadien von Arthropoden und Nemathelminthen, zu denen unter anderem die Fadenwürmer, Saitenwürmer und Rädertierchen gehören. Das Besondere ist die Erhaltung der Fossilien. Durch die Aktivität von anaeroben Bakterien wurde Phosphat zur Ausfällung gebracht, der in die Kutikula der Organismen eindrang und sie dadurch imprägnierte (z. B. BRIGGS et al. 1993). Dadurch blieben auch feinste Details dreidimensional erhalten (▸ 6.9). Um diese Kleinstfossilien zu gewinnen, hat sich die Auflösung der Kalkkonkretionen mit Säure bewährt. Dabei bleiben die phosphatisch erhaltenen Fossilien übrig und können dann im Rasterelektronenmikroskop genauestens untersucht werden (MAAS et al. 2006).

Die Orsten-Fauna war Bestandteil der sogenannten Meiofauna. Diese umfasst alle bodenlebenden Organismen von ungefähr 0,3 bis 1 mm Körpergröße an Land oder im Meer. Die Orsten-Tiere lebten in oder auf Weichböden, die reich an organischem Material waren und in Küstenregionen verschiedener Kontinente vorkamen. Inzwischen sind eine ganze Reihe von Fundstellen auch außerhalb von Schweden bekannt geworden, die tiefgehende Einblicke in die Vielfalt und Entwicklung der frühen Arthropoden ermöglichen (Maas et al. 2006).

Auch aus dem Ordovizium und Silur sind herausragende Konservatlagerstätten bekannt, wie etwa der südafrikanische Soom Shale (z. B. Aldridge et al. 2001, Selden & Nudds 2004) und „Beecher's Trilobite Bed" nördlich von New York (z. B. Etter 2002a) aus dem Ordovizium oder die Herefordshire-Lagerstätte aus dem Silur von England, deren Fossilien in Kalkkonkretionen vorliegen, aus denen sie weder mechanisch noch chemisch isoliert werden können (z. B. Briggs et al. 1996a, Orr et al. 2000). Nur durch serielles Schleifen der Konkretionen und digitale Erfassung der Schliffbilder können die Fossilien nachträglich dreidimensional am Computer rekonstruiert werden (Sutton et al. 2001). Durch diese aufwendige Methode werden die Fossilien zwar zerstört, aber sie erstehen in großer Detailgenauigkeit auf dem Bildschirm wieder und sind gleichsam als virtuelle Organismen auf Dauer konserviert.

Obwohl gerade in den letzten Jahren einige neue Konservatlagerstätten im Ordovizium und Silur entdeckt worden sind (z. B. Liu et al. 2006, von Bitter et al. 2007), ist ihre Gesamtzahl gegenüber den Vorkommen im Kambrium auffällig gering (Allison & Briggs 1991b). Die Ursachen für die hohe Zahl kambrischer Konservatlagerstätten sind offenbar vielfältig und noch nicht vollständig verstanden. Neben spezifischen chemischen und physikalischen Prozessen, die den Abbau der toten Organismen verhinderten und so für viele Lagerstätten sorgten (Gaines et al. 2008), könnte die zunehmende Vielfalt und Verbreitung von Organismen, die im Sediment graben und wühlen, für die Abnahme der Vorkommen verantwortlich sein. Es gab im Anschluss an das Kambrium nicht nur bodenlebende Lebensformen, die tiefer in das Sediment vordrangen und dort komplexe Bauten errichteten, sie konnten nun oft auch im sauerstoffarmen Milieu überleben, wie entsprechende Spurenfossilien zeigen. Gerade in diesem lebensfeindlichen Milieu haben sich aber im Kambrium die besonderen Fossilvorkommen mit Weichteilerhaltung gebildet. Die grabenden Organismen haben sich dabei nicht nur in manchen Fällen von toten Tieren ernährt und sie dadurch dem Fossilbericht entzogen. Entscheidender war vermutlich, dass durch das Umgraben des Meeresbodens chemische Gradienten im Sediment zerstört wurden, die für die rasche Mineralisation von Weichgeweben notwendig sind. Zudem wurden insgesamt die Durchlässigkeit des Sediments und der mikrobielle Abbau von organischen Stoffen erhöht (Orr et al. 2003).

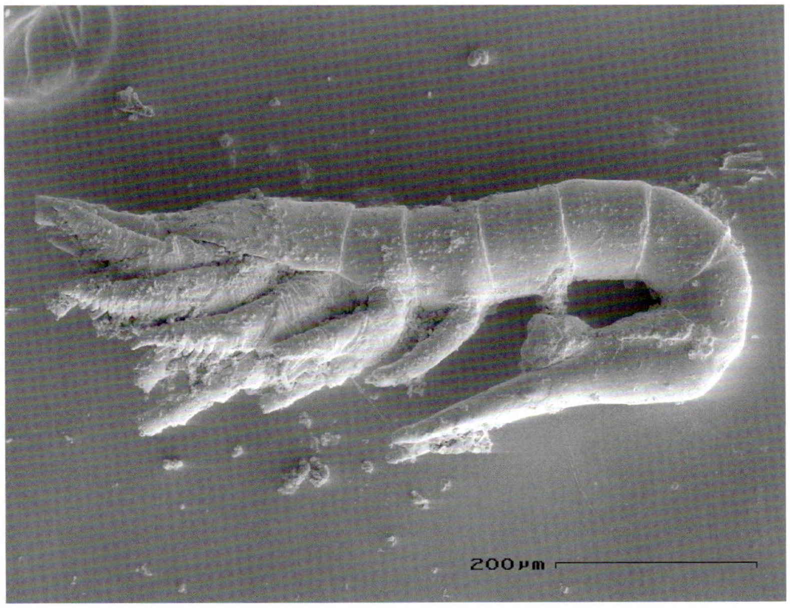


6.9 Rasterelektronenmikroskopische Aufnahme von *Martinssonia elongata*, einem Stammlinienvertreter der Krebse aus der kambrischen Orsten-Fauna (Müller & Walossek 1986). Das nur etwa 0,6 mm lange Exemplar ist ein Larvenstadium (Stadium 3) dieser Art. Man beachte die ungewöhnlich vollständige, dreidimensionale Erhaltung, die detaillierte entwicklungsbiologische und stammesgeschichtliche Untersuchungen ermöglicht (Foto: Joachim Haug, AG Biosystematische Dokumentation, Universität Ulm).

## Vom Hunsrückmeer in die Lagune von Solnhofen

Vermutlich ist nur wenigen geläufig, dass in einer relativ kleinen Region im Hunsrück in Rheinland-Pfalz die wahrscheinlich bedeutendste marine Konservatlagerstätte des Devons liegt, die bislang bekannt ist. Der Hunsrück ist ein Teil des Rheinischen Schiefergebirges – wie der Name schon sagt, sind große Teile dieses ausgedehnten Mittelgebirges aus geschieferten Sedimenten aufgebaut. Der sogenannte Hunsrückschiefer (▸ 6.10) wurde schon zu Zeiten der Römer abgebaut, und bis in die jüngste Vergangenheit florierte in Abhängigkeit von der

6.10 Der Hunsrückschiefer im Aufschluss (Originalfoto: Alexandra Bergmann, Bonn).

jeweiligen wirtschaftlichen Entwicklung eine zeitweise umfangreiche Abbau- und Verarbeitungsindustrie. Erst diese intensive Nutzung der Schiefervorkommen ermöglichte in fast 150 Jahren Sammlungs- und Forschungstätigkeit die Bergung Tausender herausragenden Fossilien, die heute in fast allen großen naturhistorischen Museen der Welt ausgestellt sind. In dem anstehenden Gestein und in den Abraumhalden hauptsächlich in dem Gebiet um Bundenbach und Gemünden sind die etwa 400 Millionen Jahre alten Fossilien nur mit einiger Übung und Scharfblick zu erkennen. In der Regel sind sie in den Aufschlüssen noch von Gestein überdeckt und treten oft nur als undeutliche Erhebungen in Erscheinung, welche die Form des Organismus oder seiner Überreste nur sehr vage nachzeichnen. Erst der ausdauernden Aktivität von Privatsammlern, die sich zum Teil auf dieses Vorkommen spezialisiert haben, und der Aufmerksamkeit der Arbeiter in den Abbaubetrieben, die den Schiefer z. B. für die Herstellung von Dachschindeln gespalten haben, ist der große Reichtum von Fossilfunden zu verdanken (Bartels et al. 1998).

Die große Besonderheit der Fossilien des Hunsrückschiefers ist ihre Erhaltung. Schon sehr früh während der Diagenese, worunter man alle Prozesse nach der endgültigen Einbettung eines Organismus versteht, wurden die organischen Reste durch Pyrit (Schwefelkies) und teilweise auch Phosphat ersetzt, sodass oft auch feinste morphologische Details erhalten blieben (Briggs et al. 1996; ▸ 6.11). Durch den scharfen Materialkontrast zwischen dem Pyrit und dem umgebenden Schiefer ist es zudem möglich, die Fossilien in hoher Auflösung mithilfe von Röntgenbildern zu untersuchen (▸ 6.12). Dies funktioniert auch dann, wenn das Fossil noch vollständig im Sediment verborgen ist, was ein unschätzbarer Vorteil für die Präparation ist, denn das Röntgenbild liefert eine perfekte Vorlage für die Freilegung auch unscheinbarer Strukturen. Neue Technologien, wie z. B. die hochauflösende Mikro-Computertomographie, ermöglichen auch eine dreidimensionale Wiedergabe der Fossilien, wodurch teilweise sehr genaue morphologische Rekonstruktionen möglich werden.

Mehr als 260 verschiedene Arten sind bislang aus dem Hunsrückschiefer beschrieben worden (Bartels et al. 2002a). Den größten Anteil an der Fauna stellen die Bodenbewohner, und hier sind vor allem besonders häufig die Stachelhäuter mit Seelilien, Seesternen und Schlangensternen (▸ 6.13), die Arthropoden mit

6.11 ▲ Krebs *(Nahecaris balssi)* aus dem Hunsrückschiefer. Man beachte die detaillierte Erhaltung der Augen und Extremitäten in Pyrit (Originalfossil aus dem Naturhistorischen Museum in Wien).

6.12 ▼ Seelilien (Crinoiden) aus dem Hunsrückschiefer im Röntgenbild. Auch feinste Details der Kelche mit ihren Armen sind erhalten. Damit konnten diese Stachelhäuter feinste Nahrungspartikel aus dem Meerwasser filtern.

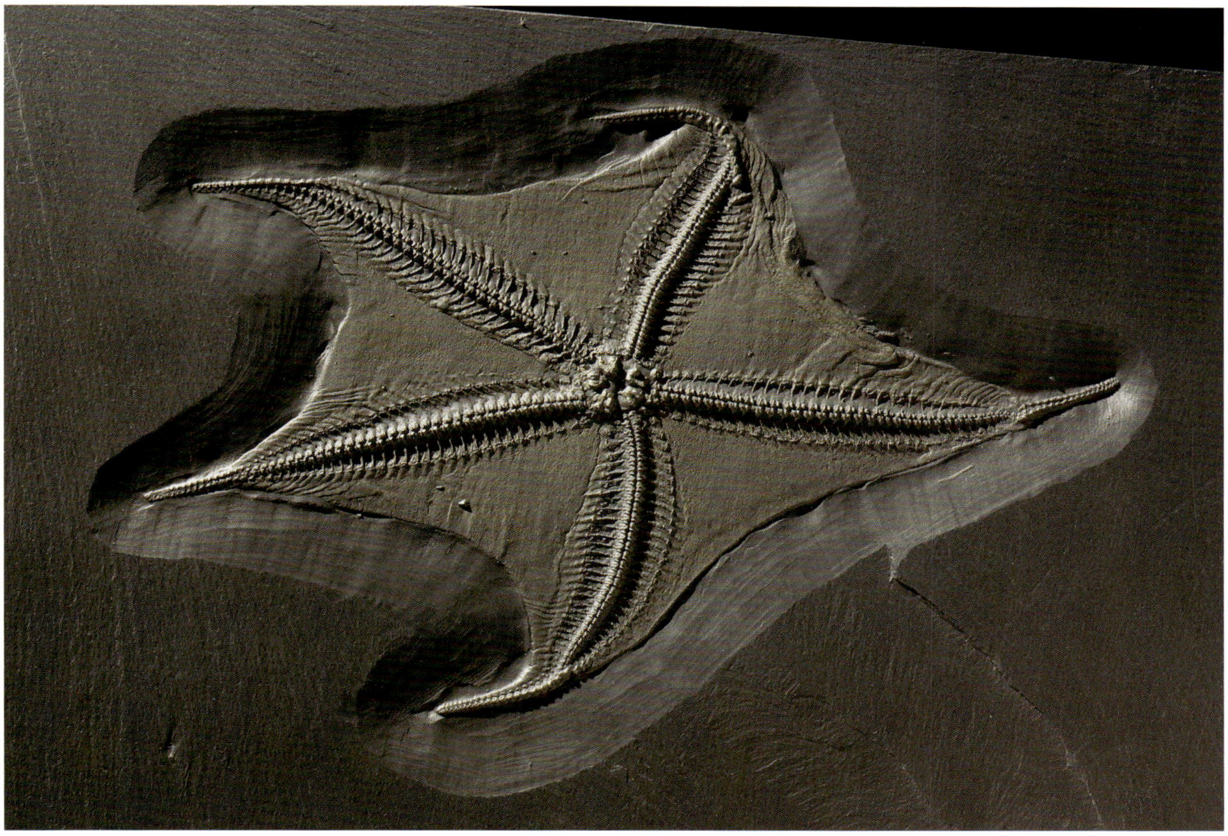

6.13 Der Schlangenstern *Loriolaster mirabilis* aus dem Hunsrückschiefer. Der Körper war vollständig mit einem sehr dünnen Außengewebe überzogen (Originalfossil im Naturhistorischen Museum Mainz/Landessammlung für Naturkunde Rheinland-Pfalz).

verschiedenen Trilobiten und Nautiloideen, die ein gerade gestrecktes Gehäuse haben.

Die große Häufigkeit von bodenlebenden Organismen unter den Fossilien ist kein Zufall. Entgegen früherer Annahmen war der Meeresboden stets gut durchlüftet und nährstoffreich, sodass eine sehr formenreiche Fauna auf seinem Grund leben konnte (Bartels et al. 1998, Bartels et al. 2002b). Der Lebensraum war durch parallel zur Küstenlinie verlaufende Schwellen und Senken gegliedert, in denen die Fauna lebte. Von Zeit zu Zeit gingen von den Schwellen niederenergetische Trübeströme, sogenannte Turbidite, in die Senken ab, deren äußerste Ausläufer die dort lebende Fauna schnell überdeckten (Sutcliffe et al. 2002). Durch diese Ereignisse wurden ganze Lebensgemeinschaften zum Teil wie in einer Momentaufnahme begraben und geben heute Auskunft über das Zusammenleben der Organismen im ehemaligen Hunsrückmeer.

Fossile Lebensspuren zeigen, dass nur manche, frei bewegliche Formen, wie z. B. einige Arthropoden, der Verschüttung entkommen konnten. Sie wühlten sich durch die Sedimentbedeckung zurück an die Oberfläche. Für die festsitzenden Organismen kam dagegen jede Hilfe zu spät. So sind z. B. manche Seelilien noch mit ihrer Wurzel im Sediment verankert, während der Stiel durch die sanfte Gewalt des Trübestroms genau an der Oberfläche des Meeresbodens abgeknickt wurde. Formen, die das freie Wasser besiedelten, darunter mehrere Fischarten, wurden natürlich nur relativ selten von den Schüttungen erfasst und begraben, denn sie konnten vermutlich meistens rechtzeitig die Flucht ergreifen.

Neben den bereits erwähnten häufigen Fossilien ist der Hunsrückschiefer zusätzlich durch eine große Zahl von relativ seltenen Taxa ausgezeichnet, welche die große Diversität des Vorkommens ausmachen. Hierzu gehören z. B. die Schwämme, verschiedene Korallen und andere Nesseltiere, Schnecken, Muscheln, Goniatiten, die eine frühe Teilgruppe der Ammonoideen darstellen, sowie weitere Kopffüßer, Ringelwürmer, viele Arthropoden, darunter Krebse, ein Skorpion, Verwandte der sogenannten Pfeilschwanzkrebse, Asselspinnen, aber auch andere sehr ursprüngliche Arthropodentaxa, die schon lange ausgestorben sind, urtümliche Gruppen von Stachelhäutern, Seegurken und Seeigel, die damals noch selten waren, und schließlich mehrere Fischarten. Pflanzen sind nur mit relativ wenigen Exemplaren belegt, darunter Algen und wenige Landpflanzenreste, die vom nahen Festland eingetragen worden sind.

6.14 *Vachonisia rogeri*, ein sehr ursprünglicher Arthropode, der zu den Marrellomorpha gestellt wird. Sein großer Rückenschild hat den Körper mit Ausnahme der langen Laufbeinpaare vollständig bedeckt (Originalfossil im Naturhistorischen Museum Mainz/Landessammlung für Naturkunde Rheinland-Pfalz).

Große evolutionsbiologische Bedeutung haben insbesondere Nachweise von Formen, die sonst nur aus wesentlich älteren paläozoischen Vorkommen bekannt sind, die generell nur einen sehr schlechten Fossilbericht aufweisen oder im Vergleich zu anderen Fundstellen ungewöhnlich artenreich im Hunsrückschiefer vertreten sind. Zur letzteren Gruppe gehören z. B. die Asselspinnen (Pycnogonida oder Pantopoda), die im Hunsrückschiefer ungewöhnlich formenreich sind (z. B. Bartels et al. 1998). Es sind bizarre, marine Organismen, die fast nur aus Beinen zu bestehen scheinen und heute noch mit etwa 1000 Arten verbreitet sind. Ihr ältester Fossilnachweis stammt aus dem Oberen Kambrium der Orsten-Fauna von Schweden (Waloszek & Dunlop 2002). Bemerkenswert sind ferner *Vachonisia rogeri* (▸ 6.14) und *Mimetaster hexagonalis*, bei denen es sich um Vertreter der Marrellomorpha handelt, einer sehr ursprünglichen Gruppe von Arthropoden. Sie sind, wie der Name schon sagt, mit der bereits erwähnten *Marrella splendens* aus dem kambrischen Burgess Shale (▸ 6.8) nächstverwandt (Kühl et al. 2008, Kühl & Rust 2010). Noch bis vor Kurzem waren nur die kambrischen und die devonischen Vorkommen bekannt, was einer Lücke im Fossilbericht von ungefähr 100 Millionen Jahren entspricht. Erst durch Funde aus dem Ordovizium von Marokko (van Roy 2006) und dem Silur von Herefordshire (Siveter et al. 2007) konnte diese Lücke in jüngster Zeit überbrückt werden.

Zu den größten Überraschungsfunden aus dem Hunsrückschiefer gehört aber zweifellos ein Einzelfund des Arthropoden *Schinderhannes bartelsi* (Kühl et al. 2009), der in einen Formenkreis von Gliederfüßern mit großen Anhängen am Kopf gehört, deren bekanntester Vertreter der kambrische Räuber *Anomalocaris* ist. Zwei große Augen, zwei Greifarme, die vor den Augen entspringen, und ein radialer, innen mit kleinen Platten ausgestatteter Mund zeichnen diese Tiere aus. Seit dem Mittleren Kambrium galten sie als ausgestorben, doch wie der Fund aus dem Hunsrückschiefer zeigt, haben sie noch mindestens 100 Millionen Jahre länger existiert. Ob ihr Fehlen in diesem langen Zeitraum ökologische Gründe hatte oder mit dem Mangel an geeigneten Fossilisationsbedingungen zusammenhängt, kann zurzeit nicht beantwortet werden. Dieses Beispiel zeigt jedoch einmal mehr, welche Bedeutung Konservatlagerstätten für die Rekonstruktion der Evolution haben. Ohne diese Vorkommen wären die Kenntnisse der Geschichte des Lebens um ein Vielfaches ärmer.

Aus dem Devon sind noch einige weitere, lokale Konservatlagerstätten bekannt, darunter der unterdevonische Rhynie Chert in Schottland, der tiefe Einblicke in ein sehr frühes terrestrisches Ökosystem geliefert hat (z. B. Selden & Nudds 2004). Im Karbon finden sich Konservatlagerstätten vor allem in Deltaablagerungen von Flüssen. Das bekannteste Vorkommen dieser Art ist das Oberkarbon von Mazon Creek in Illinois in den USA. Hervorragend erhaltene Pflanzen (▸ 6.15), marine Faunenelemente, Süßwasserorganismen und Landtiere, wie z. B. Insekten, Tausendfüßer, Spinnen und Skorpione, liegen hier vor allem in sideritischen Konkretionen vor, die sehr schnell nach dem Absterben der Organismen gebildet wurden. Dadurch sind viele der Fossilien dreidimensional erhalten (z. B. Nitecki 1979, Bottjer et al. 2002, Selden & Nudds 2004).

Die bevorzugte Bildung von Konservatlagerstätten in Deltaablagerungen setzt sich in großen Zügen noch bis in die Trias fort, aber auch erste Vorkommen von Fossillagerstätten in Plattenkalken sind bereits aus dem Karbon bekannt (Bear Gulch in Montana; z. B. HAGADORN 2002d). Aus dem Perm kennen wir bislang nur sehr wenige Vorkommen, die fossile Weichteilerhaltung zeigen (Odernheim; z. B. WILLEMS & WUTTKE 1987; Buck Mountain in Nevada; z. B. TANABE et al. 2000). Andererseits sind Fossillagerstätten, die eine Überlieferung fossiler Pflanzen und Insekten ermöglichten, im Perm durchaus häufig (z. B. GRIMALDI & ENGEL 2005). Die herausragendste Konservatlagerstätte der Trias ist der Voltzien-Sandstein (Grès à Voltzia), der nach dem Bergbauingenieur Philippe Louis Voltz benannt wurde. Die Sedimente, die weiträumig im Nordosten Frankreichs aufgeschlossen sind, wurden wiederum in einem Delta abgelagert, das eine weite Schwemmebene mit Flussrinnen an einer Meeresküste darstellte. Höhepunkte der Fossilerhaltung werden unter anderem durch Quallen, Ringelwürmer, Limuliden, Krebse, Gelege von Insekten sowie die Insekten selbst, Skorpione, Spinnen und Tausenfüßer dokumentiert (z. B. GALL & GRAUVOGEL-STAMM 2000, ETTER 2002b, SELDEN & NUDDS 2004).

Erst im Jura erreichen die Anzahl und die Qualität von Konservatlagerstätten wieder das Niveau des Kambriums (ALLISON & BRIGGS 1993). Eine Vielzahl weltberühmter Fossilvorkommen hat eine enorme Fülle von Funden geliefert, die durch ihre herausragende Erhaltung verblüffen. Neben verschiedenen Konservatlagerstätten in England, Frankreich und Italien sind es in Deutschland vor allem der Posidonienschiefer aus dem Unteren Jura und der Solnhofener Plattenkalk aus dem Oberen Jura, aus denen bedeutende Funde stammen, obwohl es weitere Vorkommen gibt, wie den Nusplinger Plattenkalk von der Schwäbischen Alb (DIETL & SCHWEIGERT 2001), die bedeutende Fundstellen darstellen. Das Erscheinungsbild der Posidonienschiefer und der Plattenkalke ist freilich sehr unterschiedlich. Während der Posidonienschiefer aus dunklen, bituminösen Schiefern mit gelegentlichen Einschaltungen von bituminösen Kalken besteht (▸ 6.5), handelt es sich bei den Solnhofener Plattenkalken um helle, sehr reine Kalke, in die unregelmäßig blättrige Kalkmergel eingeschaltet sind. Beide Vorkommen wurden unter stagnierenden Wasserbedingungen im Bodenbereich eines flachen Schelfmeeres gebildet; d. h., der Austausch zwischen Boden- und Oberflächenwasser war damals stark eingeschränkt. Dies führte zu überwiegend anoxischen Verhältnissen am Meeresboden, die nur kurzzeitig z. B. durch Sedimentrutschungen oder gelegentlich auftretende Bodenströmungen unterbrochen wurden (ETTER & TANG 2002, ETTER 2002c, SELDEN & NUDDS 2004).

Die Fossilerhaltung ist in beiden Vorkommen atemberaubend. Besonders die Wirbeltierfunde haben weltweit für Aufsehen gesorgt, allen voran natürlich der *Archaeopteryx* (▸ 2.6), die Ikone der Solnhofener Fossilien, von der inzwischen zehn mehr oder weniger vollständige Exemplare und Reste bekannt sind. Im Posidoinenschiefer sind es vor allem die marinen Reptilien mit Ichthyosauriern (▸ 4.2) und Plesiosauriern, die mit Hautabdrücken und den Umrissen des Weichkörpers erhalten sind, die Krokodile, einige Reste von terrestrischen Reptilien und Flugsauriern sowie Fische, die in nahezu allen großen naturkundlichen Museen zu sehen sind. Von den wirbellosen Organismen sind die Seelilien hervorzuheben, die an-

6.15 Farnblatt der Gattung *Neuropteris* in einer Sideritkonkretion aus dem Oberkarbon von Mazon Creek.

6.16 Der Haarstern *Pterocoma pennata* gehört zu den Crinoiden oder Seelilien, trägt aber keinen Stiel. Mit einer Armlänge von bis zu 10 cm ist diese Art deutlich größer als die verwandte Form *Saccocoma*, die einen Durchmesser von nur etwa 8 mm erreichte. Dieser kleinwüchsige Haarstern ist das häufigste Fossil der Solnhofener Plattenkalke.

geheftet an großen Treibhölzern in Kolonien durch das Meer drifteten. Sie konnten eine Gesamtlänge von über 18 m erreichen und zählen damit zu den größten Fossilien von Wirbellosen, die bis heute bekannt sind (Oschmann 2000, Etter & Tang 2002, Selden & Nudds 2004).

Im Gegensatz zu den offenen marinen Räumen des Posidonienschiefers wurden die Solnhofener Plattenkalke in lagunären Becken abgelagert, die randlich von Riffen begrenzt und intern durch höhergelegene Schwellen gegliedert wurden. Der Wasseraustausch zwischen diesen Wannen und den höheren Wasserschichten bzw. dem offenen Meer war stark eingeschränkt, sodass es infolge des warmen Klimas immer wieder zur Eindampfung des Wassers und damit verbunden zu einer starken Erhöhung des Salzgehaltes und einer Abnahme des Sauerstoffgehaltes in den bodennahen Schichten kam. Diese Bedingungen werden z. B. durch Lebensspuren in Verbindung mit Körperfossilien von Pfeilschwanzkrebsen (*Mesolimulus*, ▸ 4.5) verdeutlicht, die diesen widrigen Umständen zum Opfer fielen. Unter sauerstoffarmen Bedingungen begannen sie orientierungslos in Spiralen zu laufen, bevor sie schließlich am Ende der Spur – nach einigen letzten Schlägen mit ihrem Schwanzstachel – leblos liegen blieben. Diese ausgeprägte Schichtung des Wasserkörpers wurde immer wieder durch Sturmereignisse unterbrochen, die zu einem Einstrom von Meerwasser in die Becken und einer Durchmischung der Wasserschichten führten, sodass die Organismen der höheren Wasserschichten und jene, die auf höher gelegenen Schwellenarealen lebten, in die Wannen eingetragen wurden. Dort wurden sie rasch von feinem Kalkschlamm bedeckt, der mit dem Einstrom des Meerwassers eingeschwemmt wurde.

Dieser spezielle Ablagerungsraum und seine besonderen Lebensbedingungen haben ein breites Spektrum von Fossilien aus unterschiedlichen Lebensräumen zusammengeführt. 600 bis 700 verschiedene Arten sind bislang beschrieben worden (Viohl 2000, Etter 2002c, Selden & Nudds 2004). Neben einer reichen marinen Fauna mit Foraminiferen, Schwämmen, Nesseltieren, Bryozoen, Brachiopoden, Mollusken, Anneliden, Krebsen, Cheliceraten, Echinodermen (▸ 6.16), Fischen und seltenen Ichthyosauriern kommen terrestrische Floren- und Faunenelemente wie Pflanzen, Insekten, Reptilien, Krokodile, verschiedene Flugsaurier (▸ 1.9), der kleine theropode Dinosaurier *Compsognathus* und natürlich der „Urvogel" *Archaeopteryx* hinzu.

Die evolutionsbiologische Bedeutung der Fossilien aus dem Solnhofener Plattenkalk ist überragend. *Archaeopteryx* dokumentiert einen wesentlichen Schritt der Evolution der Vögel und ist ihr bislang ältester Stammlinienvertreter und der Pfeilschwanzkrebs *Mesolimulus* verdeutlicht als lebendes Fossil das Phänomen eines ungewöhnlich langsamen Verlaufs der Evolution (4), um nur zwei markante Beispiele zu nennen. In ihrer Gesamtheit zeigen die Solnhofener Fossilien einen großen Ausschnitt der biologischen Vielfalt eines jurassischen Ökosystems im Grenzbereich zwischen Land und Meer. Ähnlich wie für den Hunsrückschiefer ist dabei zu bedenken, dass die enorme Zahl von Fossilfunden erst durch den aktiven Abbau der Plattenkalke möglich wurde, denn größere Fossilfunde sind in den Ablagerungen grundsätzlich selten. Dass der Solnhofener Plattenkalk trotz seiner langen Erforschungsgeschichte auch heute noch Überraschungen zu bieten hat, zeigt der Fund des kleinen, etwa gänsegroßen theropoden Dinosauriers *Juravenator starki*, der erst 1998 von Amateurpaläontologen gefunden wurde (Göhlich & Chiappe 2006). Das sehr gut erhaltene Fossil dieser weltweit seltenen Gruppe wurde 2009 von der Paläontologischen Gesellschaft zum „Fossil des Jahres" gewählt.

## Jüngere Konservatlagerstätten

Auch aus der Kreide sind bedeutende Konservatlagerstätten in Plattenkalkablagerungen überliefert, so z. B. im Libanon (Hakel) oder in Spanien (Montsech; Allison & Briggs 1991b). Daneben gibt es sehr reiche Fossilvorkommen in der Unterkreide von Brasilien (Crato- und Santana-Formation), in denen die Fossilien vorwiegend in feinlaminierten Plattenkalken und karbonatischen Konkretionen eingeschlossen sind (Maisey 1991, Martill et al. 2007). Ihre Erhaltung ist ungewöhnlich perfekt. Der Paläontologe David M. Martill konnte sogar den Feinbau der Flughaut von Flugsauriern, Muskelgewebe mit Zellkernen, Ovarien mit Eiern und Kiemenfilamente mit Sekundärlamellen von Fischen nachweisen, wobei die Gewebe durch Kalziumphosphat ersetzt wurden. Anhand von Versuchen mit rezenten Fischen ließ sich zeigen, dass das Kiemengewebe schon nach wenigen Stunden von Bakterien befallen wird und durch den nachlassenden Blutdruck kollabiert. Die Fossilisation muss also sehr schnell vor sich gegangen sein. Martill prägte für diesen Vorgang den Begriff „Medusa-Effekt" nach der berühmten schlangenhaarigen Gorgone aus der griechischen Mythologie, deren Blick jeden zu Stein erstarren ließ (Martill 1988, 1989).

In den letzten Jahren haben Konservatlagerstätten aus der Unterkreide von China in der Provinz Liaoning Berühmtheit erlangt. Vor allem die spektakulären Funde von gefiederten Dinosauriern begeisterten die Öffentlichkeit. Aber auch Mollusken, Arthropoden (darunter zahlreiche Insekten und Spinnen), Fische, Amphibien, marine Reptilien, Eidechsen, Schildkröten, Vögel, Säuger und viele Pflanzen sind aus diesen Vorkommen geborgen worden (Chang 2007). Diese fossile Flora und Fauna, die gegenwärtig über 60 Arten von Pflanzen, etwa 90 Arten von Wirbeltieren und über 1000 Arten von wirbellosen Organismen umfasst, wird auch als „Jehol Biota" zusammengefasst. Für die Rekonstruktion der Evolution der Blütenpflanzen, die Evolution der Vögel und Säugetiere, die Entwicklung der Biodiversität in terrestrischen Ökosystemen zur Zeit der frühen Radiation der Blütenpflanzen und die Ontogenese verschiedener Taxa sind die Fossilfunde von unschätzbarem Wert. Dabei ist die Erhaltung der Funde oft so hervorragend, dass z. B. sogar Farbpigmente in Federn und Filamenten nachgewiesen werden konnten, die in gewissen Grenzen die Rekonstruktion der ehemaligen Färbung von theropoden Dinosauriern und Vögeln zulassen (Zhang et al. 2010).

In der Kreide tauchen auch zum ersten Mal Bernsteinvorkommen auf, die sehr reiche Floren und Faunen geliefert haben. Bernstein, also fossiles Harz unterschiedlicher Bäume, bildet einen sehr speziellen Typ von Konservatlagerstätte. Die ältesten fossilen Harzvorkommen gehen bis in das Karbon zurück, aber erst in der Trias wurden echte Bernsteine nachgewiesen und erst in der Unteren Kreide finden sich Bernsteine, in denen makroskopisch sichtbare Einschlüsse von Pflanzen und Tieren in größerer Vielfalt überliefert sind. Das älteste dieser kreidezeitlichen Vorkommen ist der Libanesische Bernstein, der etwa 120 bis 135 Millionen Jahre alt ist. Bernsteinfossilien sind durch einen unglaublichen Detailreichtum und eine dreidimensionale Erhaltung ausgezeichnet (▸ 6.17, 7.2, 7.3). Vielfach sind die Fossilien im Inneren vollständig leer und nur mit einer kohleartigen Schicht aus-

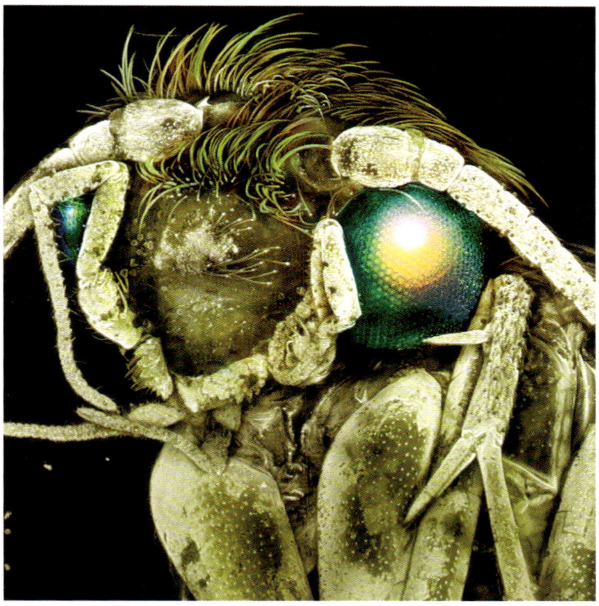

**6.17** Kopf einer Köcherfliege aus dem Baltischen Bernstein, aufgenommen mit einem Laserscanningmikroskop. Die Aufnahme wurde nachträglich eingefärbt. Man beachte die große Detailfülle der Erhaltung dieses etwa 40 Millionen Jahre alten Fossils.

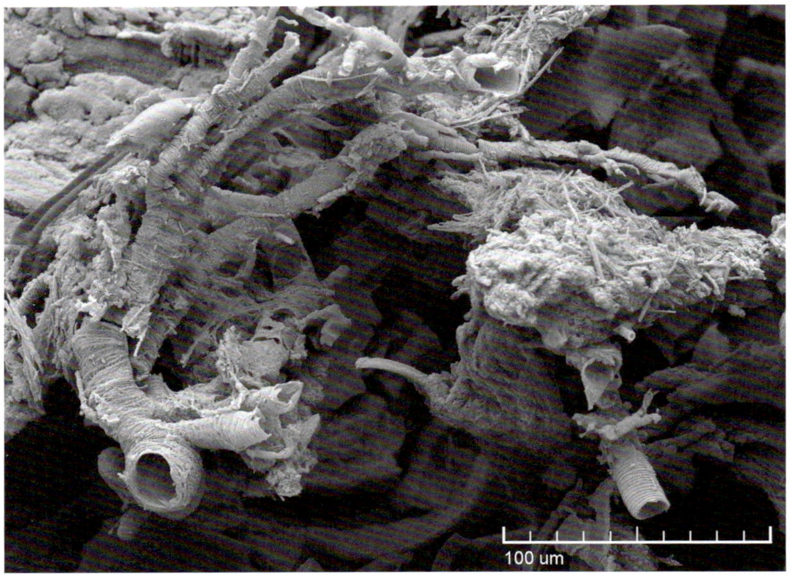


6.18 Vielfach verzweigte Atemröhren (Tracheen) im Inneren eines Käfers aus etwa 53 Millionen Jahre altem Bernstein von Indien. Die Röhren sind von einer dünnen Kutikula aus Chitin ummantelt und dienten dem Sauerstofftransport zum Gewebe und dem Abtransport von Kohlendioxid.

gekleidet, da sich die inneren Organe noch im Harz vollständig zersetzt haben. Wenn die Tiere jedoch vor der Einbettung dehydriert, also gleichsam eingetrocknet und „mumifiziert" waren, dann können z. B. Muskeln, Atemröhren (Tracheen; ▸ 6.18, 7.3) und selbst Nervengewebe fossil erhalten sein. Sogar Zellorganellen, wie z. B. die Mitochondrien, wurden in manchen Fällen nachgewiesen (z. B. Grimaldi et al. 1994) und in einem Fliegenauge aus dem Baltischen Bernstein sind noch die Pigmentzellen überliefert (Tanaka et al. 2009). In einem Zypressenzweig aus dem Baltischen Bernstein fanden sich in den Zellen unter anderem die Zellkerne, das Endoplasmatische Retikulum sowie die Chloroplasten, und das Gewebe reagierte noch auf zytologische Farbstoffe (Koller et al. 2005).

Die eingeschlossenen Organismen, überwiegend Arthropoden (Insekten und Spinnen), sind meistens nur wenige Millimeter groß oder kleiner als 1 mm, da sich größere Tiere in der Regel aus dem ehemals sehr dünnflüssigen Harz befreien konnten. In Ablagerungen der Kreide sind inzwischen eine Vielzahl von Bernsteinlagerstätten entdeckt worden, die unsere Kenntnis der terrestrischen Biodiversität für diese Zeit erheblich erweitert haben (z. B. aus Kanada, New Jersey, Sibirien, Myanmar, Jordanien, Japan, England, Spanien, Frankreich; z. B. Grimaldi & Engel 2005).

Die bekanntesten Bernsteinvorkommen stammen aus dem Tertiär. Hier ist es vor allem der Baltische Bernstein, der dem Menschen seit frühester Zeit bekannt ist und als Schmuck- und Heilstein Eingang in die Kulturgeschichte des Menschen gefunden hat. Mit bislang über 2000 beschriebenen Arten ist der Baltische Bernstein das systematisch wahrscheinlich am besten erfasste Fossilvorkommen weltweit (Weitschat & Wichard 1998). Weitere bedeutende tertiäre Bernsteinlagerstätten kommen im Miozän der Dominikanischen Republik (z. B. Poinar 1992, Grimaldi 1996) und in Mexiko (Solórzano Kraemer 2007) vor. Das Harz beider Vorkommen stammt von einer ausgestorbenen Art eines Laubbaums der Gattung *Hymenaea*, die auch heute noch mit verwandten Arten im Gebiet der Neotropis und mit einer Art im östlichen Afrika *(H. verrucosa)* verbreitet ist. Erst kürzlich wurden auch in Indien sehr fossilreiche Bernsteinvorkommen aus dem Unteren Eozän entdeckt (Rust et al. 2010).

Gerade die tertiären Bernsteine tragen durch ihren großen Artenreichtum sehr zur Kenntnis der Entstehung und Veränderung der heutigen Biodiversität bei. Da sich die Einschlüsse in vielen Fällen zudem bis auf das Niveau der Gattung bestimmen und mit heutigen Vertretern vergleichen lassen, sind weitgehende Rekonstruktionen der Lebensweise und der ehemaligen Umwelt möglich. Schließlich liefern Fossileinschlüsse in Bernsteinen wichtige Daten zu biogeographischen Fragestellungen und helfen zu verstehen, wie sich die Verbreitung vieler Organismen über Millionen von Jahren verändert hat (8).

Neben den großen Bernsteinvorkommen ist das Tertiär durch einen großen Reichtum von Seeablagerungen gekennzeichnet, die zum Teil berühmte Konservatlagerstätten bilden. Eines der prominentesten Beispiele ist sicherlich die Grube Messel bei Darmstadt, die seit 1995 als „Naturerbe der Menschheit" unter dem Schutz der UNESCO steht. In den etwa 47 Millionen Jahre alten Ablagerungen sind große Teile des ehemaligen Seeökosystems und seiner Umgebung in vorzüglicher Erhaltung überliefert worden (z. B. Koenigswald & Storch 1998, Gruber & Micklich 2007). Spektakulär sind vor allem die Wirbeltierfunde (▸ 2.11, 4.1, 6.19), die oft mit Haut-, Fell- oder Federschatten erhalten sind, sodass ihre ursprüngliche Gestalt tatsächlich sichtbar wird. Fossile Inhalte des Verdauungstraktes ermöglichen vielfach

6.19 Der „Langfinger" *Heterohyus nanus* aus dem Eozän von Messel. Mit seinen zwei stark verlängerten Fingern angelte er vermutlich Larven von Holzinsekten aus der Borke von Baumstämmen, die er vorher mit seinen kräftigen Schneidezähnen geöffnet hat (Originalfossil im Hessischen Landesmuseum in Darmstadt).

2 cm

detaillierte Aussagen über die Ernährungsgewohnheiten der fossilen Tiere und sogar ungeborener Nachwuchs konnte in den Weibchen von Fledermäusen nachgewiesen werden. Die große Vielfalt der Wirbeltiere, aber auch der Pflanzen und Insekten ermöglicht eine präzise Rekonstruktion des Klimas und der Umgebung des ehemaligen Messel-Sees. Die Fossilien weisen auf sehr warme Temperaturen hin, denn heutige, nah verwandte Formen kommen oft ausschließlich in tropischen und subtropischen Breiten vor.

In Deutschland kommen weitere bedeutende Konservatlagerstätten in Seesedimenten unter anderem in Eckfeld (Eozän), Enspel (Oberoligozän), Rott (Oberoligozän), Öhningen (Miozän) und Willershausen (Pliozän) vor. In Nordamerika sind es vor allem die weiträumig aufgeschlossenen, eozänen Ablagerungen der Green-River-Formation, die Tausende Fossilien geliefert haben. Vor allem bei den Wirbeltieren bestehen hier zum Teil enge faunistische Beziehungen zu nah verwandten Formen aus Messel. Diese Ähnlichkeit zeigt, dass es zur Zeit des Grenzbereichs von Paläozän und Eozän eine landfeste Verbindung zwischen Nordamerika und Europa in hohen Breiten gegeben haben muss, denn zur Zeit der Ablagerung der Sedimente des Messel-Sees im Mittleren Eozän hatte sich der Nordatlantik bereits zu weit geöffnet, um einen Faunenaustausch zuzulassen (Koenigswald & Rust 2007).

## Zukünftige Erforschung von Fossillagerstätten

Zahlreiche der vorab erwähnten Fossilvorkommen sind nur mehr oder weniger intensiv im Hinblick auf ihre spezifischen Bildungsbedingungen als Lagerstätte untersucht, und in mehreren Fällen ist die Forschung an dem Fossilmaterial bis heute auf einem systematisch-deskriptiven Niveau stehen geblieben. Neben diesen lokalen Forschungsdefiziten gibt es eine Reihe von grundlegenden Fragestellungen, die mit dem Thema Fossillagerstätten verbunden sind und die bis heute gar nicht oder nur unzulänglich geklärt werden konnten. Hier steht an erster Stelle die Frage, welche Bedeutung Fossillagerstätten für den Fossilbericht insgesamt und damit für die Rekonstruktion der Evolution der Organismen haben. Der Fossilbericht beruht bisher vor allem auf der Erfassung von Hartteilen mariner Organismen. Dadurch entsteht aber ein völlig verzerrtes Bild von der ehemals vorhandenen Biodiversität.

Ohne die weltweiten Lagerstätten der Ediacara-Fauna, dem kanadischen Burgess Shale und den Vorkommen von Chengjiang in China würde man z. B. wohl nur sehr eingeschränkt von einer „kambrischen Explosion" sprechen können und hätte über den Ursprung und die Radiation der Metazoen deutlich andere Vorstellungen. Fossilien aus Fossillagerstätten werden sehr häufig mit den Attributen „älteste" oder „letzte" versehen, um zum Ausdruck zu bringen, dass hier das erste Auftreten bzw. das letzte Vorkommen einer ganzen Organismengruppe dokumentiert ist (z. B. der *Archaeopteryx* aus Solnhofen als ältester Vogel oder Arthropoden aus dem Hunsrückschiefer als letzte Nachfahren von kambrischen Linien). Diese Kennzeichnung weist jeweils auf bedeutende evolutive Ereignisse hin, die sich ohne die Existenz der Fossillagerstätten in vielen Fällen gar nicht erschließen würden.

Da Fossillagerstätten die wichtigsten Quellen paläontologischer Information darstellen, nehmen sie auf nahezu alle stammesgeschichtlichen Theorien Einfluss. So wird z. B. die Eichung molekularer Uhren in höchstem Maße von Fossilien aus Fossillagerstätten beeinflusst und nahezu jegliche Diskussion um die Geschwindigkeit und den Ablauf der Evolution wird durch Funde aus bedeutenden Fossillagerstätten geprägt. Interessant ist ferner die Überlegung, dass in der Folge von adaptiven Radiationen die Zahl von Fossillagerstätten mit den entsprechenden Organismen zunimmt, da sich die Eroberung neuer ökologischer Zonen, die Bildung neuer Nischen sowie Nischendifferenzierung in einer Veränderung des Fossilisationspotenzials widerspiegeln sollten. Diese Zusammenhänge sind jedoch noch kaum untersucht.

Wie man dem vorherigen Text entnehmen konnte, sind Fossillagerstätten stratigraphisch nicht gleichmäßig verteilt (Allison & Briggs 1993). Die Anzahl von Fossillagerstätten ist unter anderem im Kambrium und im Jura signifikant erhöht. Der Ursprung der zeitlichen und räumlichen Verteilungsmuster von Fossillagerstätten ist noch weitgehend ungeklärt. Hier sind unter anderem komplizierte Wechselwirkungen von geologischen, ozeanographischen, klimatischen sowie biologischen Faktoren von Bedeutung.

Erhebliche Defizite bestehen ferner in der experimentellen Taphonomie (Fossilationslehre; z. B. Briggs 1995, 2003, Brock et al. 2006). Dies betrifft sowohl biostratinomische Prozesse als auch die Diagenese von Organismen und ihren Geweben. Dabei ist zu bedenken, dass sich manche Fossillagerstätten offenbar unter heute nicht mehr existierenden Bedingungen gebildet haben. Hier ist auch die Frage nach der Modellierung von taphonomischen Prozessen interessant bzw. die Frage nach den Grenzen der Rekonstruktion von taphonomisch überprägten Organismen oder auch ganzen Gemeinschaften.

Die Genese von Fossillagerstätten sowie die besonderen Umstände der Fossilerhaltung sind in vielen Fällen nur in Ansätzen verstanden. Eine generelle Theorie der Bildung von Fossillagerstätten gibt es bislang nicht, und alle Versuche einer Generalisierung haben zu Zweifeln geführt, ob eine solche Verallgemeinerung überhaupt möglich ist. Dabei ist dieser Aspekt aus paläontologischer Sicht für prospektorische Fragen ganz besonders interessant. Welche geologischen Rahmenbedingungen müssen für die Bildung von Fossillagerstätten erfüllt sein und wo muss man suchen, um Fossillagerstätten aus einer bestimmten Zeit und einem bestimmten Lebensraum zu finden? Hier kann nur geologische Grundlagenforschung im weitesten Sinne den notwendigen Rahmen liefern, um etwa Prozesse der Makroevolution, z. B. die Dokumentation des Auftretens neuer „Baupläne" mithilfe von „Übergangsformen", besser verstehen zu können.

Aus der Phylogenetik werden zum Teil konkrete Vorgaben für das Alter von Abstammungsgemeinschaften geliefert, ob mit morphologischen oder molekularen Methoden ermittelt, die in vielen Fällen nicht mit dem Fossilbericht übereinstimmen. Hier sind entweder die phylogenetischen Hypothesen falsch oder der Fossilbericht ist unvollständig und entsprechende Entdeckungen stehen noch aus (2). In der Paläontologie sind ferner viele Beispiele für sogenannte „Lazarus-Taxa" bekannt, die aus dem Fossilbericht verschwinden, aber später plötzlich wieder auftauchen (8). Natürlich sind diese Formen nicht ausgestorben, sondern sie waren dem Fossilbericht aus meist unbekannten Gründen entzogen. Manche der sogenannten lebenden Fossilien sind populäre Beispiele, so etwa der Quastenflosser oder die Monoplacophoren. Letztlich zeigen diese und andere Beispiele, dass die organismische Vielfalt während des gesamten Phanerozoikums wesentlich umfangreicher war, als es der gegenwärtig bekannte Fossilbericht vermuten lässt. Es sind vor allem die Konservatlagerstätten mit ihrer ungewöhnlichen Fossilerhaltung, die uns wenigstens einen kleinen Ausschnitt dieser noch verborgenen Vielfalt zeigen. Die „Masterfrage" – ob der Fossilbericht die Geschichte des Lebens wenigstens in seinen wesentlichen Zügen abbildet – ist vor diesem Hintergrund noch nicht befriedigend beantwortet worden.

Die Erforschung von Fossillagerstätten und ihrem bedeutenden Fossilmaterial setzt ein hohes Maß an interdisziplinären Untersuchungen voraus. Kompetenzen aus nahezu allen Bereichen der Geowissenschaften sowie angrenzender Gebiete (z. B. Biologie und Chemie) müssen dabei in Zukunft stärker gebündelt und im Hinblick auf die vielfältigen Fragestellungen fokussiert werden.

## Literatur


Aldridge, R. J., Gabbott, S. E., & Theron, J. N. (2001): The Soom Shale. In: Briggs, D. E. G., & Crowther, P. R. [Hrsg.]: Palaeobiology II, Blackwell Science. S. 340–342.

Allison, P. A. (1988): Konservat-Lagerstätten: cause and classification. Paleobiology 14. S. 331–344.

Allison, P. A. & Briggs, D. E. G. (1991a): The taphonomy of soft-bodied animals. In: Donovan, S. K. [Hrsg.]: The Processes of Fossilization. Bellhaven Press. S. 120–140.

Allison, P. A. & Briggs, D. E. G. (1991b): Taphonomy of Nonmineralized Tissues. In: Allison, P. A. & Briggs, D. E. G. [Hrsg.]: Taphonomy: Releasing the Data Locked in the Fossil Record, Topics in Geobiology 9. S. 25–70.

Allison, P. A. & Briggs, D. E. G. (1993): Exceptional fossil record: distribution of soft-tissue preservation through the Phanerozoic. Geology 21. S. 527–530.

Bartels, C., Briggs, D. E. G. & Brassel, G. (1998): The fossils of the Hunsrück Slate. Marine Life in the Devonian. Cambridge University Press [Nachdruck der ersten Auflage 2009, Cambridge University Press].

Bartels, C., Wuttke, M. & Briggs, D. E. G. (2002a): The *Nahecaris* Project: Releasing the marine life of the Devonian from the Hunsrück Slate of Bundenbach (SW Germany). Preliminary results and unresolved questions. Metalla 9.2. S. 59–72.

Bartels, C., Poschmann, M., Schindler, T. & Wuttke, M. (2002b): Palaeontology and palaeoecology of the Kaub Formation (Lower Emsian, Lower Devonian) at Bundenbach (Hunsrück, SW Germany). Metalla 9. S. 105–122.

Benton, M. J. (2009): Paleontology and the History of Life. In: Ruse, M. & Travis, J. [Hrsg.]: Evolution – The First Four Billion Years. The Belknap Press of Harvard University Press. S. 80–104.

Bottjer, D. J., Etter, W., Hagadorn, J. W. & Tang, C. M. [Hrsg.] (2002): Exceptional Fossil Preservation – a unique

view on the evolution of marine life. Columbia University Press, New York.
BRETT, C. E. & BAIRD, G. C. (1986): Comparative taphonomy: a key to paleoenvironmental interpretation based on fossil preservation. Palaios 1. S. 207–227.
BRIGGS, D. E. G. (1992): Phylogenetic significance of the Burgess Shale crustacean *Canadaspis*. Acta Zoologica 73. S. 293–300.
BRIGGS, D. E. G. (1995): Experimental Taphonomy. Palaios 10. S. 539–550.
BRIGGS, D. E. G. (2003): The Role of Decay and Mineralization in the Preservation of Soft-Bodied Fossils. Annual Rev. Earth Planet. Sci. 2003, 31. S. 275–301.
BRIGGS, D. E. G. & CROWTHER, P. R. [Hrsg.] (2001): Palaeobiology II. Blackwell Publishing.
BRIGGS, D. E. G., FORTEY, R. A. & WILLS, M. A. (1992): Morphologic disparity in the Cambrian. Science 256. S. 1670–1673.
BRIGGS, D. E. G., KEAR, A. J., MARTILL, D. M. & WILBY, P. R. (1993): Phosphatization of soft-tissue in experiments and fossils. J. Geol. Soc., London, 150. S. 1035–1038.
BRIGGS, D. E. G., ERWIN, D. H. & COLLIER, F. J. (1994): The Fossils of the Burgess Shale. Smithsonian Institution Press, Washington, D. C.
BRIGGS, D. E. G., SIVETER, DAVID J. & SIVETER, DEREK J. (1996a): Soft-bodied fossils from a Silurian volcaniclastic deposit. Nature 382. S. 248–250.
BRIGGS, D. E. G., RAISWELL, R., BOTTRELL, S. H., HATFIELD, D. & BARTELS, C. (1996b): Controls on the pyritization of exceptionally preserved fossils: An analysis of the Lower Devonian Hunsrück Slate of Germany. Amer. J. Science 296. S. 633–663.
BROCK, F., PARKES, R. J. & BRIGGS, D. E. G (2006): Experimental Pyrite Formation Associated with Decay of Plant Material. Palaios 21. S. 499–506.
BUTTERFIELD, N. J. (2003): Exceptional Fossil Preservation and the Cambrian Explosion. Integr. Comp. Biol. 43. S. 166–177.
CHANG, M.-M. [Hrsg.] (2007): The Jehol Biota: The Emergence of Feathered Dinosaurs, Beaked Birds and Flowering Plants. Shanghai Scientific & Technical Publishers.
CONWAY MORRIS, S. (1986): The community structure of the Middle Cambrian Phyllopod bed (Burgess Shale). Palaeontology 29. S. 423–467.
CONWAY MORRIS, S. (1998): The Crucible of Creation: The Burgess Shale and the Rise of Animals. Oxford University Press.
DIETL, G. & SCHWEIGERT, G. (2001): Im Reich der Meerengel: Der Nusplinger Plattenkalk und seine Fossilien. Verlag Dr. Friedrich Pfeil, München.
ETTER, W. (2002a): Beecher's Trilobite Bed: Ordovician Pyritization for the Other Half of the Trilobite. In: BOTTJER, D. J., ETTER, W., HAGADORN, J. W. & TANG, C. M. [Hrsg.]: Exceptional Fossil Preservation – a unique view on the evolution of marine life. Columbia University Press, New York. S. 131–141.
ETTER, W. (2002b): Grès à Voltzia: Preservation in Early Mesozoic Deltaic and Marginal Marine Environments. In: BOTTJER, D. J., ETTER, W., HAGADORN, J. W. & TANG, C. M. [Hrsg.]: Exceptional Fossil Preservation – a unique view on the evolution of marine life. Columbia University Press, New York. S. 205–220.
ETTER, W. (2002c): Solnhofen: Plattenkalk Preservation with Archaeopteryx. In: BOTTJER, D. J., ETTER, W., HAGADORN, J. W. & TANG, C. M. [Hrsg.]: Exceptional Fossil Preservation – a unique view on the evolution of marine life. Columbia University Press, New York. S. 327–352.
ETTER, W. & Tang, C. M. (2002): Posidoina Shale: Germany's Jurassic Marine Park. In: BOTTJER, D. J., ETTER, W., HAGADORN, J. W. & TANG, C. M. [Hrsg.]: Exceptional Fossil Preservation – a unique view on the evolution of marine life. Columbia University Press, New York. S. 327–352.
GAINES. R. R., BRIGGS, D. E. G. & ZHAO, Y. (2008): Cambrian Burgess Shale-type deposits share a common mode of fossilization. Geology 36. S. 755–758.
GALL, J.-C., GRAUVOGEL-STAMM, L. (2000): Der Voltzien-Sandstein, Ablagerungen eines Deltas im frühen Mesozoikum (Trias, Anis) Nordost-Frankreichs. In: MEISCHNER, D. [Hrsg.]: Europäische Fossillagerstätten. Springer Verlag, Berlin. S. 72–77.
GÖHLICH, U. B. & CHIAPPE, L. M. (2006): A new carnivorous dinosaur from the Late Jurassic Solnhofen archipelago. Nature 440. S. 329–332.
GOULD, S. J. (1989): Wonderful Life: The Burgess Shale and the Nature of History. W. W. Norton & Co [Der deutsche Titel lautet: „Zufall Mensch. Das Wunder des Lebens als Spiel der Natur"].
GRIMALDI, D. (1996): Amber – Window to the past. American Museum of Natural History, New York.
GRIMALDI, D. & ENGEL, M. S. (2005): Evolution of the Insects. Cambridge University Press.
GRIMALDI, D., BONWICH, E., DELANNOY, M. & DOBERSTEIN, S. (1994): Electron microscopic studies of mummified tissues in amber fossils. American Museum Novitates 3097. S. 1–31.
GRUBER, G. & MICKLICH, N. [Hrsg.] (2007): Messel – Schätze der Urzeit. Hessisches Landesmuseum Darmstadt.
HAGADORN, J. W. (2002a): Chengjiang: Early Record of the Cambrian Explosion. In: BOTTJER, D. J., ETTER, W., HAGADORN, J. W. & TANG, C. M. [Hrsg.]: Exceptional Fossil Preservation – a unique view on the evolution of marine life. Columbia University Press, New York. S. 35–60.
HAGADORN, J. W. (2002b): Burgess Shale: Cambrian Explosion in Full Bloom. In: BOTTJER, D. J., ETTER, W., HAGADORN, J. W. & TANG, C. M. [Hrsg.]: Exceptional Fossil Preservation – a unique view on the evolution of marine life. Columbia University Press, New York. S. 61–89.
HAGADORN, J. W. (2002c): Burgess Shale-Type Localities: The Global Picture. In: BOTTJER, D. J., ETTER, W., HAGADORN, J. W. & TANG, C. M. [Hrsg.]: Exceptional Fossil Preservation – a unique view on the evolution of marine life. Columbia University Press, New York. S. 91–116.
HAGADORN, J. W. (2002d): Bear Gulch: An Exceptional Upper Carboniferous Plattenkalk. In: BOTTJER, D. J., ETTER, W., HAGADORN, J. W. & TANG, C. M. [Hrsg.]: Exceptional Fossil Preservation – a unique view on the evolution of marine life. Columbia University Press, New York. S. 167–183.
HOU X.-G., ALDRIDGE, R. J., BERGSTRÖM, J., SIVETER, DAVID J., SIVETER, DEREK J. & FENG XIANG-HONG (2004): The Cambrian Fossils of Chengjiang, China. Blackwell Publishing.
KOENIGSWALD, W. VON & RUST, J. (2007): Globale Aspekte zur Paläogeographie und Evolution in der Fauna von Messel. In: GRUBER, G. & MICKLICH, N. [Hrsg.]: Messel – Schätze der Urzeit. Hessisches Landesmuseum Darmstadt. S. 29–34.
KOENIGSWALD, W. VON & STORCH, G. [Hrsg.] (1998): Messel, ein Pompeji der Paläontologie. Jan Thorbecke Verlag.
KOLLER, B., SCHMITT, J. M. & TISCHENDORF, G. (2005): Cellular structures and histochemical reactions in the tissue of a cypress twig preserved in Baltic amber. Proc. R. Soc. B 265. S. 121–126.
KÜHL, G., RUST, J. & BERGSTRÖM, J. (2008): Morphology, Palaeobiology and Phylog-

eny of *Vachonisia rogeri* (Arthropoda) from the Lower Devonian Hunsrück Slate. Palaeontographica, Abt. A., 286. S. 123–157.

Kühl, G., Briggs, D. E. G. & Rust, J. (2009): A Great-Appendage Arthropod with a Radial Mouth from the Lower Devonian Hunsrück Slate, Germany. Science 323. S. 771–773.

Kühl, G. & Rust, J. (2010): Re-investigation of *Mimetaster hexagonalis* – a marrellomorph arthropod from the Lower Devonian Hunsrück Slate (Germany). Paläont. Z. 84. S. 397–411.

Liu, H. P., McKay, R. M., Young, J. N., Witzke, B. J., McVey, K. J. & Liu, X. (2006): A new Lagerstätte from the Middle Ordovician St. Peter Formation in Northeast Iowa, USA. Geology 34. S. 969–972.

Maas, A. Braun, A., Dong, X. P., Donoghue, C. J., Müller, K. J. Olempska, Repetski, J. E., Siveter, David J., Stein, M. & Waloszek, D. (2006): The „Orsten" – More than a Cambrian Konservat-Lagerstätte yielding exceptional preservation. Palaeoworld 15. S. 266–282.

Maisey, J. G. (1991): Santana fossils: an illustrated atlas. T. F. H. Publications, New Jersey.

Mansuy, H. (1907): Résultats de la mission géologique et minière du Yun-nan méridional. III: Résultats paléontologiques. Annales des Mines 11. S. 447–472.

Marshall, C. R. (2006): Explaining the Cambrian "Explosion" of Animals. Annu. Rev. Earth Planet. Sci. 34. S. 355–384.

Martill, D. M. (1988): Preservation of fish in the Cretaceous Santana Formation of Brazil. Palaeontology 31. S. 1–18.

Martill, D. M. (1989): The Medusa effect: instantaneous fossilization. Geology Today 5. S. 201–205.

Martill, D. M., Bechly, G. & Loveridge, R. F. (2007): The Crato Fossil Beds of Brazil: Window into an Ancient World. Cambridge University Press.

Meischner, D. [Hrsg.] (2000): Europäische Fossillagerstätten. Springer Verlag, Berlin.

Müller, K. J. & Walossek, D. (1986): *Martinssonia elongata* gen. et sp. n., a crustacean-like euarthropod from the Upper Cambrian „Orsten" of Sweden. Zoologica Scripta 15. S. 73–92.

Nitecki, M. H. [Hrsg.] (1979): Mazon Creek Fossils. New York Academic Press.

Orr, P. J., Briggs, D. E. G., Siveter, David J. & Siveter, Derek J. (2000): Three-dimensional preservation of a non biomineralized arthropod in concretions in Silurian volcaniclastic rocks from Herefordshire, England. Jour. Geol. Soc., London, 157. S. 173–186.

Orr, P. J., Benton, M. & Briggs, D. E. G. (2003): Post-Cambrian closure of the deep-water slope-basin taphonomic window. Geology 31. S. 769–772.

Oschmann, W. (2000): Der Posidonienschiefer in Südwest-Deutschland, Toarcium, Unterer Jura. In: Meischner, D. [Hrsg.]: Europäische Fossillagerstätten. Springer Verlag, Berlin. S. 137–142.

Poinar, G. O. Jr. (1992): Life in amber. Stanford University Press, Palo Alto, CA.

Rust, J., Singh, H., Rana, R., McCann, T., Anderson, K., Sarkar, N., Nascimbene, P. C., Gerdes, F., Solorzano-Kraemer, M. M., Engel, M. S., Sahni, A. & Grimaldi, D. (2010): Biogeographic and Evolutionary Implications of a Diverse Paleobiota in Amber from the Early Eocene of India. Proc. Nat. Acad. Sci. 107: 18 360–18 365.

Sagemann, J., Bale, S. J., Briggs, D. E. G. & Parkes, R. J. (1999): Controls on the formation of authigenic minerals in association with decaying organic matter: An experimental approach. Geochimica et Cosmochimica Acta 63. S. 1083–1095.

Selden, P. & Nudds, J. (2004): Evolution of Fossil Ecosystems. Manson Publishing.

Seilacher, A. (1970): Begriff und Bedeutung der Fossil-Lagerstätten. N. Jb. Geol. Paläont., Mh., 1970. S. 34–39.

Seilacher, A., Reif, W.-E. & Westphal, F. (1985): Sedimentological, ecological and temporal patterns of fossil Lagerstätten. Phil. Trans. R. Soc. B. 311. S. 5–23.

Siveter, Derek J., Fortey, R. A., Sutton, M. D., Briggs, D. E. G. & Siveter, David J. (2007): A Silurian marrellomorph arthropod. Proceedings of the Royal Society B 274. S. 2223–2229.

Solórzano Kraemer, M. M. (2007): Systematic, palaeoecology, and palaeobiogeography of the insect fauna from the Mexican amber. Palaeontographica Abt. A 282 (1–6), 1–133.

Sutcliffe, O. E., Tibbs, S. L. & Briggs, D. E. G. (2002): Sedimentology and environmental interpretation of fine-grained turbidites in the Kaub Formation of the Hunsrück Slate: analysis of a section excavated for Project Nahecaris. Metalla 9. S. 89–104.

Sutton, M. D., Briggs, D. E. G., Siveter, David J. & Siveter, Derek J. (2001): Methodologies for the visualization and reconstruction of three-dimensional fossils from the Silurian Herefordshire Lagerstätte. Palaeontologia Electronica 4 (1). S. 1–17.

Tanabe, K., Mapes, R. H., Sasaki, T. & Landmann, N. H. (2000): Soft-part anatomy of the siphuncle in Permian prolecanitid ammonoids. Lethaia 33. S. 83–91.

Tanaka, G., Parker, A. R., Siveter, David J., Maeda, H. & Furutani, M. (2009): An exceptionally well-preserved Eocene dolichopodid fly eye: function and evolutionary significance. Proc. R. Soc. B 276: 1015–1019.

Van Roy, P. (2006): Non-trilobite arthropods from the Ordovician of Morocco. Dissertation, Universität Ghent.

Viohl, G. (2000): Die Solnhofener Plattenkalke, oberer Jura. In: Meischner, D. [Hrsg.]: Europäische Fossillagerstätten. Springer Verlag. S. 143–150.

von Bitter, P. H., Purnell, M. A., Tetreault, D. K. & Stott, C. A. (2007): Eramosa Lagerstätte – Exceptionally preserved soft-bodied biotas with shallow-marine shelly and bioturbating organisms (Silurian, Ontario, Canada). Geology 35. S. 879–882.

Waloszek, D. & Dunlop, J. A. (2002): A larval sea spider (Arthropoda: Pycnogonida) from the Upper Cambrian "Orsten" of Sweden, and the phylogenetic position of the pycnogonids. Palaeontology 45: 421–446.

Weitschat, W. & Wichard, W. (1998): Atlas der Pflanzen und Tiere im Baltischen Bernstein. Verlag Dr. Friedrich Pfeil, München [Englische Ausgabe: Atlas of Plants and Animals in Baltic Amber, 2002].

Willems, H. & Wuttke, M. (1987): Lithogenese lakustriner Dolomite und mikrobiell induzierte „Weichteil-Erhaltung" bei Tetrapoden des Unter-Rotliegenden (Perm, Saar-Nahe-Becken, SW-Deutschland). N. Jb. Geol. Paläont. Abh. 174 (2). S. 213–238.

Zhang, F., Kearns, S. L., Orr, P. J., Benton, M. J., Zhou, Z., Johnson, D., Xu, X. & Wang, X. (2010): Fossilized melanosomes and the colour of Cretaceous dinosaurs and birds. Nature 463. S. 1075–1078.

Zhang, X.-L., Han, J. & Shu, D.-G. (2002): New occurrence of the Burgess Shale arthropod *Sidneyia* in the Early Cambrian Chengjiang Lagerstätte (South China), and revision of the arthropod *Urokodia*. Alcheringa 26. S. 1–8.

# 7 Alte DNS – Bausteine des Lebens in der Paläobiologie

*Der Velociraptor bewegte sich sehr wachsam und sah sich ständig mit ruckenden, vogelartigen Bewegungen seines Kopfes nach allen Seiten um. Außerdem wippte der Kopf im Rhythmus mit dem Schwanz auf und ab, was den Eindruck eines Vogels noch verstärkte. Ein riesiger, stiller Raubvogel.*" Szenen wie diese aus dem Buch *„Jurassic Park"* des amerikanischen Bestsellerautors Michael Crichton von 1990 und entsprechende Filmsequenzen aus den gleichnamigen Verfilmungen haben Millionen von Menschen auf der ganzen Welt fasziniert und lösten eine wahre Saurier-Manie aus (▸ 7.1). Sollte es wirklich möglich sein, aus Saurierblut, das aus der prähistorischen Mahlzeit einer Stechmücke stammt, lebende Dinosaurier zu rekonstruieren?

Michael Crichton schreibt in der Danksagung zu seinem Buch, dass ihn die Paläo-DNS-Forschungen von George O. Poinar Jr. und Roberta Hess von der University of California in Berkeley zu manchen Ideen in seinem Buch angeregt hätten. Beide hatten schon 1982 über die ungewöhnliche Erhaltung von Geweben aus dem Hinterleib einer Pilzmücke aus dem eozänen Baltischen Bernstein berichtet und Zellorganellen wie Ribosomen, Endoplasmatisches Reticulum und Mitochondrien nachgewiesen. Eine solche Erhaltung ist für Bernstein durchaus ungewöhnlich. Normalerweise handelt es sich bei den Bernsteinfossilien, auch wenn sie noch so hervorragend erhalten sind (▸ 7.2), um Hohlräume, die in ihrem Inneren mit einer hauchdünnen Tapete aus kohleartigem Restmaterial ausgekleidet sind. Nur in Ausnahmefällen sind Überreste von mumifizierten Muskeln, Teile des Atmungssystems (sogenannte Tracheen und Tracheolen) oder andere Organreste überliefert (▸ 6.18, ▸ 7.3).

Angesichts dieser Erhaltungsmöglichkeiten lag es nahe anzunehmen, dass unter bestimmten Bedingungen

7.1 Schädel eines *Tyrannosaurus rex* von etwa 1,30 m Länge. Durch Bücher und Filme wie *„Jurassic Park"* wurde die Idee populär, dass Saurier mithilfe von Blut aus fossilen Stechmücken rückgezüchtet werden könnten. Die Vorstellung, aus einer Mücke einen Saurier zu machen, ist jedoch reine Science-Fiction.

auch DNS überliefert sein könnte. Bereits zu Beginn der 1990er-Jahre erschien eine Reihe von Nachweisen alter DNS aus Bernsteineinschlüssen, darunter für eine stachellose Biene und eine Termite aus dem miozänen Dominikanischen Bernstein (CANO et al. 1992, DESALLE et al. 1992) und für einen Rüsselkäfer aus dem Libanesischen Bernstein (CANO et al. 1993). Vor allem der letzte Nachweis erschien spektakulär, denn der Libanesische Bernstein gehört mit einem Alter von etwa 120 bis 135 Millionen Jahren in die Unterkreide. Der kleine Rüsselkäfer könnte also tatsächlich mit Sauriern in Kontakt gekommen sein, auch wenn er nicht ihr Blut getrunken hat, denn es handelt sich um herbivore – also Pflanzen fressende – Insekten. Zufällig kam 1993 auch der Film *„Jurassic Park"* von Steven Spielberg in die Kinos und eine breite Öffentlichkeit diskutierte die ungeahnten Möglichkeiten, die alte DNS zu bieten schien. Ein weiterer Höhepunkt dieser Diskussionen war der mutmaßliche Nachweis von mitochondrialer DNS aus einem Saurierknochen aus der Unterkreide von Utah, der 1994 von Woodward und anderen publiziert wurde (WOODWARD et al. 1994). Der Enthusiasmus und die Hoffnung auf den Nachweis immer älterer DNS wurden jedoch schon bald gebremst, denn schnell stellten sich Zweifel an der Fehlerfreiheit der Untersuchungen ein. Für die Saurier-DNS konnte gezeigt werden, dass es sich um menschliche DNS handelte, die während der Bergung, Präparation oder Untersuchung des Knochenmaterials eingebracht wurde (PÄÄBO et al. 2004). Der Nachweis von DNS aus Bernsteininsekten erwies sich als nicht reproduzierbar (AUSTIN et al. 1997). Ähnlich erging es Nachweisen von DNS aus miozänem Pflanzenmaterial (z. B. HEBSGAARD et al. 2005).

Offensichtlich waren die methodischen Grundlagen zur Gewinnung, Aufbereitung und Analyse alter DNS in der Frühphase der Paläogenetik noch nicht genug ausgereift, um vertrauenswürdige Ergebnisse zu liefern. Solche „Geburtswehen" bei der Erschließung neuer Forschungsfelder sind nicht ungewöhnlich und letztlich sogar notwendig, um die kritische Prüfung grundlegender Methoden zu fördern. Die an den frühen Untersuchungen beteiligten Wissenschaftlerinnen und Wissenschaftler haben mit ihren ehrgeizigen und schwierigen Zielsetzungen sehr dazu beigetragen, die Voraussetzungen der wissenschaftlichen Nutzung alter DNS aufzuzeigen und damit wichtige Rahmenbedingungen für ein vielversprechendes und spannendes Arbeitsgebiet der modernen Paläontologie festgelegt. Die Idee eines „Dinosaurierparks" spielt dabei natürlich keine Rolle. Sie ist unterhaltsame Science-Fiction und wird es aus vielerlei Gründen in Zukunft auch bleiben. Auch wenn inzwischen Funde von Geweberesten mit Zellkernen aus dem Skelett eines sehr gut erhalte-

7.2 Zuckmücke im eozänen Baltischen Bernstein im Gegenlicht. Die Männchen tragen lang behaarte Antennen, mit denen sie noch feinste Schwingungen wahrnehmen können.

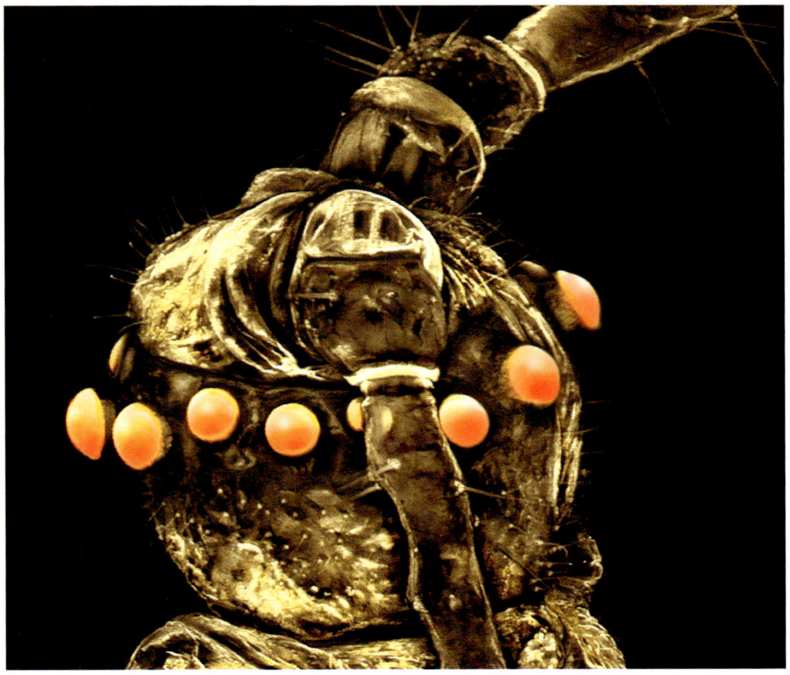

7.3 Kopf des Männchens einer tropischen Schildlaus aus der Gruppe der Putoidae im eozänen Baltischen Bernstein. Die Aufnahme wurde mit einem Laserscanningmikroskop gemacht und nachträglich eingefärbt. Die Augen sind zu einem Kranz von Einzelaugen reduziert. Eines dieser Augen schimmert durch den hohlen Fühler hindurch. An der Basis der Fühler sind dagegen im Inneren noch Muskelstränge erhalten. Der Durchmesser des Kopfes beträgt ungefähr 0,5 mm.

nen *Tyrannosaurus rex* gemeldet wurden (SCHWEITZER et al. 2007), ist wegen des hohen Alters der Knochen hier keine fossile DNS zu erwarten. NICHOLLS (2008) hat kürzlich die Gründe, die gegen die „Herstellung" ausgestorbener Organismen sprechen, am Beispiel des Mammuts glänzend zusammengefasst.

## DNS – ein empfindliches Makromolekül

Die Nukleinsäure wurde bereits 1871 von dem damals in Tübingen tätigen Physiologen und Mediziner Friedrich Miescher entdeckt und in einem Artikel „Über die chemische Zusammensetzung der Eiterzellen" als „Nuclein" beschrieben (DAHM 2008). Es handelt sich um riesige, fadenförmige Makromoleküle, von denen zwei Sorten vorliegen: die Desoxyribonukleinsäure (DNS oder DNA, wobei das A für das englische *acid* steht) und die Ribonukleinsäure (RNA). Bausteine der Nukleinsäuren sind die Nukleotide, die aus einer stickstoffhaltigen Base, einem Zucker (Pentose) und einer Phosphorsäure zusammengesetzt sind. Bei den Basen werden Abkömmlinge des Pyrimidins (Thymin = T und Cytosin = C) von Abkömmlingen des Purins (Adenin = A und Guanin = G) unterschieden. Bei der RNA kommt die Base Uracil (U) anstatt Thymin vor. Die Nukleotide werden zu sogenannten Polynukleotidsträngen über die Pentose des einen Nukleotids und die Phosphorsäure eines anderen Nukleotids verbunden. Dadurch entsteht ein sehr langer Molekülfaden, der durch eine unterschiedliche Abfolge der Basen (T, C, A und G bei der DNS) gekennzeichnet ist (z. B. BROMHAM 2008). Damit ist das DNS-Molekül jedoch keineswegs vollständig beschrieben. Seine genaue molekulare Struktur verdanken wir der bahnbrechenden Arbeit von WATSON & CRICK (1953), in der sie nachweisen konnten, dass die DNS aus zwei Polynukleotidsträngen mit gegenläufiger Richtung besteht, wobei die Basen im Inneren des Moleküls liegen und jeweils spezifische Paarungen eingehen. Dabei sind immer Adenin mit Thymin über zwei Wasserstoffbrückenbindungen und Guanin und Cytosin über drei Wasserstoffbrückenbindungen miteinander verknüpft. Diese Basen werden auch als „komplementär" bezeichnet. Die beiden komplementären Polynukleotidstränge sind zusätzlich schraubig aufgewunden, wodurch die charakteristische DNS-Doppelhelix entsteht.

Die Replikation der DNS im Rahmen der Zellteilung und bei der Umsetzung der genetischen Information während der Proteinbiosynthese (Transkription, Translation) wird in höchstem Maße durch diese Struktur bestimmt. Während dieser Prozesse wird die DNS zum Teil erheblich beansprucht und es können Fehler und Beschädigungen auftreten, die ihre reibungslose Funktion beeinträchtigen würden. In lebenden Zellen werden solche DNS-Schäden durch eine breite Palette von Enzymen ständig behoben. Nach dem Tod der Zellen bzw. des gesamten Organismus fallen diese Reparaturmechanismen jedoch aus und die auftretenden Schäden sind irreparabel. Im Vergleich mit anderen Molekülen ist die DNS relativ instabil und in der Regel wird sie postmortal rasch abgebaut. Dabei spielen endogene Enzyme, Depurination (Abbau der Purinbasen durch Hydrolyse), sogenannte *cross links* innerhalb und zwischen Molekülen, aber auch Mikroorganismen sowie langsamere oxydative Prozesse und Lösung im Wasser eine entscheidende Rolle (POINAR 2000, WILLERSLEV & COOPER 2005). Bei einem normalen Salzgehalt, neutralem pH-Wert und einer Temperatur von 15° C würde es ungefähr 100 000 Jahre dauern, bis DNS in wässrigem Milieu durch Hydrolyse vollständig abgebaut werden würde (LINDAHL 1993, WAYNE et al. 1999). Nur unter außergewöhnlichen Bedingungen können diese Abbauprozesse verlangsamt oder sogar teilweise gestoppt werden. Dazu zählen rasche Austrocknung, Einfrieren und Einlagerung des Gewebes in ein Milieu mit hoher Salzkonzentration (z. B. HEBSGAARD et al. 2005). Die meisten Forscher gehen heute aufgrund bisheriger Nachweise und theoretischer Erwägungen davon aus, dass alte DNS selbst unter idealen Bedingungen nicht länger als eine Million Jahre überdauern kann (PÄÄBO et al. 2004, WILLERSLEV & COOPER 2005). Die allermeisten reproduzierbaren Nachweise stammen jedoch aus Vorkommen, die jünger als 100 000 Jahre sind (POINAR & PÄÄBO 2001). Ältere Nachweise sind vor allem aus Permafrostböden bekannt geworden (WILLERSLEV et al. 2003).

Die Analyse von fossilem Erbmaterial wird nicht nur durch den Abbau der DNS, sondern auch durch nachträgliche Verunreinigungen erheblich erschwert. Alle Organismen von Bakterien bis zu Menschen hinterlassen molekulare Spuren, die ein Signal liefern und Analysen verfälschen können. Jeder, der z. B. einmal Bilder von Hausstaub unter dem Rasterelektronenmikroskop gesehen hat, weiß, dass darin nicht nur anorganische Partikel, sondern auch Sporen, Pollen, Hautschüppchen, Haare, lebende Milben, Bakterien und anderes vorkommen. Dieser Regen von organischem Material ist allgegenwärtig. Selbst neue, handelsübliche Probenröhrchen für den Laborbedarf sind durch den Fertigungsprozess und das Verpacken so stark mit menschlichem Genmaterial kontaminiert, dass sie für Untersuchungen alter DNS, insbesondere jener von Menschen, nicht verwendet werden können. Um sicherzustellen, dass es sich bei einer Probe tatsächlich um alte DNS handelt, müssen daher eine Reihe von Kriterien erfüllt sein, die mithilfe molekularer Techniken sowie unabhängiger Gegenproben durchgeführt werden. In jüngster Zeit haben z. B. Pääbo et al. (2004), Hebsgaard et al. (2005) und Willerslev & Cooper (2005) eine Übersicht dieser Richtlinien geliefert.

Unter den molekularen Techniken der DNS-Analyse ist die sogenannte Polymerasekettenreaktion (PCR – *Polymerase Chain Reaction*) das wichtigste Verfahren. Erst durch diese Mitte der 1980er-Jahre entwickelte, revolutionäre Methode ist die Untersuchung alter DNS möglich geworden (Mullis & Faloona 1987). Die PCR beruht auf der Vervielfältigung kurzer DNS-Abschnitte mithilfe des Enzyms Polymerase, das z. B. auch bei der Replikation während der Zellteilung wichtige Funktionen hat. Dieser Vervielfältigungsprozess wird auch als Amplifikation bezeichnet. Aus geringen Ausgangsmengen von DNS werden dabei große Mengen von Kopien erzeugt, die dann für weitere Analysen zur Verfügung stehen. Eine allgemeinverständliche Beschreibung der PCR-Methode findet sich z. B. bei von Haeseler & Liebers (2003) und Bromham (2008). Die PCR ist eine sehr empfindliche Methode, und je mehr Kopien von einem Ausgangsfragment hergestellt werden, umso größer ist die Gefahr, dass der Ansatz durch Fremd-DNS verunreinigt wird. Deshalb ist es notwendig, regelmäßig Kontrollen ohne DNS-Proben durchzuführen und unter höchsten Reinheitsbedingungen zu arbeiten.

## Erfolgreiche Nachweise alter DNS

Aufgrund der chemischen Beschaffenheit der DNS finden sich günstige Bedingungen für ihre Konservierung vor allem in Permafrostgebieten (Willerslev et al. 2004) sowie in ganzjährig trockenen und kühlen Höhlen in größerer Höhe. Aber auch aus Teergruben, wie der berühmten pleistozänen Fundstelle Rancho La Brea in Los Angeles (Janczewski et al. 1992), aus Torfmooren und Erdgräbern wurde alte DNS geborgen. Der erste Nachweis von alter DNS gelang 1984 im Labor von Allan Wilson in Berkeley an mitochondrialer DNS (mtDNS) aus 140 Jahre altem, getrocknetem Muskelgewebe eines Quaggas. Noch in den 1980er-Jahren wurde darüber diskutiert, ob das ausgestorbene Quagga näher mit Hauspferden oder bestimmten Zebra-Arten verwandt sei (▸ 7.4). Die Analyse der DNS der Museumsexemplare zeigte indes, dass

7.4 Quagga-Hengst, der 1843 von der Rheinischen Naturforschenden Gesellschaft als Hauptpräparat angekauft und später nachgebildet worden war. Seit 1910 ist er im Naturhistorischen Museum Mainz ausgestellt. Weltweit sind nur 23 Felle dieser ausgestorbenen Tiere erhalten (Originalaufnahme: Naturhistorisches Museum Mainz/ Landessammlung für Naturkunde Rheinland-Pfalz).

die Quaggas mit dem Steppenzebra *(Equus burchelli burchelli)* nächstverwandt waren (HIGUCHI et al. 1984). Dieser genetische Befund ist erst vor wenigen Jahren noch einmal bestätigt worden (LEONARD et al. 2005). Danach sollen sich Quagga und Steppen-Zebra erst im Pleistozän differenziert haben.

Besonders geeignete Kandidaten für den Nachweis alter DNS sind eiszeitliche Tiere, die in den Permafrostböden Sibiriens oder Alaskas während der letzten Eiszeiten eingefroren sind. Dazu gehören das ausgestorbene Mammut, das Steppenbison (▸ 7.7), der noch heute in asiatischen Halbwüsten verbreitete Asiatische Esel *(Equus hemionus)*, der je nach Autor in eine unterschiedliche Zahl geographischer Unterarten unterteilt wird, sowie andere moderne Pferde. Aus zumeist deutlich jüngeren Höhlenablagerungen wurde DNS von Höhlenbären, Braunbären, nord- und südamerikanischen Riesenfaultieren, Wollnashörnern, Hunden sowie von Vögeln, darunter den neuseeländischen Moas, der hawaiischen Laysanente und den heute auf Hawaii ausgestorbenen großen Entenvögeln Moa-Nalos, nachgewiesen (HOFREITER et al. 2001, POINAR & PÄÄBO 2001, WILLERSLEV & COOPER 2005). Die Vögel von Hawaii wurden nicht in traditionellen Höhlen gefunden, sondern in Hohlräumen von erkalteten Lavaströmen, in denen sie hervorragend konserviert wurden. Die meisten Untersuchungen von alter pflanzlicher DNS beziehen sich auf Kulturpflanzen, die aus archäologischen Fundstätten geborgen wurden (GUGERLI et al. 2005).

Günstige Bedingungen für die Erhaltung alter DNS finden sich auch in der Antarktis. Besonders interessante Untersuchungen wurden hier in jüngerer Zeit von einer Arbeitsgruppe um David Lambert aus Neuseeland an Adélie-Pinguinen durchgeführt (LAMBERT et al. 2002, RITCHIE et al. 2004). Dabei machte man sich zunutze, dass die etwa einen halben Meter großen Adélie-Pinguine ihr Nest aus kleinen Kieselsteinchen aufbauen und dabei den gleichen Brutplatz wie im Vorjahr bevorzugen. Dadurch entstehen geschichtete Nestsedimente, die die Geschichte der ganzen Kolonie über Jahrtausende in Form von datierbaren Knochenlagen überliefern. Lamberts Team nutzte dieses Archiv für populationsgenetische Untersuchungen mithilfe der sehr gut erhaltenen alten DNS. Dafür wurde frische DNS aus 380 Blutproben von lebenden Pinguinen sowie alte DNS aus 96 Knochen gewonnen, die bis zu etwa 6400 Jahre alt waren. Die Ergebnisse zeigten, dass die Evolutionsgeschwindigkeit für ein bestimmtes mitochondriales Gen (HVRI) in der Pinguinkolonie um das Zwei- bis Siebenfache höher lag, als man vorher für andere Arten kalkuliert hatte (LAMBERT et al. 2002). Später konnte die Geschichte zweier unterschiedlicher Linien von Adélie-Pinguinen mithilfe alter DNS mit der Vereisungsgeschichte der antarktischen Küstengebiete korreliert werden (RITCHIE et al. 2004).

Eine Auswertung von etwa 500 Arbeiten, die zwischen 1984 und 2004 zum Thema *„ancient DNA"* publiziert worden sind, ergab, dass sich 35 % aller Studien mit dem Menschen und seiner Geschichte befassen (GUGERLI et al. 2005). Dies ist keine Überraschung, denn mit der Herkunft und der älteren Geschichte des Menschen sind essenzielle Fragen unseres Selbstverständnisses verbunden, die auch soziokulturelle und sogar religiöse Aspekte berühren. Wissenschaftlich betrachtet liegt in der Erforschung alter menschlicher DNS vor allem eine besondere methodische Herausforderung, denn wie bereits geschildert wurde, ist hier die Gefahr einer Kontamination mit rezenter DNS besonders hoch.

## Alte DNS des Menschen und der Beginn der Paläogenomik

Nahezu parallel zu den Untersuchungen am Quagga wurde der erste Nachweis von alter DNS eines Menschen publiziert (PÄÄBO 1985). Der schwedische Molekularbiologe Svante Pääbo, der zu den führenden Spezialisten auf dem Gebiet der Paläogenetik zählt, hatte bereits sehr früh darüber nachgedacht, ob es möglich sein könnte, mithilfe molekularer Techniken DNS aus der Haut von Tieren oder Mumien aus Museumssammlungen zu gewinnen. Wie er später eindrücklich beschrieb (PÄÄBO 1993), war es zu Beginn ein großes Problem, geeignetes Material zu bekommen, da für die Analyse ein gewisser Anteil der Präparate zerstört werden muss – ein Albtraum für jeden Museumskonservator. Fündig wurde Pääbo schließlich im Ägyptischen Museum in Berlin, wo er Gelegenheit bekam, aus 23 ägyptischen Mumien Gewebeproben zu entnehmen. Diese Proben unterschieden sich beträchtlich in ihrer Erhaltung, und am Ende war es die DNS eines vor etwa 2400 Jahren gestorbenen Kindes, die scheinbar verwertbare Ergebnisse lieferte. Später hat sich gezeigt, dass es sich auch bei diesem frühen Nachweis mit großer Wahrscheinlichkeit um eine Kontamination handelte (z. B. MAROTA & ROLLO 2002). Dennoch ist das Interesse an alter menschlicher DNS durch diese Arbeit enorm gewachsen.

Besonders günstige Erhaltungsbedingungen schienen für den Tiroler Eismann, besser bekannt als „Ötzi", vorzuliegen. Er wurde 1991 im Grenzgebiet zwischen Italien und Österreich in den Ötztaler Alpen in mehr als 3200 m Höhe entdeckt. Ötzi ist eine Gletschermumie, die mit einem Alter von etwa 5200

7.5 Schädelkalotte des Neandertalers, die 1856 im Neandertal gefunden wurde, ein Steinwerkzeug eines Neandertalers sowie die Tafelseite aus der Publikation der Funde durch Johann Carl Fuhlrott von 1859 (Abgüsse der Originalfunde).

Jahren in die neolithische Kupferzeit datiert. 1994 wurden Gewebeproben für DNS-Analysen aus der Mumie entnommen. Der Erhaltungszustand machte die Untersuchungen schwierig, aber immerhin gelang es, bestimmte mitochondriale DNS-Abschnitte in zwei unabhängigen Laboren nachzuweisen (HANDT et al. 1994). Die mitochondrialen Sequenzen zeigten, dass Ötzi in die Variabilität zeitgenössischer Europäer passt und zentral- und nordeuropäischen Populationen näher steht als anderen. Eine derart vollständige Eismumie bietet aber noch viel mehr Möglichkeiten für molekulare Untersuchungen. So konnte z. B. die Nahrung des Eismannes anhand von DNS-Analysen der Darmfüllung rekonstruiert werden (ROLLO et al. 2002). Danach bestand seine letzte Mahlzeit aus Fleisch vom Rothirsch und Getreide. Davor hat er Fleisch vom Steinbock, zweikeimblättrige Pflanzen und wiederum Getreide zu sich genommen. Nicht nur dieser rekonstruierte Speiseplan, sondern auch Untersuchungen radiogener und stabiler Isotope aus Zähnen und Knochen sowie Argon-Isotope aus dem Mineral Glimmer, das aus dem Darm stammt, zeigen, dass Ötzi in einem Radius von etwa 60 km südlich oder südöstlich von seinem Fundort gelebt hat (MÜLLER et al. 2003). Damit konnte zugleich der Nachweis erbracht werden, dass die Alpentäler gegen Ende des Neolithikums dauerhaft besiedelt waren.

Neue Dimensionen der Paläogenetik wurden gerade in jüngster Zeit durch die Untersuchung der DNS des Neandertalers eröffnet, und die erst kürzlich publizierte Analyse von etwa 60 % des Neandertalergenoms ist ein Meilenstein der Wissenschaft (GREEN et al. 2010). Wer hätte noch vor einigen Jahren gedacht, dass es jemals möglich sein würde, detaillierte Analysen am Genom eines ausgestorbenen Organismus durchführen zu können?

Der namengebende Fund des berühmten Neandertalers wurde 1856 zufällig bei Steinbrucharbeiten im Neandertal im Kreis Mettmann bei Düsseldorf gemacht. Es handelte sich um 15 Knochenreste sowie eine Kalotte, die anfangs für Überreste eines Höhlenbären gehalten wurden (▸ 7.5). Erst der Lehrer Johann Carl Fuhlrott erkannte die wahre Natur der

Knochen und beschrieb sie in einer berühmten Publikation 1859 als Überreste einer vorhistorischen Menschenform. In jüngster Zeit konnten die klassischen Funde durch Neuaufsammlungen an der ursprünglichen Fundstelle erheblich ergänzt werden. Aus diesen neuen Grabungen wurden über 60 Skelettreste des Neandertalers geborgen (Bolus & Schmitz 2006).

Die Funde aus dem Neandertal lieferten auch das Material für die erste DNS-Analyse unseres prähistorischen Vorfahren. Aus dem rechten Oberarmknochen des Typus-Exemplares wurden 0,4 g Material entnommen und die mitochondriale DNS molekulargenetisch untersucht (Krings et al. 1997). Das Ergebnis zeigte, dass die mitochondriale DNS des Neandertalers aus der Variationsbreite des modernen Menschen herausfällt. Die Schlussfolgerung der Autoren war, dass der Neandertaler ausgestorben ist, ohne Spuren im Genom des modernen Menschen hinterlassen zu haben. Auch die vollständige Rekonstruktion der mitochondrialen Neandertaler-DNS zeigte, dass sich die Neandertaler offenbar deutlich von heutigen Menschenpopulationen unterschieden (Green et al. 2008). Damit war erwiesen, dass es sich bei dem Neandertaler nicht um den direkten Vorfahren der modernen Europäer handeln konnte. Dennoch schien ein gewisser genetischer Austausch zwischen dem Neandertaler und dem modernen Menschen nicht gänzlich ausgeschlossen. Er kann etwa durch Gendrift überprägt sein (Serre et al. 2004), aber nach einem Modell von Currat & Excoffier (2004) sollte der Anteil von Neandertaler-DNS im mitochondrialen Genpool des modernen Menschen niemals mehr als 0,1 % betragen haben. Alle bisherigen Ergebnisse schienen also dafür zu sprechen, dass es sich bei dem Neandertaler *(Homo neanderthalensis)* und dem modernen Menschen *(Homo sapiens)* um zwei vollständig getrennte Arten handelt, die sich nicht oder nur in nicht nachweisbaren Ausnahmesituationen untereinander fortgepflanzt haben. Diese Einschätzung hat sich durch die neuen, bahnbrechenden Untersuchungen indes als falsch herausgestellt. Wie die Arbeitsgruppe um Svante Pääbo durch den Vergleich des Neandertalergenoms mit dem Genom von fünf heutigen Menschen verschiedener Herkunft stichhaltig nachweisen konnte, haben alle Europäer und Asiaten 1 bis 4 % ihres Erbgutes vom Neandertaler erhalten (Green et al. 2010). Dies bedeutet wiederum, dass der Neandertaler in gewisser Weise gar nicht ausgestorben ist, wie Svante Pääbo dieses Ergebnis kommentiert hat (Gibbons 2010).

Viele paläogenetische Untersuchungen wurden an mitochondrialer DNS oder bei Pflanzen an DNS der Chloroplasten durchgeführt, denn diese DNS kommt in höherer Kopienzahl in den Zellen vor als die nukleäre oder Kern-DNS, die in Zellen von diploiden Organismen nur zweimal vorliegt. Wenn jedoch sehr nah verwandte Arten oder nahe stehende Populationen analysiert werden sollen, kann die mitochondriale DNS unter Umständen ungeeignet sein, die jüngere Geschichte des Genoms aufzulösen, denn im Anschluss an den Prozess der Artbildung bedarf es einiger Zeit, bis sich Unterschiede im gesamten Genom nächstverwandter Arten abbilden (Hofreiter et al. 2001). Dabei ist zu bedenken, dass die mitochondriale DNS nur einen sehr kleinen Teil des Genoms ausmacht, bei Säugetieren beträgt dieser Anteil etwa 0,5 %. Deshalb kann für viele Fragestellungen die Analyse von nukleärer DNS entscheidend weiterhelfen. Sie trägt Gene, die entweder nur einfach oder in mehrfacher Kopie vorliegen und genetische Unterschiede in einer anderen Qualität widerspiegeln als mitochondriale Sequenzen. 1999 wurde erstmals gezeigt, dass in pleistozänen Großsäugern wie Mammut, Höhlenbär und Riesenfaultier authentische nukleäre DNS überliefert sein kann (Greenwood et al. 1999).

Im Gegensatz zu mitochondrialer DNS, die entsprechend der Funktion der Mitochondrien als Energielieferanten der Zelle hauptsächlich für Proteine der Atmungskette kodiert, trägt die nukleäre DNS die Informationen (Gene) für den gesamten Organismus. Daher ist die Kern-DNS wesentlich umfangreicher als die mitochondriale DNS. Erstere besteht beim Menschen aus ungefähr 3 Milliarden Basenpaaren, während sich die mitochondriale DNS aus nur 16 569 Basenpaaren zusammensetzt. Die Abfolge oder Sequenz der Basen in der Kern-DNS des Menschen wurde zuerst im Rahmen des sogenannten *Human Genome Project* ermittelt. Dabei handelte es sich um eines der größten Forschungsvorhaben des 20. Jahrhunderts, an dem zahlreiche Forschergruppen in aller Welt beteiligt waren. Bereits 2001 konnten vorläufige Resultate vorgelegt werden, die 2004 vorerst zu einem Ende kamen (International Human Genome Sequencing Consortium 2004). Heute sind 99 % der Nukleotide des euchromatischen Genoms des Menschen sequenziert – das ist jener Bereich, in dem die meisten Gene und die allermeiste Genaktivität lokalisiert sind. Die Bedeutung der Ergebnisse für die biomedizinische Forschung ist gewaltig, aber auch für die Evolution des menschlichen Genoms liefern die Ergebnisse grundlegende Daten. Inzwischen ist die Sequenzierung vollständiger Genome enorm rationalisiert und vor allem preiswert geworden. So konnte das Genom des Nobelpreisträgers James D. Watson in nur vier Monaten und für weniger als 1,5 Millionen Dollar von 27 Wissenschaftlern sequenziert werden (WADMANN 2008). Diese Entwicklung gipfelt in einer Ausschreibung der *„X Prize Foundation“* für den *„Archon Genomics X Prize“*, der dem ersten Team verliehen werden soll, das es schafft, 100 menschliche Genome zu mindestens 98 % in zehn Tagen oder weniger mit einer Fehlerrate von einer Base pro 100 000 Basen zu sequenzieren, wobei die Kosten nicht mehr als 10 000 Dollar pro Genom betragen dürfen. Für interessierte Leser: Die Höhe des Preisgeldes beträgt 10 Millionen Dollar, doch es steht zu befürchten, dass der Preis bis zur Drucklegung des vorliegenden Buches bereits vergeben sein wird.

Eines der wichtigsten Ergebnisse der Analyse des menschlichen Genoms ist die Tatsache, dass viel weniger Gene am Bau und der Funktion des menschlichen Organismus beteiligt sind, als man ursprünglich angenommen hatte. Noch vor einigen Jahren ging man von etwa 100 000 Genen aus, während heute von nur 20 000 bis 25 000 Genen die Rede ist. Dies macht die Analyse der Funktion der Gene keineswegs einfacher, denn je weniger Gene am Aufbau eines komplexen Organismus beteiligt sind, umso schwieriger sind ihre Funktionsvielfalt, ihre Steuerung und die dahinterliegenden Regulationsprozesse zu verstehen.

Wenn man den enormen technischen Aufwand bedenkt, der für die Durchführung des *Human Genome Project* notwendig war, scheint es auf den ersten Blick völlig unmöglich zu sein, vergleichbare Ergebnisse für ausgestorbene Lebewesen zu erzielen. Genau dieser Aufgabe hat sich aber die sogenannte Paläogenomik verschrieben und schließlich wurde das bisher ehrgeizigste Ziel dieser neuen Forschungsrichtung in Angriff genommen: die Entschlüsselung des Neandertalergenoms. Zwei Arbeitsgruppen, die eine unter der Leitung des amerikanischen Genetikers Edward Rubin (NOONAN et al. 2006), die andere unter Führung des bereits mehrfach erwähnten Paläogenetikers Svante Pääbo (GREEN et al. 2006), publizierten zeitgleich erste Ergebnisse dieses Unternehmens. Das Material stammte in beiden Fällen von etwa 38 000 Jahre alten Neandertalern aus der Vindija-Höhle im nordwestlichen Kroatien (SERRE et al. 2004), wobei die Daten aber mit unterschiedlichen Methoden gewonnen wurden. Der eigentliche Durchbruch erfolgte aber, wie bereits erwähnt wurde, 2010, nachdem umfangreiche Abschnitte des Neandertalergenoms – zusammengesetzt aus der Sequenzierung von drei weiblichen Individuen – vorlagen und die Ergebnisse mit Stichproben von Neandertaler-Funden aus dem Neandertal, Spanien und dem Kaukasus abgeglichen wurden (GREEN et al. 2010).

Schon die bisherigen Ergebnisse der Analysen sind äußerst interessant. Neben dem bereits erwähnten Nachweis, dass alle Europäer und Asiaten 1 bis 4 % ihres Erbgutes vom Neandertaler erhalten haben, konnten auch Regionen im Neandertalergenom nachgewiesen werden, die sich im Genom heutiger Menschen verändert haben, seit beide Linien sich vor etwa 270 000 und 440 000 Jahren trennten. Diese veränderten Gene betreffen den Stoffwechsel, die Pigmentierung der Haut, das Skelett sowie Aspekte der Entwicklung der Wahrnehmung. Genauere funktionale Untersuchungen dieser Änderungen sind derzeit in Arbeit (GIBBONS 2010).

Die Möglichkeiten, die durch die Paläogenomik eröffnet werden, sind äußerst vielfältig. So können z. B. einzelne Gene von ursprünglichen und modernen Menschen miteinander verglichen werden, wie etwa das Gen FOXP2, das beim *Homo sapiens* mit dem Sprachvermögen verknüpft ist und strukturelle Unterschiede zum Schimpansen und anderen Menschenaffen aufweist (ENARD et al. 2002). Ein anderes Gen, MCPH1, das die Größe des Gehirns während der Entwicklung reguliert, scheint vor etwa 37 000 Jahren von einer ursprünglichen Menschenform in das Genom des modernen Menschen eingetragen worden zu sein (EVANS et al. 2006), was bereits als Hinweis gedeutet werden konnte, dass der Neandertaler sich doch mit dem modernen Menschen in der Vergangenheit gekreuzt haben könnte. Viele zusätzliche Forschungsmöglichkeiten bis hin zur Systembiologie ausgestorbener Arten mögen sich in Zukunft ergeben, wenn insbesondere die Proteomik, also die systematische Erforschung der Proteine und ihrer Struktur und Funktion, noch weitere Fortschritte macht (z. B. PATTERSON & AEBERSOLD 2003). Die Rekonstruktion von Aufspaltungszeiten und ehemaligen Populationsgrößen ermöglicht zudem im Zusammenspiel mit historischen, geologischen, paläoökologischen und paläoklimatischen Daten die Entwicklung von Szenarien zu möglichen Ursachen und Abläufen von Artbildungsprozessen.

## Alte DNS als Schlüssel zu Ökologie, Ernährung und Klima

Ehemalige Umweltveränderungen können heute ebenso wie Klimaschwankungen auf vielfältige Weise rekonstruiert werden. Die modernen Geowissenschaften haben dafür ein reichhaltiges methodisches und theoretisches Inventar entwickelt, das von der Isotopen-Geochemie, über die Auswertung von pflanzlichen Pollenspektren bis hin zu Faunengemeinschaftsanalysen im terrestrischen und marinen Raum reicht, um nur wenige Beispiele zu nennen. Dennoch kann auch hier die Analyse von alter DNS völlig neue Einsichten in die Vergangenheit liefern, ohne dass dafür immer Knochen, Gewebereste oder Haare von Organismen überliefert sein müssen. Wie bereits am Beispiel des Tiroler Eismannes Ötzi beschrieben wurde, kann z. B. der Darminhalt verwertbares genetisches Material liefern, und mit etwas Fantasie ist vorstellbar, dass auch die Exkremente von Tausende Jahre alten Menschen und Tieren noch genügend frische DNS enthalten können, sofern die Bedingungen für eine Konservierung günstig sind. Dies ist in manchen Höhlen der Fall, und zugleich findet sich hier in den Ablagerungen gleichsam ein Archiv von Lebensspuren in Form von fossilen Kotballen (▸ 7.6). Aus diesen sogenannten Koprolithen kann mit geeigneten Techniken bei Pflanzenfressern das Nahrungsspektrum rekonstruiert werden. Gleichzeitig ist es damit möglich, Veränderungen des Verhaltens, der Pflanzenwelt und des Klimas zu erfassen. POINAR et al. (1998) haben derartige Untersuchungen an Exkrementen des pleistozänen nordamerikanischen Riesenfaultieres *Nothrotheriops shastensis* durchgeführt, das vor etwa 11 000 Jahren ausgestorben ist. Etwa 19 900 Jahre alte Koprolithen dieses großen Pflanzenfressers wurden bei Ausgrabungen in der „Gypsum Cave“ bei Las Vegas in Nevada entdeckt. In den fossilen Ausscheidungen wurden anhand der alten DNS sieben Pflanzengruppen nachgewiesen, darunter Kapern- oder Senfpflanzen, Weinbeeren, Minze und Gräser. Ein Teil dieser Pflanzen wächst heute nur noch in Höhen von 800 m über der Höhle. Später konnte die Arbeitsgruppe die Analysen ergänzen und Proben unterschiedlichen Alters zwischen 11 000 und 28 500 Jahren auswerten (HOFREITER et al. 2000). Die Untersuchungen zeigten, dass das Klima vor 11 000 Jahren deutlich trockener war als vor etwa 30 000 Jahren, und die Vegetation hat sich entsprechend von Kiefernwäldern zu Halbwüstenvergesellschaftungen verändert. Die Riesenfaultiere mussten sich diesem Wandel durch Veränderung ihrer Nahrungs- und Trinkgewohnheiten anpassen.

Auch menschliche Exkremente können auf diese Weise molekulargenetisch analysiert werden. POINAR et al. (2001) gelang es, anhand von drei Kotproben aus einer Höhle in Texas das Nahrungsspektrum von frühen Bewohnern Nordamerikas zu rekonstruieren. In den über 2000 Jahre alten Proben fanden sich Spuren von vier bis acht verschiedenen Pflanzenarten sowie Reste von Gabelbock, Schaf, Baumwollschwanzkaninchen und Ziesel, wobei Letzteres ebenso wie Fischreste als makroskopischer Anteil im Kot nachgewiesen werden konnte.

Koprolithen sind genau wie Knochen, Fell- oder Pflanzenreste makroskopisch sichtbare Hinterlassenschaften von Organismen, die gezielt auf alte DNS beprobt werden können. Es gibt aber auch „unsichtbare“ alte DNS, die in nördlichen Breiten besonders gut in den ausgedehnten Permafrostböden von Nordostsibirien bis in das westliche Kanada erhalten blieb. Die Böden in diesen Gebieten sind ab einer bestimmten Tiefe dauerhaft gefroren (▸ 7.7). Sie gleichen damit gigantischen Kühlschränken, in denen pflanzliche und tierische Reste über Hunderttausende von Jahren konserviert wurden, auch wenn es sich teilweise nur um molekular nachweisbare Spuren handelt (WILLERSLEV et al. 2004).

Die ersten Ergebnisse von umfangreichen Untersuchungen an solchen gefrorenen Ablagerungen wurden 2003 von einer internationalen Arbeitsgruppe um

7.6 Fossile Exkremente (Koprolithen) und ein Oberkieferfragment einer jungpleistozänen Höhlenhyäne.

7.7 Fundsituation des Schädelfragments eines pleistozänen Steppenbisons im Permafrostboden Alaskas (Originalaufnahme: Wighart von Koenigswald, Bonn).

die Kopenhagener Evolutionsbiologen Eske Willerslev und Anders J. Hansen präsentiert. Bei den Proben handelte es sich um nur jeweils 2 g Sediment, das aus Bohrkernen aus einer Tiefe von bis zu 31 m gewonnen wurde. Ihr Alter reichte vom Holozän (etwa 9000 Jahre) bis zum mittleren Pleistozän (etwa 400 000 Jahre). Um eine unabhängige Kontrolle der Analyse zu gewährleisten, wurden die Proben parallel in Speziallabors in Kopenhagen und Oxford untersucht. Die dabei extrahierte alte DNS erwies sich als erstaunlich vielfältig. DNS aus Chloroplasten von mindestens 19 verschiedenen Pflanzenformen sowie mitochondriale DNS-Sequenzen von Mammut, Bison, Pferd und Lemming konnten nachgewiesen werden. Durch das verschiedene Alter der Proben ließ sich zudem der Wandel der Vegetation von ungefähr 400 000 Jahren bis heute für mehrere Etappen darstellen.

## Analyse der Entwicklung von Populationen

Die Populationsstruktur rezenter Arten wird heute in vielen Fällen sehr stark durch den Menschen beeinflusst; aber auch in natürlichen Populationen gibt es Veränderungen, die unter anderem durch Schwankungen der Umweltbedingungen, der Raum- und Nahrungsverfügbarkeit oder durch unterschiedlich hohen Räuberdruck hervorgerufen werden können. Wenn sich diese ökologischen Rahmenbedingungen ändern, spiegelt sich das in der Regel in einer Abwandlung der Struktur und räumlichen Verteilung von Populationen wider. Gleichzeitig verändert sich damit auch die genetische Diversität der Populationen einer Art. Die Forschungsrichtung, die sich mit der Entstehung und räumlichen Verbreitung von Populationen und Arten befasst, wird als Phylogeographie bezeichnet. Alte DNS liefert hier ein wichtiges Werkzeug, um die Geschichte von Populationen und ihre räumliche Verbreitung über längere Zeiträume hinweg zu rekonstruieren. Es hat sich nämlich verschiedentlich gezeigt, dass Untersuchungen zur Verbreitungsgeschichte von Populationen, die allein auf der Auswertung von heutigen Populationen beruhen, leicht in die Irre führen können. Die heutigen Verbreitungsmuster sind offenbar in mehreren Fällen ein Relikt der letzten Eiszeit, die vor etwa 10 000 Jahren endete, und nicht etwa das Ergebnis von Umweltanpassungen über lange Zeiträume (Hofreiter et al. 2004).

Ein beliebtes Studienobjekt für phylogeographische Analysen mit alter DNS sind Bären – zum einen Braunbären *(Ursus arctos)*, die in arktischen Gebieten in Permafrostböden und Höhlensedimenten überliefert sind, und zum anderen die ausgestorbenen Höhlenbären *(Ursus spelaeus)*, die, wie ihr Name schon sagt, aus vielen Höhlenablagerungen Europas bekannt sind (z. B. Bon et al. 2008; ▸ 7.8). Der Lebensraum der Braunbären in den nördlichen Breiten zur Zeit des Pleistozäns wird als Beringia bezeichnet, ein riesiges Landgebiet, das den Nordosten Sibiriens mit Alaska verband und von starken klimatischen Schwankungen während der Vereisungsphasen betroffen war. Die heutigen nordamerikanischen Braunbären lassen sich vier Gruppen von geographisch getrennten Populationen zuordnen, die durch spezifische mitochondriale Sequenzen ausgezeichnet sind. Bei früheren Analysen der Verbreitung dieser rezenten Gruppen kam man zu dem Schluss, dass sie schon sehr lange getrennt gewesen sein müssen und dass das Populationsmuster weitgehend stabil geblieben ist. Die Analysen von alter DNS aus den Knochen von Braunbären aus dem Permafrostboden Alaskas mit einem Alter von bis zu 60 000 Jahren zeigten jedoch ein anderes Bild (Leonard et al. 2000, Barnes et al. 2002). Danach sind die Bären im Gebiet des Yukon und in Alaska vor ungefähr 35 000 Jahren ausgestorben. Vor 21 000 Jahren kehrten sie aber zurück, wobei diese Populationen nicht auf die früheren zurückgingen, sondern ihren

7.8 Schädel eines etwa 20 000 Jahre alten Höhlenbären aus der Slouper Höhle (Tschechische Republik).

Ursprung in einer erneuten Einwanderung von eurasischen Bären hatten. Ähnliches hat sich offenbar vor etwa 10 000 Jahren wiederholt, denn die rezenten Bären stimmen teilweise genetisch nicht mit den Bären aus der Zeit vor 10 000 Jahren überein. Die Dynamik der Populationsstruktur könnte zudem durch Konkurrenz zwischen den Braunbären und dem riesenhaften Kurzschnauzenbär *(Arctodus simus)* beeinflusst worden sein. Dieser heute ausgestorbene Bär, der aufgerichtet eine Höhe von bis zu 3,40 m erreichte, war mit seinen besonders langen Beinen ein schneller Läufer, der sich auf Fleischnahrung spezialisiert hatte. Menschen, die vor etwa 13 000 Jahren in diese Gebiete einwanderten, sind nach den genetischen Untersuchungen nicht für Veränderungen der Braunbärenpopulationen verantwortlich.

In Europa lebten die Braunbären im Pleistozän gemeinsam mit den Höhlenbären, wobei die Braunbären mindestens im letzten Interglazial häufiger waren als Letztere. Im Weichsel-Glazial werden Reste von Braunbären teilweise gemeinsam mit den viel häufigeren Knochen von Höhlenbären in Höhlenablagerungen gefunden. Erst als der Höhlenbär vor etwa 15 000 Jahren ausstarb, wurde der Braunbär dominant (Rabeder et al. 2000, Koenigswald 2002). Trotz seiner furchteinflößenden Eckzähne hat sich der Höhlenbär hauptsächlich von Pflanzen ernährt. Höhlen hat er vorwiegend für den Winterschlaf aufgesucht, aber Bärinnen mit Jungen kehrten auch im Sommer in die Höhlen zurück. Die gewaltigen Mengen von Höhlenbärenknochen, die aus zahlreichen Höhlen Europas bekannt sind, werden durch das Winterschlafverhalten erklärt. Alte, schwache oder zu stark ausgehungerte Bären konnten die harten Winter nicht überstehen und sind in den Höhlen verendet. Über längere Zeiträume hinweg konnten sich auf diese Weise ganze Berge von Bärenknochen ansammeln (▸ 6.3). Diese Knochen liefern ein umfangreiches Archiv für DNS-Analysen. Entsprechende Untersuchungen ermöglichten die Rekonstruktion von vier genetisch verwandten Gruppen (sogenannten Haplogruppen) sowie Aussagen über den genetischen Austausch zwischen diesen einzelnen Gruppen in Abhängigkeit von der klimatischen Entwicklung im späten Pleistozän (Orlando et al. 2002). Ferner konnte gezeigt werden, dass eine kleine Körpergröße vermutlich die ursprüngliche Wuchsform des Höhlenbären darstellt, während die besonders großen Höhlenbären mit Schädellängen von über 50 cm mindestens zweimal unabhängig voneinander entstanden sein könnten (Hofreiter et al. 2002). Veränderungen der Populationsstruktur vor und nach der letzten Vereisung konnten neben dem Höhlenbären auch für europäische Braunbären und Höhlenhyänen nachgewiesen werden (Hofreiter et al. 2004). Alle diese Beispiele mahnen zur Vorsicht bei der Rekonstruktion der historischen Dynamik von Populationen, wenn die Fossilfunde nicht in Betracht gezogen werden.

## Alte DNS und die Klärung von Verwandtschaftsbeziehungen

Die Frage nach den Verwandtschaftsbeziehungen von Organismen ist für evolutionsbiologische, ökologische und stammesgeschichtliche Forschungen von zentraler Bedeutung. Für Fossilien ist die Klärung dieser Frage oftmals schwierig, da mitunter nur wenige morphologische Details überliefert oder die Fossilien zu schlecht erhalten sind, um eindeutige Aussagen zu ermöglichen. In manchen Fällen kann die Untersuchung von alter DNS weiterhelfen und die Verwandtschaftsbeziehungen aufdecken oder bestehende Hypothesen testen. Bei dem vorher beschriebenen

Höhlenbären lieferte fossile DNS z. B. Hinweise auf seine enge Verwandtschaft mit dem Braunbären und dem Polarbären und bestätigte damit die Ergebnisse von vorherigen morphologischen Untersuchungen (Loreille et al. 2001, Bon et al. 2008). Ob es sich bei dem Deninger-Bär, der vor dem Höhlenbären in Europa und Ostasien lebte, um einen direkten Vorfahren des Höhlenbären handelt oder um eine Schwestergruppe, konnte anhand der bisher verfügbaren paläogenetischen Daten noch nicht abschließend geklärt werden (Bon et al. 2008). Es gelang in diesem Fall jedoch, authentische DNS aus 400 000 Jahre altem Knochenmaterial zu gewinnen (Valdiosera et al. 2006).

Inzwischen liegen paläogenetische Verwandtschaftsanalysen für etwa 50 ausgestorbene Arten vor (Pääbo et al. 2004). Eine der ersten Untersuchungen bezog sich auf den australischen Beutelwolf, von dem das letzte Exemplar 1936 in einem tasmanischen Zoo gestorben war. Diese Tiere sahen echten Wölfen bis hin zu Besonderheiten des Schädelbaus sehr ähnlich. Andererseits wiesen sie große Übereinstimmungen mit oligozänen und miozänen Vertretern von räuberischen Beuteltieren Südamerikas (Borhyaenidae) auf, und es stellte sich schon lange die Frage, ob diese Übereinstimmung auf verwandtschaftlicher Nähe oder Konvergenz beruhte. Mittels morphologischer Untersuchungen ließ sich diese Frage nicht eindeutig klären. Erst durch DNS-Analysen konnte nachgewiesen werden, dass der Beutelwolf mit australischen Raubbeutlern nächstverwandt ist (Thomas et al. 1989). Später ließ sich seine systematische Stellung innerhalb der Dasyuromorphia, die seit dem Oligozän bekannt sind, anhand weiterer DNS- und Proteinanalysen noch präzisieren (Krajewski et al. 1997). Dank dieser Studien ist es heute unstrittig, dass die Ähnlichkeit des australischen Beutelwolfs mit ähnlichen südamerikanischen Beuteltieren auf Konvergenz beruht.

Verblüffende Ergebnisse ergaben molekulargenetische Untersuchungen der ehemals auf Neuseeland beheimateten Moas. Diese flugunfähigen Laufvögel sind vor allem durch die sehr großen Weibchen der Gattung *Dinornis* berühmt geworden. Sie erreichten eine Größe von fast 2 m und ein Gewicht von annähernd 250 kg und gehörten damit zu den größten Vögeln, die in historischer Zeit existierten. Durch die polynesischen Kolonisten, die Neuseeland im frühen 13. Jahrhundert besiedelten, wurden die Moas in weniger als 100 Jahren durch intensive Bejagung und die Zerstörung der Waldgebiete ausgerottet (Holdaway & Jacomb 2000). Ihre niedrige Reproduktionsrate kam dabei erschwerend hinzu (Turvey et al. 2005). Die Wiederentdeckung und wissenschaftliche Erforschung der Moas ist eng mit dem berühmten und einflussreichen Anatomen und Wirbeltierpaläontologen Richard Owen verbunden. 1839 hatte er Gelegenheit, Knochenfragmente aus Neuseeland zu untersuchen, und in demselben Jahr veröffentlichte er seine erste Arbeit über die Moas, die er als sehr große, flugunfähige Vögel ansah (▸ 7.9). In den folgenden 46 Jahren sollten noch 50 weitere Arbeiten über die Moas folgen und viele Moa-Arten tragen seinen Namen.

Auch ein deutscher Geologe war an der Erforschung der außergewöhnlichen Vögel beteiligt. Der Bonner Johann Franz Julius von Haast kam 1858 nach Neuseeland, wo er sich mit dem Geologen und Geographen Ferdinand Hochstetter anfreundete und mit ihm ausgedehnte Reisen über die neuseeländischen Inseln unternahm. Dabei wurden auch Moa-Knochen gesammelt. Von Haast blieb in Neuseeland und wurde 1869 Direktor des Canterbury-Museums, das eine der umfangreichsten Moa-Sammlungen besitzt. Er veröffentlichte eine Reihe von Arbeiten über die Moas und beschrieb mehrere neue Arten. Ihm ist es auch zu verdanken, dass Knochen und Skelette auch in andere Museen und Sammlungen gelangten, darunter das in ▸ 7.9 dargestellte Skelett aus der Sammlung des Bonner Goldfuß-Museums. Auch der größte Feind des Moas, der ausgestorbene „Haastadler", der eine Flügelspannweite von bis zu 3 m erreichte, ist zuerst durch von Haast 1872 beschrieben worden.

In den ersten 150 Jahren der Erforschung der Moas wurden nicht weniger als 64 Arten und 20 Gattungen beschrieben, wie Worthy & Holdaway (2002) in ihrem wunderbaren Buch über die Moas berichten. In den letzten Jahrzehnten wurde diese auf reiner Typologie beruhende Zersplitterung der Formenkreise jedoch revidiert, und bis 2003 hatte man die Zahl der akzeptierten Arten anhand morphologischer Nachuntersuchungen auf elf reduziert. Noch tiefere Einblicke in die Verwandtschaftsverhältnisse der Moas ermöglichte die Analyse von alter Kern-DNS aus dem reichlich zur Verfügung stehenden Knochenmaterial (Huynen et al. 2003). Überraschenderweise zeigte sich dabei, dass die drei *Dinornis*-Arten, zu denen mittelgroße, aber auch besonders großwüchsige Formen gehörten, genetisch nicht unterschieden werden können. Es gab zwar einen jeweils einheitlichen Verwandtschaftskreis auf der Nord- bzw. Südinsel von Neuseeland, der nach mitochondrialen DNS-Daten eine artliche Trennung gerechtfertigt hätte, aber die Kern-DNS wies in eine andere Richtung. Da bei den Analysen erstmals geschlechtsspezifische Gensequenzen untersucht wurden, konnte ermittelt werden, ob es sich um weibliche oder männliche Exemplare handelte, und damit ließ sich das Rätsel der starken Größen-

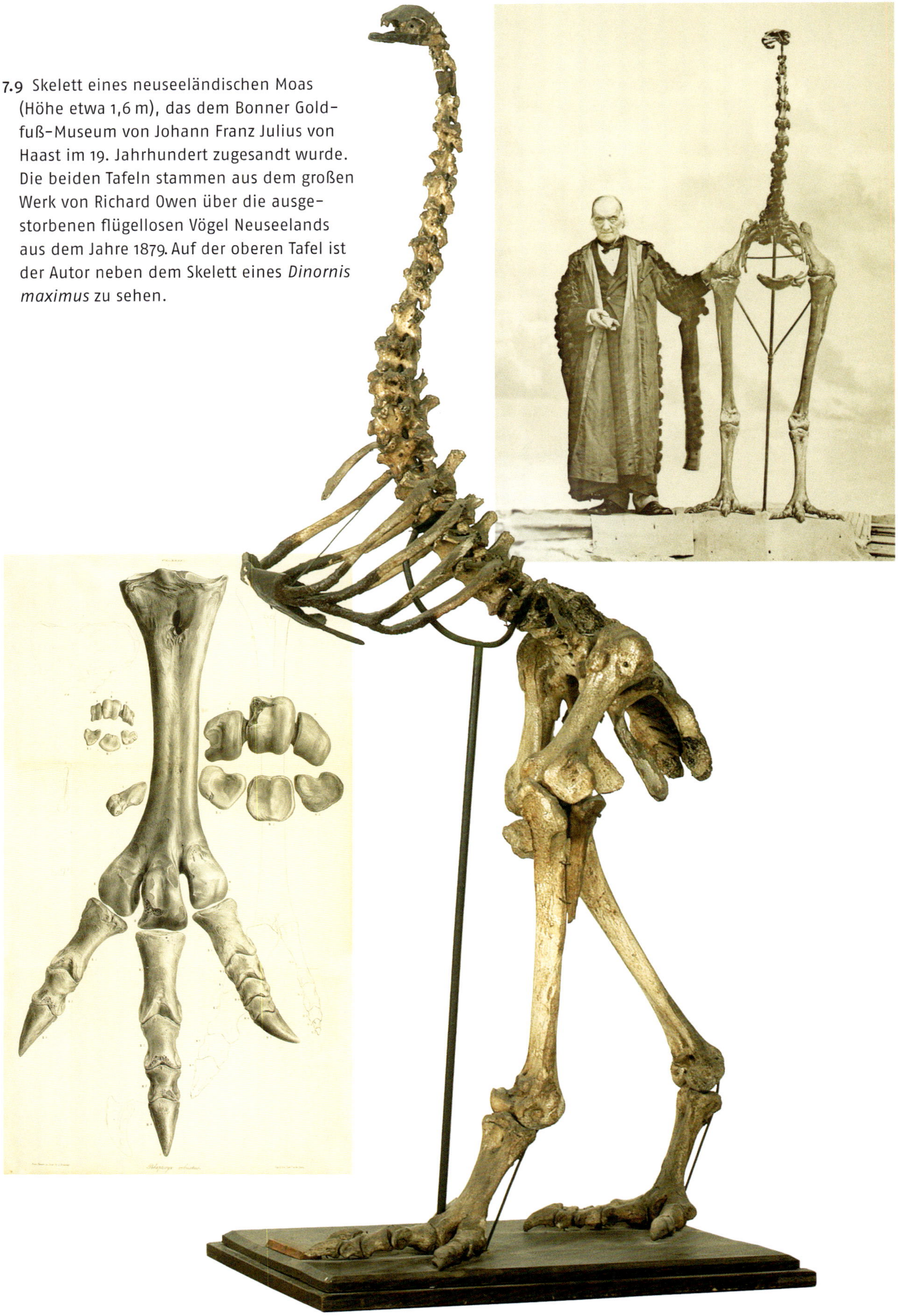

7.9 Skelett eines neuseeländischen Moas (Höhe etwa 1,6 m), das dem Bonner Goldfuß-Museum von Johann Franz Julius von Haast im 19. Jahrhundert zugesandt wurde. Die beiden Tafeln stammen aus dem großen Werk von Richard Owen über die ausgestorbenen flügellosen Vögel Neuseelands aus dem Jahre 1879. Auf der oberen Tafel ist der Autor neben dem Skelett eines *Dinornis maximus* zu sehen.

unterschiede klären. Die Angehörigen von *Dinornis* wiesen einen besonders ausgeprägten Geschlechtsdimorphismus auf, d. h., die Weibchen erreichten bis zu 280 % des Gewichtes und 150 % der Größe der Männchen. Daneben gab es noch eine regionale Größenvariabilität, die auf Unterschiede im ehemaligen Lebensraum zurückging (Bunce et al. 2003). Als Konsequenz dieser Ergebnisse mussten zwei der drei alten *Dinornis*-Arten eingezogen werden, sodass aus Prioritätsgründen heute nur noch die Arten *D. novaezealandiae* als Form der nördlichen Insel und *D. robustus* als Bewohner der südlichen Insel Bestand haben. Sie sind schon 1843 bzw. 1846 von Richard Owen beschrieben worden.

## Perspektiven der Paläogenetik

Dank der stetigen Verbesserung der methodischen Grundlagen und durch die Optimierung von Prüfungsverfahren bei der Gewinnung von Daten hat sich die Paläogenetik zu einer sehr wichtigen Forschungsrichtung entwickelt, die unsere Kenntnisse vor allem über das Leben in der jüngeren Vergangenheit enorm bereichert hat. Wie weit sich dieser Rückblick mit alter DNS noch nach hinten verschieben lassen wird, ist kaum präzise vorhersagbar. Erst vor einigen Jahren wurde z. B. DNS eines Zwergelefanten von der Insel Kreta untersucht, die ein Alter von etwa 800 000 Jahren aufweist (Poulakakis et al. 2006). Dabei erwies sich der Elefant eigentlich als Zwergmammut, denn nach den genetischen Befunden gehörten diese kleinwüchsigen Formen vermutlich zur Gattung *Mammuthus* und nicht zur Gattung *Elephas*. Natürlich wurden zu Recht auch Zweifel an den Ergebnissen geäußert, denn so war z. B. das Klima zu der Zeit, aus der das Material stammt, der Erhaltung fossiler DNS nicht gerade förderlich (z. B. Binladen et al. 2007, Orlando et al. 2007). Schwierigkeiten bei dem Nachweis der Authentizität derart alten Materials wird es aber sicher auch in Zukunft immer wieder geben.

Dank neuer Techniken und Analyseverfahren werden immer schneller Rekonstruktionen von großen Genomabschnitten oder sogar vollständigen Genomen möglich sein (z. B. Hofreiter 2008). Inzwischen sind z. B. auch sehr große Teile des Mammutgenoms sequenziert, das aus mehr als 4 Milliarden Basenpaaren besteht (Poinar et al. 2006, Miller et al. 2008). Und auch für den pleistozänen Höhlenbären konnten schon Metagenomsequenzen gewonnen werden (Noonan et al. 2005). Ohne Zweifel werden bald Genomdaten von weiteren ausgestorbenen Organismen folgen.

7.10 Backenzahn eines Mammuts mit den charakteristischen Schmelzlamellen, welche die Kaufläche aufbauen. Das kleine Bild zeigt etwa 12 500 Jahre altes Mammuthaar aus Jakutien. Es ist durch den Alterungsprozess aufgehellt und hat wahrscheinlich nicht mehr die Originalfarbe.

Weitere Fortschritte sind für die Analyse des Ursprungs und der Dynamik von Populationen zu erwarten. Sie können wesentlich zum Verständnis der heutigen Verbreitung vieler Arten beitragen und z. B. auch Gründe für das Aussterben von Populationen liefern. Wie z. B. für den nordamerikanischen Bison gezeigt werden konnte, war der dramatische und rasche Wechsel des Klimas vor 37 000 Jahren die wahrscheinliche Ursache für den deutlichen Rückgang der Populationen. Vor etwa 22 000 Jahren wurde dann durch den Vorstoß des Gletschereises eine nördliche von einer südlichen Gruppe getrennt und später kam es in den nördlichen Populationen zu einem weiteren Rückgang der genetischen Diversität (SHAPIRO et al. 2004). Bislang waren viele Spezialisten davon ausgegangen, dass die ehemals riesigen Bisonherden vor allem durch die nordamerikanischen Ureinwohner dezimiert worden waren, die vor ca. 14 000 Jahren erstmals erschienen. Die Untersuchungen zeigen jedoch, dass das Klima einen viel stärkeren Einfluss auf die Populationsdynamik hatte als bisher angenommen worden war. Diese Kenntnisse über die Struktur und Geschichte von Populationen sind nicht nur von akademischem Interesse, sondern sie bilden auch eine wichtige Grundlage für die Planung und Durchführung von Schutzmaßnahmen für heute bedrohte Arten.

Die vollständige Sequenzierung kompletter Genome heutiger Organismen bietet der Paläontologie und Evolutionsforschung aber auch die Möglichkeit, in sehr große zeitliche Tiefen vorzudringen, ohne dass dazu alte DNS erhalten sein muss. Die Genomforschung kann Gene identifizieren, die für Merkmale kodieren, die als Synapomorphien für die Aufdeckung phylogenetischer Verwandtschaftsbeziehungen genutzt werden. Wenn nun die Merkmale, für die diese Gene kodieren, fossil überlieferungsfähig sind, so kann der Fossilbericht Aufschluss über das Mindestalter der Merkmale, aber auch der Gene geben, sodass gleichsam eine zeitliche Dimension in das Genom eingeht. Aus der Funktion der Gene, der Struktur des Genoms und der sequenziellen Chronologie der Gene sind weitreichende Aussagen zur Evolution großer Organismengruppen möglich. Durch die vollständige Sequenzierung des Genoms des Purpur-Seeigels *(Strongylocentrotus purpuratus)* konnte z. B. gezeigt werden, dass das Gen bzw. die Genbatterie, die für die Bildung des kalzitischen Maschenwerks des Seeigelgehäuses verantwortlich ist, bereits im frühen Kambrium vor 520 Millionen Jahren seine Funktion übernommen hatte (BOTTJER et al. 2006). Diese Arbeit ist ohne Zweifel erst der Anfang einer neuen fruchtbaren Verbindung von paläontologischer und genetischer Forschung.

Kehren wir am Ende dieses Kapitels noch einmal zum *„Jurassic Park"* zurück. Wie bereits eingangs beschrieben wurde, gibt es keinerlei Möglichkeit, ausgestorbene Organismen, wie die Saurier, das Mammut und selbst den Neandertaler mithilfe von alter DNS zu rekonstruieren. Der amerikanische Saurierexperte Jack Horner, der auch Steven Spielberg bei der Produktion seines Filmes *„Jurassic Park"* beraten hat, beleuchtet in einem gerade erschienenen Buch nun die Möglichkeit, die Saurier ohne alte DNS wiederzuerwecken (HORNER & GORMAN 2009). Dieses soll durch sogenannte *„Reverse Evolution"* geschehen, indem über Manipulationen der Regulation von Entwicklungsgenen ursprüngliche Merkmalsausprägungen hergestellt werden, so etwa ein Schwanz und „Saurierextremitäten" an einem Huhn. Da Saurier wie der Furcht einflößende *Tyrannosaurus rex* ja schließlich Stammlinienvertreter der Vögel sind, sollte dies in gewissen Grenzen tatsächlich möglich sein.

## Literatur


AUSTIN, J. J., ROSS, A. J., SMITH, A. B., FORTEY, R. A. & THOMAS, R. H. (1997): Problems of reproducibility – does geologically ancient DNA survive in amber-preserved insects? Proc. R. Soc. London B 264. S. 467–474.

BARNES, I., MATHEUS, P., SHAPIRO, B., JENSEN, D. & COOPER, A. (2002): Dynamics of Pleistocene Population Extinctions in Beringian Brown Bears. Science 295. S. 2267–2270.

BINLADEN, J., GILBERT, M. T. P., WILLERSLEV, E. (2007): 800 000 year old mammoth DNA, modern elephant or PCR artefact? Biol. Lett. 3. S. 55–57.

BOLUS, M. & SCHMITZ, R. W. (2006): Der Neandertaler. Jan Thorbecke Verlag, Ostfildern.

BON, C., CAUDY, N., DE DIEULEVEULT, M., FOSSE, P., PHILIPPE, M., MAKSUD, F., BERAUD-COLOMB, É., BOUZAID, E., KEFI, R., LAUGIER, C., ROUSSEAU, B., CASANE, D., VAN DER PLICHT, J., ELALOUF, J.-M. (2008): Deciphering the complete mitochondrial genome and phylogeny of the extinct cave bear in the Paleolithic painted cave of Chauvet. Proc. Nat. Acad. Sci. 105. S. 17447–17452.

BOTTJER, D. J., DAVIDSON, E. H., PETERSON, K. J. & CAMERON, R. A. (2006): Paleogenomics of Echinoderms. Science 314. S. 956–960.

BROMHAM, L. (2008): Reading the story in DNA. Oxford University Press, Oxford.

BUNCE, M., WORTHY, T. H., FORD, T., HOPPITT, W., WILLERSLEV, E., DRUMMOND, A. & COOPER, A. (2003): Extreme reversed sexual size dimorphism in the extinct New Zealand moa *Dinornis*. Nature 425. S. 172–175.

CANO, R. J., POINAR, H. & POINAR JR., G. O. (1992): Isolation and partial characterisation of DNA from the bee *Proplebeia dominicana* (Apidae: Hymenoptera) in 25–40 million year old amber. Med. Sci. Res. 20. S. 249–251.

CANO, R. J., POINAR, H. N., PIENIAZEK, N. J., ACRA, A. & POINAR JR., G. O. (1993): Amplification and sequencing of DNS from a 120–135 million-year-old weevil. Nature 363. S. 536–538.

CRICHTON, M. (1990): Jurassic Park. Verlag Alfred A. Knopf, New York.

CURRAT, M. & EXCOFFIER, L. (2004): Modern Humans Did Not Admix with Neanderthals during Their Range Expansion into Europe. PloS 2, e421. S. 2264–2274.

DAHM, R. (2008): Discovering DNA: Friedrich Miescher and the Early Years of Nucleic Acid Research. Human Genetics 122. S. 565–581.

DESALLE, R., GATESY, J., WHEELER, W. & GRIMALDI, D. (1992): DNA sequences from a fossil termite in Oligo-Miocene amber and their phylogenetic implications. Science 257. S. 1933–1936.

ENARD, W., PRZEWORSKI, M., FISHER, S. E., LAI, C. S. L., WIEBE, V., KITANO, T., MONACO, A. P. & PÄÄBO, S. (2002): Molecular evolution of FOXP2, a gene involved in speech and language. Nature 418. S. 869–872.

EVANS, P. D., MEKEL-BOBROV, N., VALLENDER, E. J., HUDSON, R. R. & LAHN, B. T. (2006): Evidence that the adaptive allele of the brain size gene *microcephalin* introgressed into *Homo sapiens* from an archaic *Homo* lineage. Proc. Nat. Acad. Sci. 103. S. 18178–18183.

FULROTT, J. C. (1859): Menschliche Ueberreste aus einer Felsengrotte des Düsselthals. Ein Beitrag zur Frage über die Existenz fossiler Menschen. Verhandlungen des naturhistorischen Vereins der preussischen Rheinlande und Westphalens 16. S. 131–153, 1 Tafel.

GIBBONS, A. (2010): Close encounters of the prehistoric kind. Science 328. S. 680–684.

GREEN, R. E., KRAUSE, J., PTAK, S. E., BRIGGS, A. W., RONAN, M. T., SIMONS, J. F., DU, L., ENGHOLM, M., ROTHBERG, J. M., PAUNOVIC, M. & PÄÄBO, S. (2006): Analysis of one million base pairs of Neanderthal DNA. Nature 444. S. 330–336.

GREEN, R. E., MALASPINAS, A.-S., KRAUSE, J., BRIGGS, A. W., JOHNSON, P. L. F., UHLER, C., MEYER, M., GOOD, J. M., MARICIC, T., STENZEL, U., PRÜFER, K., SIEBAUER, M., BURBANO, H. A., RONAN, M., ROTHBERG, J. M., ENGHOLM, M., RUDAN, P., BRAJKOVIC, D., KUĆAN, Ž., GUŠIĆ, I, WIKSTRÖM, M., LAAKKONEN, L., KELSO, J., SLATKIN, M., PÄÄBO, S. (2008): A complete Neandertal mitochondrial genome sequence determined by high-throughput sequencing. Cell 134. S. 416–426.

GREEN, R. E., KRAUSE, J., BRIGGS, A. W., TOMISLAV, M., STENZEL, U. KIRCHER, M., PATTERSON, N., LI, H., ZHAI, W., HSI-YANG FRITZ, M., HANSEN, N. F., DURAND, E. Y., MALASPINAS, A.-S., JENSEN, J. D., MARQUES-BONET, T., ALKAN, C., PRÜFER, K., MEYER, M., BURBANO, H. A., GOOD, J. M., SCHULTZ, R., AXIMU-PETRI, A., BUTTHOF, A., HÖBER, B., HÖFFNER, B., SIEGMUND, M., WEIHMANN, A., NUSBAUM, C., LANDER, E. S., RUSS, C., NOVOD, N., AFFOURTIT, J., EGHOLM, M., VERNA, C., RUDAN, P., BRAJKOVIC, D., KUCAN, Ž., GUŠIC, I., DORONICHEV, V. B., GOLOVANOVA, L. V., LALUEZA-FOX, C., DE LA RASILLA, M., FORTEA, J., ROSAS, A., SCHMITZ, R. W., JOHNSON, P. L. F., EICHLER, E. E., FALUSH, D., BIRNEY, E., MULLIKIN, J. C., SLATKIN, M., NIELSEN R., KELSO, J., LACHMANN, M., REICH, D., PÄÄBO, S. (2010): A Draft Sequence of the Neandertal Genome. Science 328. S. 710–722.

GUGERLI, F., PARDUCCI, L. & PETIT, R. J. (2005): Ancient plant DNA: review and prospects. New Phytologist 166. S. 409–418.

HANDT, O., RICHARDS, M., TROMMSDORFF, M., KILGER, C., SIMANAINEN, J., GEORGIEV, O., BAUER, K., STONE, A., HEDGES, R., SCHAFFNER, W. ET AL. (1994): Molecular genetic analyses of the Tyrolean Ice Man. Science 264. S. 1775–1778.

HEBSGAARD, M. B., PHILLIPS, M. J. & WILLERSLEV, E. (2005): Geologically ancient DNA: fact or artefact? Trends in Microbiol. 13 (5). S. 212–220.

HIGUCHI, R., BOWMAN, B., FREIBERGER, M., RYDER, O. A. & WILSON, A. C. (1984): DNA sequences from the quagga, an extinct member of the horse family. Nature 312. S. 282–284.

HOFREITER, M. (2008): Palaeogenomics. C. R. Palevol. 7. S. 113–124.

HOFREITER, M., POINAR, H. N., SPAULDIN, W. G., BAUER, K., MARTIN, P. S., POSSNERT, G. & PÄÄBO, S. (2000): A molecular analysis of ground sloth diet through the last glaciation. Mol. Ecol. 9. S. 1975–1984.

HOFREITER, M., SERRE, D., POINAR, H. N., KUCH, M. & PÄÄBO, S. (2001): Ancient DNA. Nature Reviews Genetics 2. S. 353–359.

HOFREITER, M., CAPELLI, C., KRINGS, M., WAITS, L., CONARD, N., MÜNZEL, S., RABEDER, G., NAGEL, D., PAUNOVIC, M., JAMBRĚSIĆ, MEYER, S., WEISS, G. & PÄÄBO, S. (2002): Ancient DNA Analyses Reveal High Mitochondrial DNA Sequence Diversity and Parallel Morphological Evolution of Late Pleistocene Cave Bears. Mol. Biol. Evol. 19. S. 1244–1250.

Hofreiter, M., Serre, D., Rohland, N., Rabeder, G., Nagel, D., Conrad, N., Münzel, S. & Pääbo, S. (2004): Lack of phylogeography in European mammals before the last glaciation. Proc. Nat. Acad. Sci. 101. S. 12963–12968.

Holdaway, R. N. & Jacomb, C. (2000): Rapid Extinction of the Moas (Aves: Dinornithiformes): Model, Test, and Implications. Science 287. S. 2250–2254.

Horner, J. & Gorman, J. (2009): How to build a dinosaur. Dutton Adult. [Deutsche Ausgabe (2010): Evolution rückwärts. Spektrum Akademischer Verlag, Heidelberg.]

Huynen, L., Millar, C. D., Scofield, R. P. & Lambert, D. M. (2003): Nuclear DNA sequences detect species limits in ancient moa. Nature 425. S. 175–178.

International Human Genome Sequencing Consortium (2004): Finishing the euchromatic sequence of the human genome. Nature 431. S. 931–945.

Janczewski, D. N., Yuhki, N., Gilbert, D. A., Jefferson, G. T. & O'Brien, S. T. (1992): Molecular phylogenetic inference from saber-toothed cat fossils of Rancho La Brea. Proc. Natl. Acad. Sci. 89. S. 9769–9773.

Koenigswald, W. von (2002): Lebendige Eiszeit – Klima und Tierwelt im Wandel. Wissenschaftliche Buchgesellschaft Darmstadt, Theiss Verlag.

Krajewski, C., Buckley, L. & Westerman, M. (1997): DNA phylogeny of the marsupial wolf resolved. Proc. R. Soc. London B 264. S. 911–917.

Krings, M., Stone, A., Schmitz, R. W., Krainitzki, H., Stoneking, M. & Pääbo, S. (1997): Neandertal DNA Sequences and the Origin of Modern Humans. Cell 90. S. 19–30.

Lambert, D. M., Ritchie, P. A., Millar, C. D., Holland, B., Drummond, A. J. & Baroni, C. (2002): Rates of Evolution in Ancient DNA from Adélie Penguins. Science 295. S. 2270–2273.

Leonard, J. A., Wayne, R. K. & Cooper, A. (2000): Population genetics of Ice Age brown bears. Proc. Nat. Acad. Sci. 97. S. 1651–1654.

Leonard, J. A., Rohland, N., Glaberman, S., Fleischer, R. C., Caccone, A. & Hofreiter, M. (2005): A rapid loss of stripes: the evolutionary history of the extinct quagga. Biol. Lett. 1. S. 291–295.

Lindahl, T. (1993): Recovery of antediluvian DNA. Nature 365. S. 700.

Loreille, O., Orlando, L., Patou-Mathis, M., Philippe, M., Taberlet, P. & Hänni, C. (2001): Ancient DNA analysis reveals divergence of the cave bear, *Ursus spelaeus*, and brown bear, *Ursus arctos*, lineages. Current Biol. 11. S. 200–203.

Marota, I. & Rollo, F. (2002): Molecular paleontology. Cellular and Molecular Life Sciences 59. S. 97–111.

Miller, W., Drautz, D., Ratan, A., Pusey, B., Qi, J., Lesk, A. M., Tomsho, L., Packard, M., Zhao, F., Sher, A., Tikhonov, A., Raney, B., Patterson, N., Lindblad-Toh, K., Lander, E. S., Knight, J. R., Irzyk, G. P., Fredrikson, F. M., Harkins, T. T., Sheridan, S., Pringle, T., Schuster, S. C. (2008): Sequencing the nuclear genome of the extinct woolly mammoth. Nature 456. S. 387–390.

Müller, W., Fricke, H., Halliday, A. N., McCulloch, M. T. & Wartho, J.-A. (2003): Origin and Migration of the Alpine Iceman. Science 302. S. 862–866.

Mullis, K. B. & Faloona, F. A. (1987): Specific synthesis of DNA in vitro via a polymerase-catalyzed chain reaction. Methods Enzymology 155. S. 335–350.

Nicholls, H. (2008): Let's make a mammoth. Nature 456. S. 310–314.

Noonan, J. P., Hofreiter, M., Smith, D., Priest, J. R., Rohland, N., Rabeder, G., Krause, J., Detter, J. C., Pääbo, S. & Rubin, E. M. (2005): Genomic Sequencing of Pleistocene Cave Bears. Science 309. S. 597–600.

Noonan, J. P., Coop, G., Kudaravalli, S., Smith, D., Krause, J., Alessi, J., Chen, F., Platt, D., Pääbo, S., Pritchard, K. & Rubin, E. M. (2006): Sequencing and Analysis of Neanderthal Genomic DNA. Science 314. S. 1113–1118.

Orlando, L., Bonjean, D., Bocherens, H., Thenot, A., Argant, A., Otte, M., Hänni, C. (2002): Ancient DNA and the Population Genetics of Cave Bears *(Ursus spelaeus)* Through Space and Time. Mol. Biol. Evol. 19. S. 1920–1933.

Orlando, L., Pagés, M., Calvignac, S., Hughes, S., Hänni, C. (2007): Does the 43 bp sequence from an 800 000 year old Cretan dwarf elephantid really rewrite the textbook on mammoths? Biol. Lett. 3. S. 58–60.

Pääbo, S. (1985): Molecular cloning of Ancient Egyptian mummy DNA. Nature 314. S. 644–645.

Pääbo, S. (1993): Ancient DNA. Scientific America 269. S. 86–92.

Pääbo, S., Poinar, H., Serre, D., Jaenicke-Després, Hebler, J., Rohland, N., Kuch, M., Krause, J., Vigilant, L. & Hofreiter, M. (2004): Genetic Analyses from Ancient DNA. Annu. Rev. Genet. 38. S. 645–679.

Patterson, S. D. & Aebersold, R. H. (2003): Proteomics: the first decade and beyond. Nature Genetics Suppl. 33. S. 311–323.

Poinar, H. (2000): Preservation of DNA in the fossil record. Verlag Helmar Wodtke & Katharina Stegbauer GbR, Leipzig.

Poinar Jr., G. O. & Hess, R. (1982): Ultrastructure of 40-Million-Year-Old Insect Tissue. Science 215. S. 1241–1242.

Poinar, H. N. & Pääbo, S. (2001): DNA. In: Briggs, D. E. G. & Crowther, P. R. [Hrsg.]: Palaeobiology II: 241–245. Blackwell Publishing.

Poinar, H. N., Hofreiter, M., Spaulding, G., Martin, P. S., Stankiewicz, A. B., Bland, H., Evershed, R. P., Possnert, G. & Pääbo, S. (1998): Molecular Coproscopy: Dung and Diet of the Extinct Ground Sloth *Nothrotheriops shastensis.* Science 281. S. 402–406.

Poinar, H. N., Schwarz, C., Qi, J., Shapiro, B., MacPhee, R. D. E., Buigues, B., Tikhonov, A., Huson, D. H., Tomsho, L. P., Auch, A., Rampp, M., Miller, W. & Schuster, S. C. (2006): Metagenomics to Paleogenomics: Large Scale Sequencing of Mammoth DNA. Science 311. S. 392–394.

Poulakakis, N., Parmakelis, A., Lymberakis, P., Mylonas, M., Zouros, E., Reese, D. S., Glaberman & Caccone, A. (2006): Ancient DNA forces reconsideration of evolutionary history of Mediterranean pygmy elephantids. Biology Letters 2. S. 451–454.

Rabeder, G., Nagel, D. & Pacher, M. (2000): Der Höhlenbär. Jan Thorbecke Verlag, Stuttgart.

Ritchie, P. A., Millar, C. D., Gibb, G. C., Baroni, C. & Lambert, D. M. (2004): Ancient DNA Enables Timing of the Pleistocene Origin and Holocene Expansion of Two Adélie Penguin Lineages in Antarctica. Mol. Biol. Evol. 21. S. 240–248.

Rollo, F., Ubaldi, M., Ermini, L. & Marota, I. (2002): Ötzi's last meals: DNA analysis of the intestinal content of the Neolithic glacier mummy from the Alps. Proc. Natl. Acad. Sci. 99. S. 12594–12599.

Schweitzer, M. H., Wittmeyer, J. L. & Horner, J. R. (2007): Soft tissue and cellular preservation in vertebrate skeletal elements from the Cretaceous to the present. Proc. R. Soc. B 274. S. 183–197.

Serre, D., Langaney, A., Chech, M., Teschler-Nicola, M., Paunovic, M., Mennecier, P., Hofreiter, M., Possnert, G. & Pääbo, S. (2004): No Evi-

dence of Neandertal mtDNA Contribution to Early Modern Humans. PloS 2, e57. S. 313–317.
Shapiro, B., Drummond, A. J., Rambaut, A., Wilson, M. C., Matheus, P. E., Sher, A. V., Pybus, O. G., Gilbert, M. T. P., Barnes, I., Binladen, J., Willerslev, E., Hansen, A. J., Baryshnikov, G. F., Burns, J. A., Davydov, S., Driver, J. C., Froese, D. G., Harington, C. R., Keddie, G., Kosintsev, P., Kunz, M. L., Martin, L. D., Stephenson, R. O., Storer, J., Tedford, R., Zimov, S. & Cooper, A. (2004): Rise and Fall of the Beringian Steppe Bison. Science 306. S. 1561–1565.
Thomas, R. H., Schaffner, W., Wilson, A. C. & Pääbo, S. (1989): DNA phylogeny of the extinct marsupial wolf. Nature 340. S. 465–467.
Turvey, S. T., Green, O. R. & Holdaway, R. N. (2005): Cortical growth marks reveal extended juvenile development in New Zealand moa. Nature 435. S. 940–943.
Valdiosera, C., García, N., Dalén, L., Smith, C., Kahlke, R.-D., Lidén, K., Angerbjörn, A., Arsuaga, J. L. & Götherström, A. (2006): Typing single polymorphic nucleotides in mitochondrial DNA as a way to access Middle Pleistocene DNA. Biol. Letters 2. S. 601–603.
Von Haeseler, A. & Liebers, D. (2003): Molekulare Evolution. Fischer Taschenbuch Verlag, Frankfurt a. M.
Wadmann, M. (2008): James Watson's genome sequenced at high speed. Nature 452. S. 788.
Watson, J. D. & Crick, F. H. C. (1953): A Structure for Desoxyribose Nucleic Acid. Nature 171. S. 737.
Wayne, R. K., Leonard, J. A. & Cooper, A. (1999): Full of Sound and Fury: The Recent History of Ancient DNA. Annu. Rev. Ecol. Syst. 30. S. 457–477.
Willerslev, E. & Cooper, A. (2005): Ancient DNA. Proc. R. Soc. B 272. S. 3–16.
Willerslev, E., Hansen, A. J., Binladen, T. B., Brand, M. T., Gilbert, B., Shapiro, B., Bunce, C., Wiuf, D. A., Gilichinsky, D. A. & Cooper, A. (2003): Diverse plant and animal genetic records from Holocene and Pleistocene. Science 300. S. 791–795.
Willerslev, E., Hansen, A. J. & Poinar, H. H. (2004): Isolation of nucleic acids and cultures from fossil ice and permafrost. Trends Ecol. Evol. 19. S. 141–147.
Woodward, S. R., Weyand, N. J. & Bunnell, M. (1994): DNA sequence from Cretaceous period bone fragments. Science 268. S. 1192–1193.
Worthy, T. H. & Holdaway, R. N. (2002): The lost world of the Moa. Indiana University Press, Bloomington.

# 8 Die Zukunft paläobiologischer Evolutionsforschung

Im Jahre 1984 hielt der berühmte Paläontologe und Evolutionsbiologe Stephen Jay Gould eine viel beachtete Vortragsreihe im Rahmen der sogenannten *Tanner Lectures* an der Harvard-Universität über den Beitrag der Paläontologie zur Evolutionstheorie. Manche der anwesenden Evolutionsbiologen waren ohne Zweifel mit einer gewissen Skepsis in diese Veranstaltung gekommen, denn bis in die 1970er-Jahre hatte die Paläontologie kaum wahrnehmbare, eigenständige Beiträge zu den theoretischen Grundlagen der Evolution leisten können. In einem Essay über seine Eindrücke der *Tanner Lectures* fasste der bekannte Genetiker und Evolutionsbiologe John Maynard Smith diese Situation folgendermaßen zusammen (MAYNARD SMITH 1984): „*... the attitude of population geneticists to any palaeontologist rash enough to offer a contribution to evolutionary theory has been to tell him to go away and find another fossil, and not to bother the grownups.*" Am Ende bewertete Maynard Smith die Entwicklung der Paläontologie seit den 1970er-Jahren jedoch durchaus positiv. Gould hatte unter anderem über durchbrochene bzw. punktierte Gleichgewichte *(punctuated equilibria)*, die Bedeutung der hierarchischen Struktur der Evolution, Artselektion und Massenaussterben gesprochen und Maynard Smith damit offensichtlich davon überzeugt, dass die Paläontologie sehr wohl imstande ist, wesentliche Beiträge zur Evolutionstheorie beizutragen. Letzterer beendete seinen Essay denn auch mit den anerkennenden Worten: „*The palaeontologists have too long been missing from the high table. Welcome back.*"

Nun wird sich mancher Leser vielleicht fragen, was es mit dem „*high table*" auf sich hat. Kenner von akademischen Traditionen wissen natürlich, dass es sich dabei ursprünglich um den Tisch der Professoren, Dozenten und ihrer Gäste handelt, der in altehrwürdigen Colleges wie Oxford und Cambridge an der Stirnseite der großen Speisesäle auf einem Podest steht, sodass die Studierenden, die in langen Querreihen davor sitzen, voller Ehrfurcht zu ihren Lehrern aufschauen und grübeln können, welche bedeutenden Dinge wohl gerade oben am „*high table*" besprochen werden. Wer mit derlei Traditionen nichts anfangen kann, mag sich vielleicht an die wunderbaren Szenen in der großen Halle von Hogwarts aus Harry Potter erinnern, in denen die Schüler ihr Festmahl an langen Tischreihen gleichsam zu Füßen von Dumbledore und Konsorten einnehmen. Wenn Maynard Smith die Paläontologie nun am „*high table*" willkommen heißt, so ist das wie ein Ritterschlag und soll ausdrücken, dass hier eine über lange Zeit vor allem deskriptiv geprägte Wissenschaft in den Kanon der anspruchsvolleren, theoriebildenden Wissenschaften aufgestiegen ist.

Man mag einer solchen Bewertung zustimmen oder nicht, für die Paläontologie war diese „paläobiologische Revolution" äußerst wichtig. Sie hat neue Forschungsfelder eröffnet und interdisziplinäre Kooperationen gefördert, die für die Erhaltung, die Stärkung sowie die zukünftige Entwicklung der Paläontologie von entscheidender Bedeutung waren und sein werden. Der Weg der Paläontologie an den „*high table*" der wissenschaftlichen Disziplinen ist erst kürzlich in einer sehr lesenswerten Essaysammlung mit dem Titel „*The paleobiological revolution – essays on the growth of modern paleontology*" dargestellt worden (SEPKOSKI & RUSE 2009). Darin werden zahlreiche Aspekte paläobiologischer Evolutionsforschung diskutiert, die bereits in den vorangegangenen Kapiteln des vorliegenden Buches vorgestellt wurden.

Der amerikanische Paläontologe David Jablonski, der zu den führenden Akteuren auf dem Gebiet der paläontologischen Evolutionsforschung zählt, geht in seinem Essay auf zukünftige Forschungsfelder ein, die nicht zuletzt wegen ihres besonderen

**8.1** Erst im Rahmen paläobiologischer Analysen und evolutionsbiologischer Theoriebildung entfalten Fossilien, wie dieser mit Kalzitkristallen überwachsene Steinkern einer Muschel der Gattung *Diceras* aus dem Oberjura der Karpaten, ihr volles Potenzial als Zeugnisse der Entwicklung des Lebens.

Anspruchs an interdisziplinäre Kooperation vermutlich von besonderer Bedeutung für die weitere Entwicklung der Paläontologie sein werden (JABLONSKI 2009). Dabei handelt es sich um die folgenden sechs Themen:

- die Analyse der Qualität des Fossilberichts
- der Beitrag der Paläontologie zur evolutionären Entwicklungsbiologie
- die Bedeutung von extrinsischen und intrinsischen Faktoren für die Evolution
- Geschwindigkeit und Ablaufform der Evolution auf dem Niveau von Arten und oberhalb des Artniveaus
- nichtlineare Effekte von Aussterben und Radiationen
- die räumliche Dynamik der Evolution

Natürlich gibt es andere Ansichten darüber, welche paläontologischen Forschungsgebiete in der Zukunft besonders viel versprechend oder im Hinblick auf ihre gesellschaftliche Relevanz auch besonders drängend sein werden (z. B. KEMP 1999, OSCHMANN et al. 2000, LEINFELDER 2009, KIESSLING et al. 2010). Aber auch wenn dabei gesellschaftsrelevante Fragen in den Vordergrund gestellt werden, wie z. B. der Zusammenhang zwischen heutigen und früheren Klimaänderungen und dem Aussterben von Arten (z. B. LEINFELDER 2009), wird man bei genauerem Hinsehen feststellen, dass es auch hier letztlich um evolutionsbiologische Fragestellungen geht, für deren Klärung die Information aus dem Fossilbericht wesentliche Bedeutung haben kann (z. B. Selektivität des Aussterbens, Geschwindigkeit von Aussterbeereignissen und nachfolgender Erholung oder Anpassungsstrategien während hochdynamischer Umweltveränderungen). Die Erstellung hochauflösender Datensätze, so z. B. über die Klimadynamik, den Ursprung und die Entwicklung der Biodiversität in Raum und Zeit oder die Dynamik von Populationen, ist eine wichtige Basis für die Klärung von heute gesellschaftlich wichtigen ökologischen Fragestellungen. Ohne ein tieferes Verständnis der zugrunde liegenden evolutionsbiologischen Prozesse wird es am Ende jedoch nicht möglich sein, befriedigende Antworten zu liefern.

Im Folgenden sollen einige Forschungsfelder der paläontologischen Evolutionsforschung diskutiert werden, die sich schon jetzt als besonders fruchtbare und prosperierende Arbeitsgebiete erwiesen haben oder dies vermutlich in der Zukunft tun werden. Die Liste der Themen von JABLONSKI (2009) soll dabei als lose Richtschnur dienen.

## Die Qualität des Fossilberichts

Die überragende Bedeutung einer ständigen Qualitätskontrolle und der räumlichen sowie zeitlichen Ergänzung des Fossilberichts zieht sich wie ein roter Faden durch nahezu alle Arbeitsbereiche der Paläontologie. Verschiedene Aspekte wurden unter anderem schon in den Kapiteln 2, 5 und 6 eingehender erläutert. Die Taphonomie, also jener Zweig der Paläontologie, der sich mit dem Prozess der Fossilisation befasst (z. B. ALLISON & BOTTJER 2010; ▸ 8.2), wird zukünftig eine noch zentralere Rolle einnehmen, denn evolutionsbiologische Fragestellungen erfordern präzise Angaben über das Ausmaß der Unvollständigkeit und die erreichbare räumliche und zeitliche Auflösung des Fossilberichts. Je komplexer die Fragestellungen sind, desto höher werden auch die Anforderungen an die Paläontologen, die Qualität des Fossilberichts intensiv zu evaluieren und zu verbessern. Diese Überprüfung muss auf ganz unterschiedlichen Skalen stattfinden, die sich von lokalen Faunengemeinschaften bis hin zu globalen Datenbanken umfangreicher Organismengruppen ausdehnen.

Dass taphonomische Prozesse sich auch unmittelbar auf phylogenetische Analysen auswirken können, haben SANSOM et al. (2010) kürzlich in einer sehr eleganten Studie gezeigt. Als Modellorganismen dienten dabei Lanzettfischchen *(Branchiostoma)* und larvale Neunaugen *(Lampetra)*, da sie sehr ursprüngliche rezente Chordatiere repräsentieren, die relativ große Ähnlichkeit mit fossilen kambrischen Formen aufweisen, wie etwa *Cathaymyrus* aus dem Unteren Kambrium von China oder *Metaspriggina* und *Pikaia* aus dem Mittleren Kambrium des Burgess Shale. Die Autoren ließen nun die beiden heutigen Formen in Experimenten verwesen, um den Verlust von morphologischer Information unter kontrollierten Bedingungen zu erfassen. Ihr Augenmerk lag dabei aber nicht auf dem Zerfall des gesamten Organismus, sondern sie konzentrierten ihre Analyse auf morphologische Merkmalskomplexe, die phylogenetisch von Bedeutung sind, also Synapomorphien der Chordaten und ihrer basalen Teilgruppen darstellen.

Die Ergebnisse der Untersuchung sind in gewisser Weise besorgniserregend, denn sie zeigen, dass die Organismen nicht nach einem zufälligen Muster nach ihrem Tod zerfallen. Vielmehr liegt eine spezifische zeitliche Sequenz des Verlustes von Merkmalen vor, wobei die spezifischen Synapomorphien der Kronengruppe zuerst verschwinden und dann sukzessive die Synapomorphien der jeweils übergeordneten Teilgruppen verloren gehen. Dadurch wandern die Lanzettfischchen und larvalen Neunaugen mit zunehmendem Zer-

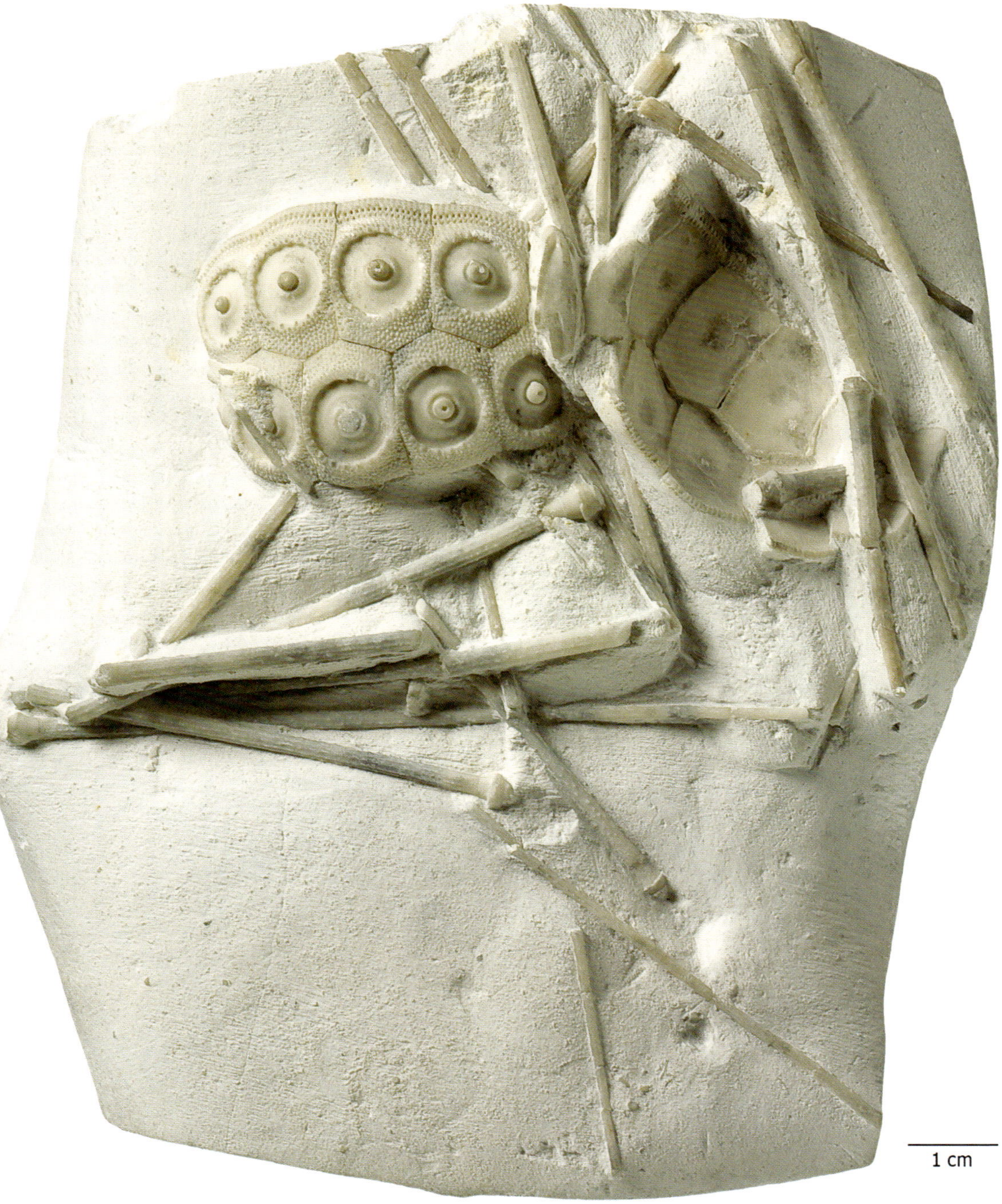


8.2 Die Untersuchung der Prozesse vom Sterben eines Organismus bis zu seiner endgültigen Fossilwerdung ist Gegenstand der Taphonomie. Je nach dem morphologischen Aufbau, den Todesumständen des Organismus und den lokalen Umweltbedingungen verläuft dieser Prozess anders. Der taphonomische Aspekt ist also ein stetiges, oft individuelles Wechselspiel zwischen Zerfall und Erhaltung. Deshalb ist ein tieferes Verständnis der taphonomischen Prozesse von grundlegender Bedeutung für Analysen der Vollständigkeit des Fossilberichts. Im Bild ist ein Seeigel aus der Oberkreide von England zu sehen, der sich in einem frühen Stadium des Zerfalls befindet. Das Kalkskelett, die sogenannte Corona, ist schon zerbrochen, aber noch im Zusammenhang mit den Stacheln überliefert.

8.3 Der postmortale Zerfall eines Organismus folgt häufig bestimmten Mustern. Mitunter kann es dabei vorkommen, dass phylogenetisch besonders aussagekräftige Merkmale (Synapomorphien) in einer spezifischen Reihenfolge durch zunehmenden Zerfall verloren gehen. Dadurch wird die verwandtschaftliche Zuordnung erheblich verzerrt. Die hier abgebildeten isolierten, großen vorderen Anhänge von *Anomalocaris* aus dem Mittleren Kambrium des Burgess Shale weisen jedoch einen anderen taphonomischen Aspekt aus. Es sind vermutlich Häutungsreste, stehen also nicht zwingend mit dem Zerfall toter Individuen im Zusammenhang. Sie kommen häufig isoliert vor und wurden ursprünglich fälschlich als Hinterleib einer „sonderbaren Garnele" (dies bedeutet auch der Name „*Anomalocaris*") beschrieben (WHITEAVES 1892). Erst 1985 konnte dieser Irrtum vollständig aufgeklärt werden (WHITTINGTON & BRIGGS 1985, COLLINS 1996).

fall gleichsam auf der Stammlinie nach unten, bis sie schließlich eine sehr basale Position erreichen, die sie schließlich als Stammlinienvertreter der Chordaten ausweist. Außerdem zeigte sich, dass bestimmte Merkmale immer zeitgleich verschwinden. Das bedeutet, es ist unter bestimmten Zerfallsbedingungen nicht möglich, den Ausfall von Merkmalen an einem Exemplar anhand von anderen Individuen zu kompensieren. Für die phylogenetische Interpretation von ähnlichen fossilen Formen mit Weichkörpererhaltung haben diese Ergebnisse tief greifende Folgen, denn es kann sein, dass der irreversible Verlust von Merkmalen in Abhängigkeit von lokalen Fossilisationsbedingungen dazu führt, dass die fossilen Taxa als ursprüngliche Stammlinienvertreter angesehen werden, obwohl sie in Wirklichkeit bereits relativ stark abgeleitete phylogenetische Positionen einnahmen. Die hier beschriebene merkmalsbasierte Zerfallsanalyse bietet ein großes Potenzial für zukünftige Untersuchungen und kann erheblich zur Klärung von strittigen Interpretationen herausragender Fossilien beitragen (BRIGGS 2010).

Die Entdeckung neuer Fundstellen und die Durchführung umfangreicher, stratigraphisch und räumlich hochaufgelöster Neuaufsammlungen von Fossilien werden auch in Zukunft wesentlich zur Verbesserung der Qualität des Fossilberichts beitragen. Aber auch ältere, scheinbar sehr gut bekannte Fundstellen können immer noch neue, bedeutende und zum Teil spektakuläre Funde liefern. Die Entdeckung eines *Anomalocaris*-ähnlichen Arthropoden aus dem Hunsrückschiefer (KÜHL et al. 2009), eines schalenlosen Cephalopoden aus dem mittelkambrischen Burgess Shale (SMITH & CARON 2010) oder der Fund eines theropoden Dinosauriers aus den oberjurassischen Solnhofener Plattenkalken (GÖHLICH & CHIAPPE 2006) sind nur einige neuere Beispiele, die dies bestätigen. Häufig verfolgen Fossilaufsammlungen bestimmte wissenschaftliche Fragestellungen, die z. B. geologische, stratigraphische, biogeographische oder auch paläobiologische Inhalte haben können. In manchen Fällen kann es jedoch auch wichtig sein, ohne eine konkrete Fragestellung Fossilien zu bergen, denn viele Fundstellen sind oft nur kurzzeitig geöffnet, so z. B. bei Bauarbeiten, sodass wichtige paläontologische Information auf lange Sicht verloren wäre. Gerade hier haben Fossiliensammler, die ihrer Leidenschaft oft mit großem Engagement nachgehen, schon häufig wertvolle Beiträge zur Sicherung von Fossilmaterial geleistet.

Schließlich darf nicht vergessen werden, dass in den bestehenden Sammlungen von Museen, Universitätsinstituten und Privatpersonen ein unendlich großer Schatz von Fossilien liegt. Allein in Deutschland existieren 42 Einrichtungen, die über Sammlungen mit mehr als 10 000 Fossilien verfügen (Kiessling et al. 2010). Diesen Reichtum gilt es zu bewahren und mithilfe moderner Datenerfassung und Datenauswertung noch deutlich besser wissenschaftlich zugänglich zu machen (z. B. Jansen & Steininger 2002, Allmon 2005). Erst wenn diese Voraussetzung erfüllt ist, kann das volle Potenzial des Fossilberichts für quantitative Analysen und Modellierungen des Wirkens von Evolutionsprozessen in Raum und Zeit voll genutzt werden (z. B. Jablonski 1999, Erwin 2009a, Kiessling et al. 2010).

## Der Beitrag der Paläontologie zur evolutionären Entwicklungsbiologie

In den letzten Jahren hat eine Forschungsrichtung in den Biowissenschaften einen enormen Auftrieb erfahren, die sich mit dem Zusammenhang von Ontogenese (der Individualentwicklung eines Organismus von der befruchteten Eizelle bis zum Adultus) und Evolution befasst (z. B. Carroll 2006). Dieses Forschungsfeld der Evolution von Entwicklungsprozessen wird im Englischen als *evolutionary developmental biology* oder kurz als „Evo-Devo" *(Evolution of Development)* bezeichnet (z. B. Arthur 2002). Dass es Zusammenhänge zwischen der Ontogenese und der Evolution bzw. der Stammesgeschichte gibt, ist schon lange bekannt und wurde insbesondere von Karl Ernst von Baer und Ernst Haeckel bereits im 19. Jahrhundert herausgestellt. Aber erst in den 1970er-Jahren wurde die Einsicht klar, dass nur die Kombination von Entwicklungsbiologie, moderner Genetik und Evolutionsbiologie zu tieferen Einsichten in die evolutionäre Veränderung von Entwicklungsstrategien und in ihren Einfluss auf die Stammesgeschichte der Organismen führen kann. Der Paläontologe und Evolutionsbiologe Stephen Jay Gould hat durch sein Buch *„Ontogeny and Phylogeny"* sehr zu dieser Entwicklung beigetragen (Gould 1977).

In den 1980er-Jahren gelang schließlich die fundamentale Entdeckung, dass eine erstaunlich übersichtliche Anzahl von Genen, insbesondere die Cluster der Homeobox-Gene, für die genetische Regulation der Entwicklung bei ganz unterschiedlichen Organismengruppen verantwortlich ist. Dies führte zu der Überlegung, dass diesen konservativen Entwicklungsgenen ein phylogenetisches Signal innewohnt, das für die Homologisierung der Entwicklung von ganz unterschiedlichen Organismen (z. B. Arthropoden und Wirbeltieren) genutzt werden kann (z. B. Raff 2000, Carroll 2006). Dies wurde erstmals 1984 von McGinnis et al. gezeigt.

Wegen der großen Bedeutung der Gene und der durch sie kontrollierten Prozesse in der evolutionären Entwicklungsbiologie erscheint es auf den ersten Blick vielleicht überraschend, dass die Paläontologie in diesem Forschungsbereich essenzielle Beiträge leisten kann (siehe z. B. Hall 2002 für einen ausführlichen Überblick). Wie in ▸7 bereits erläutert wurde, ist die Überlebensdauer der DNS im Fossilbericht auf maximal wenige Hunderttausend Jahre beschränkt. Hinzu kommt, dass der Fossilbericht von frühen ontogenetischen Stadien oder sogar vollständigen Entwicklungsreihen ausgesprochen unvollständig ist. Natürlich gibt es herausragende Ausnahmen, wie etwa die dreidimensional überlieferten Embryonen aus der neoproterozoischen Doushantou-Formation in China mit einem Alter von etwa 635 bis 551 Millionen Jahren (z. B. Xiao et al. 1998, Hagadorn et al. 2006), die als extrem alte fossile Überreste von Vielzellern (Metazoa) bzw. von bilateral symmetrischen Organismen (Bilateria; Chen et al. 2009) angesehen werden, oder die bereits in ▸6 erwähnten Larven und embryonale Stadien von Arthropoden und Nemathelminthen in sogenannter „Orsten-Erhaltung", die unter anderem aus dem Kambrium bekannt sind (z. B. Maas et al. 2006, Haug et al. 2010; ▸ 8.4).

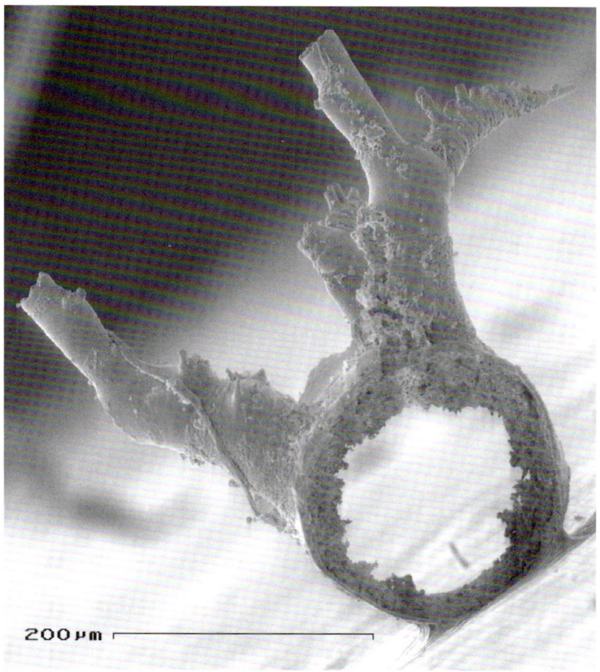


8.4 Körpersegment mit Extremitäten des fünften Larvenstadiums von *Musacaris gerdgeyeri* aus dem Kambrium von Schweden im rasterelektronenmikroskopischen Bild. Die dreidimensionale, sogenannte „Orsten-Erhaltung" erlaubt detaillierte Rekonstruktionen der ontogenetischen Entwicklung dieser sehr alten Stammlinienvertreter der Crustaceen (Aufnahme: Joachim Haug, AG Biosystematische Dokumentation, Universität Ulm).

8.5 Belemniten sind eine am Ende der Kreide ausgestorbene, artenreiche Gruppe der Kopffüßer (Cephalopoda). Im Körperbau ähnelten sie den heutigen Kalmaren. Im Gegensatz zu diesen bestand ihr Gehäuse, das komplett vom Weichkörper umgeben war, jedoch aus einem massigen, kalzitischen Rostrum (links, im Volksmund oft als „Donnerkeil" bezeichnet), das einem gekammerten Abschnitt, dem Phragmokon, angegliedert war. Dieser ist auf dem hinteren Exemplar aus dem Treuchtlinger Marmor (Oberer Jura) in dem sich nach rechts öffnenden Bereich zu erkennen. Durch diese Kombination erhielten diese schnellen und geschickten Schwimmer eine stabile Gleichgewichtslage. Die Belemniten tauchen erstmals im Unterkarbon auf. Am Ende der Kreide starben sie aus.

Einer der großen Nutzen des Fossilberichts für Evo-Devo-Forschung ist die Dokumentation von morphologischen Bauplänen, die heute nicht mehr existieren und aus dem Vergleich der Morphologie, der Entwicklungsprozesse, der entwicklungsgenetischen Netzwerke und der Genome von lebenden Organismen auch nicht mehr rekonstruiert werden können (RAFF 2007). Dies gilt natürlich insbesondere für ausgestorbene Taxa, wie etwa die Trilobiten, Ammoniten oder Belemniten (▸ 8.5).

Fossilien können außerdem ursprüngliche Ausprägungen von Merkmalen zeigen, die mit abgeleiteten morphologischen Strukturen von heutigen Organismen homologisierbar sind. Dabei können in manchen Fällen Übergangsschritte dokumentiert werden, die aus der Analyse rezenter entwicklungsbiologischer Muster nicht mehr zu erschließen sind (z. B. SHUBIN et al. 2009). Ein prominentes Beispiel sind die Wale, deren Evolution inzwischen durch spektakuläre Fossilien von amphibischen Übergangsformen dokumentiert ist (z. B. GINGERICH et al. 2001, THEWISSEN et al. 2001). An diesem Material zeigt sich z. B. sehr eindrucksvoll der Umbau der Extremitäten (THEWISSEN et al. 2006). Durch den Neufund eines trächtigen Walweibchens von *Maiacetus inuus* mit dem Fötus in Originalposition aus dem frühen Mitteleozän von Pakistan konnte kürzlich sogar nachgewiesen werden, dass diese amphibischen Urwale ihre Jungen noch an Land, mit dem Kopf voran zur Welt brachten, anders als alle heutigen Wale, die ihre Nachkommen mit dem Schwanz voran im Wasser zur Welt bringen (GINGERICH et al. 2009).

Ein weiteres schönes Beispiel für die Fossildokumentation von tief greifenden entwicklungsbiologischen Veränderungen haben Funde von fossilen Plattfischen aus dem Eozän von Frankreich und Italien geliefert. Die Plattfische hatten zwar schon damals einen abgeplatteten Körper, wie man ihn heute etwa bei Schollen und Flundern findet, aber im Gegensatz zu allen heutigen Plattfischen, bei denen beide Augen nur auf einer Körperseite liegen, finden sich bei den fossilen Arten die Augen noch auf beiden Seiten des Körpers (Friedman 2008). Obwohl die entwicklungsbiologischen Vorgänge, die von einer symmetrischen Fischlarve zu stark asymmetrischen juvenilen Fischen führen, gut bekannt sind, hatte es schon seit der Zeit von Lamarck und Darwin kontroverse Diskussionen um den evolutionären Ursprung dieser Transformation sowie über das Ablaufmuster – graduell oder sprunghaft – gegeben (Janvier 2008). Hier konnten die Fossilfunde jetzt wesentlich zu einer Klärung der Entwicklung beitragen.

Schließlich geben Fossilien der Evolution von Entwicklungsprozessen einen konkreten zeitlichen Rahmen und, was sehr wichtig ist, sie ermöglichen es, langfristige entwicklungsbiologische Veränderungen in einen ökologischen Kontext zu stellen (z. B. Knoll & Carroll 1999, Hall et al. 2004, Vrba 2005). Dieser Zusammenhang ist z. B. entscheidend, um die Verzwergung bzw. den Gigantismus von Inselbewohnern zu verstehen. Bei Säugetieren gibt es grundsätzlich die Tendenz, dass kleine Formen auf Inseln größer und ursprünglich große Formen kleinwüchsig werden (z. B. Vos et al. 2007). Ein bekanntes Beispiel ist der ausgestorbene sizilianische Elefant *Elephas falconeri,* der ausgewachsen eine Körperhöhe von weniger als einem Meter erreichte und unter 100 kg schwer war (Ambrosetti 1968, Roth 1992). Eine ähnliche Inselverzwergung ist auch von Sauriern bekannt. So erreichte der sauropode Dinosaurier *Europasaurus holgeri* aus dem Oberen Jura vom Langenberg bei Goslar am Harz nur eine Gesamtlänge von ungefähr 6,2 m (Sander et al. 2006; ▸ 8.6). Dass es sich bei diesem Individuum tatsächlich um ein aus-

**8.6** Rekonstruktion eines ausgewachsenen Exemplars und eines Jungtiers von *Europasaurus holgeri* aus dem Oberen Jura vom Langenberg bei Goslar in Originalgröße. Mit einer Gesamtlänge von nur 6,2 m war dieser verzwergte Sauropode an das Leben auf Inseln mit begrenzten Ressourcen angepasst. Die Originalrekonstruktionen stehen im Dinosaurierpark Münchehagen (Originalaufnahme: Nils Knötschke, Münchehagen).

8.7 In natürlichen Populationen sind Organismen überwiegend heterogenen Umweltbedingungen ausgesetzt, die sich zudem im Laufe der Zeit verändern können (z. B. saisonal im Laufe eines Jahres). Dies kann zu erhöhter phänotypischer Plastizität bzw. morphologischer Variabilität führen. Die Färbung der hier abgebildeten nordamerikanischen Kammmuscheln ist oft sehr variabel (die unteren drei Exemplare gehören einer Art an). Die Färbung kann z. B. von der Wassertemperatur abhängen oder auch Schutz vor optisch jagenden Räubern bieten, d. h. Ausdruck einer erhöhten Überlebenswahrscheinlichkeit sein. Grundsätzlich ist die Färbung jedoch genetisch kontrolliert, wie unter anderem in Kreuzungsversuchen experimentell gezeigt werden konnte.

gewachsenes Exemplar handelt, zeigen histologische Untersuchungen der Knochen, deren Feinaufbau verlässliche Schlussfolgerungen über Wachstumsraten und entwicklungsbiologisch wichtige Stadien zulässt (z. B. Sander et al. 2010). Diese verzwergten Dinosaurier lebten auf Inseln, die mit einer Größe von weniger als 200 000 km² offensichtlich zu klein waren, um großwüchsigen Sauropoden, die im Extremfall Längen von über 40 Metern erreichen konnten, bei einer bestimmten Populationsgröße genügend Ressourcen zu bieten.

Die stärkere Berücksichtigung von Umwelteinflüssen auf die Entwicklung der Organismen hat sich auch zunehmend in der Entwicklungsbiologie durchgesetzt. Der Entwicklungsbiologe Scott F. Gilbert hat für dieses Forschungsfeld den Begriff „Eco-Devo" *(ecological developmental biology)* eingeführt (Gilbert 2001, 2010, Dusheck 2002, Sultan 2007). Damit wird der Fokus von der Entstehung übergeordneter Taxa auf die Evolution innerhalb von Populationen und Arten gelenkt, die wechselnden Umwelteinflüssen ausgesetzt sind und auf diese Veränderungen oder heterogenen Umweltbedingungen mit phänotypischer Plastizität bzw. morphologischer Variabilität reagieren (▸ 8.7). Hier zeichnen sich weitere interessante Möglichkeiten der Kooperation von Paläontologie und Entwicklungsbiologie ab.

Vor allem die sehr schnell anwachsenden Kenntnisse über Genfunktionen und Genregulationsprozesse geben Aussicht auf Antworten für grundlegende paläontologische Fragestellungen. So sind die Prozesse, die zu der sehr schnellen Radiation der bilateral symmetrischen Organismen (Bilateria = Zweiseitentiere) im Neoproterozoikum (Ediacara-Fauna) und vor allem im Unteren Kambrium geführt haben, vermutlich nur zu verstehen, wenn man Veränderungen in den Regulationsnetzwerken von Entwicklungsgenen voraussetzt (z. B. Knoll & Carroll 1999, Conway Morris 2000, Valentine & Jablonski 2003, Davidson & Erwin 2006, Erwin 2009b). Insbesondere die kambrische Radiation, während der nahezu alle Stämme der Bilateria entstanden sind, erfolgte in nur etwa 10 bis 30 Millionen Jahren (z. B. Knoll 2003). Dies ist aus geologischer Sicht so ungewöhnlich schnell, dass auch häufig von der „kambrischen Explosion" gesprochen wird (z. B. Conway Morris 2000, 2006). Nach einer interessanten Hypothese des Zell- und Entwicklungsbiologen Eric H. Davidson und des Paläobiologen Douglas H. Erwin können Veränderungen in Genregulationsnetzwerken, welche die zeitliche und räumliche Expression von Regulatorgenen während der Ontogenese eines Organismus steuern, dieses Muster einer raschen initialen Radiation und nachträglichen Fixierung der morphologischen Baupläne im Fossilbericht erklären (Davidson & Erwin 2006, Erwin & Davidson 2009, Davidson & Erwin 2010). Die Autoren sind ferner der Ansicht, dass ihre Annahmen sich dank der fortschreitenden Technik experimentell überprüfen lassen, so dass fundamentale evolutive Veränderun-

8.8 An fossilen Knochen und Zähnen, wie bei diesem fossilen Biber *(Anchitheriomys suevicus)* aus dem Mittleren Miozän von Goldern bei Landshut, können mithilfe von geochemischen Analysen stabiler Isotope eine Vielzahl von biologischen Eigenschaften, wie z. B. Ernährung, Verhalten, Stoffwechsel oder Körpertemperatur, des ehemaligen Organismus rekonstruiert werden (Originalfossil im Staatlichen Museum für Naturkunde Stuttgart).

gen der Morphologie gleichsam reproduziert werden können (Erwin & Davidson 2009). Nicht nur dieses Beispiel zeigt, dass in der Kooperation von evolutionärer Entwicklungsbiologie und Paläobiologie ohne Zweifel ein sehr aussichtsreiches zukünftiges Forschungsfeld liegt.

## Die Bedeutung von extrinsischen und intrinsischen Faktoren für die Evolution

Die Diskussion über die unterschiedliche Bedeutung von extrinsischen, also von außen auf Organismen einwirkenden Faktoren sowie intrinsischen, also im Organismus selbst liegenden Faktoren für die Evolution hat eine lange Geschichte und ist bis heute nicht abgeschlossen. Bei den extrinsischen Faktoren werden traditionell äußere physikalische und chemische Umweltfaktoren (z. B. Temperatur oder Salinität) von äußeren biologischen Faktoren (z. B. Konkurrenz um Ressourcen wie Raum und Nahrung oder Räuber-Beute-Beziehungen) unterschieden. Die intrinsischen Faktoren betreffen sämtliche inneren biologischen Aspekte eines Organismus, die jedoch nicht vollständig von äußeren Umwelteinflüssen abgekoppelt sind, wie etwa das oben beschriebene Beispiel der Färbung der Kammmuscheln zeigt.

Veränderungen der physikalischen und chemischen Umweltparameter haben einen sehr großen Einfluss auf die organismische Evolution. So haben etwa Veränderungen des Klimas (z. B. in Glazial-Interglazial-Zyklen oder bei Temperaturschwankungen), Veränderungen der Zusammensetzung der Atmosphäre und der ozeanischen Wassermassen oder Veränderungen der Stoffflüsse (z. B. des Kohlenstoffkreislaufs) deutliche Spuren in marinen und terrestrischen Ökosystemen hinterlassen. Um diese Veränderungen in noch höherer zeitlicher und räumlicher Auflösung zu erfassen, ist zukünftig eine engere Kooperation von Paläontologen und Geochemikern erforderlich (Jablonski 2009). Der Geochemie steht dabei mittlerweile ein großes Inventar von Methoden für vielfältige paläoökologische Analysen zur Verfügung (z. B. West et al. 2006). So ist es z. B. heute möglich, aus der Untersuchung von stabilen Isotopen aus Knochen und Zähnen von fossilen Wirbeltieren ihre Ernährung, ihr Verhalten, ihren Stoffwechsel und ihre Körpertemperatur zu rekonstruieren (z. B. Eagle et al. 2010; ▸ 8.8). Sogar paläoklimatische Analysen können mithilfe von stabilen Isotopen aus fossilen Knochen durchgeführt werden (z. B. KOHN & LAW 2006). Eine hohe zeitliche Auflösung umfangreicher geochemischer Daten wird jedoch in vielen Fällen eine Präzisierung der paläontologischen Fragestellungen voraussetzen, denn wenn sich für jedes biologische Ereignis eine Korrelation mit Umweltparametern finden lässt, wird es unter Umständen schwieriger, die tatsächlichen Ursachen hinter einem Überangebot von Korrelationen aufzudecken. So ist z. B. die geochemisch ermittelte Korrelation von schwankenden Wasserspiegelständen im jungtertiären See von Steinheim mit Formveränderungen bei Schnecken und Muschelkrebsen ein wichtiger Hinweis auf ein mögliches evolutionsbiologisches Phänomen, aber es muss bedacht werden, dass eine solche Korrelation noch keine eigentlichen Ursachen für die Formveränderungen liefert (siehe 3).

Geochemische Analysen spielen schon jetzt eine bedeutende Rolle bei der Analyse von Fossilisationsprozessen und bei der Entstehung von besonderen Fossilvorkommen, wie den Konservatlagerstätten (z. B. BRIGGS 2003; 6). Schließlich sollten geochemische Analysen von Fossilien und die Rekonstruktion ihrer ökologischen Ansprüche und ihrer Lebensweise auch verstärkt Eingang in phylogenetische Untersuchungen finden, denn hier liegen wichtige zusätzliche Informationen, die neue Merkmale liefern bzw. morphologische Merkmale sinnvoll ergänzen können.

Die äußeren biologischen Faktoren, die eine fast unübersehbare Vielfalt von ökologischen Interaktionen von Organismen, Populationen, Arten und höheren Taxa umfassen, sind im Fossilbericht oft nur mit großen Schwierigkeiten zu erfassen oder können sich einer Analyse auch vollständig entziehen. In 3 wurde gezeigt, wie die Interaktion nur weniger Arten, in diesem Fall für Schnecken und ihre Räuber (Krebse und Fische), im Fossilbericht für evolutionsbiologische Analysen genutzt werden kann. Dies entspricht weitgehend dem Standard rezenter, experimenteller und theoretischer ökologischer Untersuchungen, die sich hauptsächlich auf die Wechselwirkung von wenigen oder oft nur zwei Arten beziehen (JABLONSKI 2009). Wenn es sich um die Interaktionen von artenreichen Gemeinschaften handelt, was den Normalfall in den meisten Ökosystemen darstellt, wird die Analyse deutlich schwieriger. Analysen von komplexen Nahrungsnetzen, wie sie z. B. für kambrische Lebensgemeinschaften vorgelegt wurden (DUNNE et al. 2008), folgen bestimmten Modellannahmen, die an rezenten Nahrungsnetzen entwickelt wurden (in diesem Fall dem Nischenmodell von WILLIAMS & MARTINEZ 2000). Trotz viel versprechender Ansätze sind sie unter anderem der Kritik ausgesetzt, dass die Resultate der Analyse bereits durch die Vorannahmen („Wer frisst wen?“) vorweggenommen werden und deshalb eine nur sehr eingeschränkte Aussagekraft haben (FROOD 2008).

Fossil überlieferte Spuren von ökologischen Interaktionen von Arten, wie etwa die Fraßspuren von Krebsen oder bohrenden Raubschnecken auf Molluskenschalen, sind insgesamt relativ selten und gerade in marinen Ablagerungen hauptsächlich auf Mollusken beschränkt (z. B. BOUCOT 1990, BOUCOT & POINAR 2010). Ein weiteres Problem stellt die zeitliche Lückenhaftigkeit der Überlieferung dar, denn oft sind die entsprechenden Spuren nicht kontinuierlich und über längere Zeiträume hindurch zu verfolgen, sodass nur begrenzte Aussagen über evolutionäre Konsequenzen von ökologischen Interaktionen möglich sind.

Es gibt jedoch andere Möglichkeiten, die Struktur fossiler Ökosysteme besser zu verstehen und ihren Wandel in Raum und Zeit zu dokumentieren. Ein Konzept, das für paläontologische Untersuchungen großes Potenzial bietet, ist das sogenannte Gildenkonzept, das zuerst von R. B. Root formuliert wurde. Danach ist eine Gilde (ROOT 1967) „*... a group of species that exploit the same class of environmental resources in a similar way*“. Ein Beispiel für Gilden bei Vögeln sind z. B. Aasfresser, Nektarfresser oder auch Spechte, die sich vor allem von Insekten ernähren, die sie mit ihrem Schnabel unter Baumrinde oder aus morschem Holz gewinnen. Auf Madagaskar, wo es keine Spechte gibt, wird diese Gilde vom Aye-Aye oder Fingertier, einem Lemuren, ausgebildet, der mit seinen nagetierähnlichen Zähnen die Rinde von Bäumen öffnet und dann mit dem stark verlängerten und sehr dünnen dritten Finger Insekten und ihre Larven aus dem Holz zieht. Ein ganz ähnliches Verhalten zeigt auch der australische Große Streifenbeutler. Unabhängig von ihrer unterschiedlichen systematischen Stellung bilden alle diese Tiere ein und dieselben Gilden aus.

Das Gildenkonzept hat verschiedene Vorteile (z. B. SIMBERLOFF & DAYAN 1991). Es lenkt die Aufmerksamkeit auf alle sympatrischen, konkurrierenden Arten, unabhängig von ihren systematischen Stellungen und Beziehungen. Da es zudem gerade im Fossilbericht normalerweise unmöglich ist, alle Arten eines Ökosystems zu erfassen und ihre Wechselbeziehungen zu untersuchen, erlaubt das Gildenkonzept auf bestimmte Gruppen zu fokussieren, die spezifische funktionale Beziehungen aufweisen. Damit können auch umfangreiche Lebensgemeinschaften auf handhabbare und aussagekräftige Einheiten reduziert und statistischen Analysen zugänglich gemacht werden.

Erfolgreiche Anwendung findet das Gildenkonzept z. B. in Analysen des Wandels der terrestrischen Biodiversität. Dabei werden die Spuren von Insekten und anderen Arthropoden auf fossilen Blättern untersucht, die entweder sehr generelle Beziehungen darstellen, wie z. B. Fraßspuren an den Rändern von Blättern, oder hoch spezialisierte Beziehungen anzeigen, wie etwa im Falle von Minen und Gallen, die nur von ganz bestimmten Insekten oder ihren Larven erzeugt werden (▸ 8.9). Da der Fossilbericht von Blättern für große Abschnitte der Erdgeschichte relativ gut ist, können sowohl Auswirkungen von äußeren Umweltveränderungen, wie z. B. Klimawandel oder Massenaussterben, als auch Auswirkungen von äußeren biologischen Faktoren, wie z. B. Veränderungen der Pflanzengemeinschaften oder die Entwicklung pflanzlicher Sekundärstoffe, analysiert und statistisch ausgewertet werden (z. B. Labandeira 1998, 2006, Labandeira et al. 2002, Wappler et al. 2009, Wilf & Labandeira 1998). Mithilfe dieser fossilen Spuren lassen sich also komplexe ökologische Zusammenhänge untersuchen, ohne dass die beteiligten Verursacher fossil erhalten bzw. bekannt sein müssen.

Bei der Betrachtung der makroevolutiven Effekte von ökologischen Interaktionen zwischen verschiedenen Organismengruppen über längere Zeiträume hinweg ist es oft schwierig, die komplexen ökologischen Wechselwirkungen in ihrer Gesamtheit zu differenzieren und gegebenenfalls auch von anderen Einflüssen, z. B. Veränderungen von Umweltparametern, zu trennen (z. B. Jablonski 2008a, 2009). Eines der am besten bekannten Beispiele für langzeitige Auswirkungen von ökologischen Interaktionen ist die Hypothese der Eskalation von Räuber-Beute-Beziehungen, nach der Mollusken fressende Räuber eine Erhöhung der Diversität ihrer Beute sowie die Ausbildung einer Vielzahl von Abwehranpassungen vorangetrieben haben, die sich in Spezialisierungen des Schalenbaus widerspiegeln (Vermeij 1987, 1994, Dietl & Kelley 2002, Kelley et al. 2003; ▸ 8.10).

Die intrinsischen biologischen Faktoren spielen unter anderem in der bereits in 4 vorgestellten Red-Queen-Hypothese eine große Rolle (z. B. Körpergröße oder physiologische Toleranz), die nach van Valen (1973) gleichsam als „ökologischer Wettlauf" von konkurrierenden Organismen (z. B. Räuber-Beute- oder Parasiten-Wirt-Beziehungen) verstanden werden kann. Ein anderes Modell, das als Hofnarrenmodell

8.9 Hoch spezialisierte Fraßspur einer minierenden Insektenlarve auf dem Blatt eines Maulbeeergewächses (Moraceae) aus dem Eozän der Grube Messel. Die verschiedenen Phasen der Entwicklung der Larve von der Eiablage im unteren rechten Sektor des Blattes bis zur verbreiterten endgültigen Verpuppungskammer am Ende des Gangs sind deutlich zu erkennen.

*(court jester model)* von dem Wirbeltierpaläontologen Anthony D. Barnosky (Barnosky 2001) eingeführt wurde, stellt Veränderungen der Umwelt (z. B. Klimawechsel) als Motor des evolutionären Wandels in den Vordergrund. Wegen der Unvorhersagbarkeit bzw. Zufälligkeit dieser Änderungen verglich er sein Modell mit den Launen eines Hofnarren. Nach Benton (2009) könnte es sein, dass beide Modelle wirksam sind, aber dass sie dies auf unterschiedlichen Ebenen und Skalen tun. Während das Red-Queen-Modell Phänomene auf der Ebene von Organismen, Populationen und Arten in lokalem Maßstab beschreibt, be-

8.10 Muscheln und Schnecken bilden eine Vielzahl von Schalenskulpturen wie Rippen, Stacheln und Verdickungen aus, die als Abwehr gegen Mollusken fressende Räuber interpretiert werden können. Eine Besonderheit sind Angehörige der „Trägerschnecken" (Xenophoridae), die in ihre Schale während des Wachstums Fremdkörper, wie andere Muschel- und Schneckenschalen, Steinchen oder sogar Münzen und Nägel einbauen. Ob dieses Verhalten jedoch tatsächlich der Tarnung und damit der Feindabwehr dient oder nur die Auflagefläche des Gehäuses auf weichem Substrat vergrößert, ist nicht gesichert

zieht sich das Hofnarrenmodell auf langfristige Zeiträume und regionale bzw. globale Phänomene (z. B. klimatische oder tektonische Prozesse), welche die lokalen biologischen Interaktionen überdecken können. Es steht sicher außer Frage, dass evolutionäre Prozesse auf unterschiedlichen Ebenen und Skalen wirksam sind, aber wie genau die Verzahnungen, Wechselwirkungen und Barrieren zwischen diesen Ebenen sowie ihre Abhängigkeit von unterschiedlichen Skalen aussehen, bedarf verstärkter zukünftiger Forschung und intensiver Kooperation von Biologen und Paläontologen (JABLONSKI 2008).

## Geschwindigkeit und Ablaufform der Evolution auf dem Niveau von Arten und oberhalb des Artniveaus

Zahlreiche Aspekte des klassischen Themas „Geschwindigkeit und Ablaufformen der Evolution" sind bereits in ▸4 erläutert worden. Deshalb sollen hier nur einige ausgewählte Bereiche berücksichtigt werden, die für die zukünftige paläontologische Forschung von besonderem Interesse sein können. Dabei spielt die Untersuchung der Geschwindigkeit und der Muster der Evolution von Arten eine große Rolle, da auf dieser Ebene die Verbindung zwischen mikro- und makroevolutiven Phänomenen liegt. Ein zentrales Problem ist z. B., wie und warum sich kurzfristige evolutionäre Veränderungen in manchen Linien auf geologische Zeiträume übertragen bzw. im Fossilbericht in Erscheinung treten, während andere Linien weitgehend statisch erscheinen (JABLONSKI 2009).

In einer ausführlichen Betrachtung der Stasis, d. h. des geringen oder nicht nachweisbaren morphologischen Wandels, den manche Taxa sogar über einige Millionen Jahre hinweg zeigen können, werteten ELDREDGE et al. (2005) eine Vielzahl von empirischen sowie theoretischen Untersuchungen aus. Im Ergebnis zeigte sich, dass Arten, die in heterogenen Habitaten mit unterschiedlichen koevolutiven Beziehungen und geographisch differenzierten Populationen verbreitet sind, durch komplexe Selektionsmuster so geprägt werden, dass sie gleichsam in der Summe über längere Zeiträume hinweg als statisch erscheinen, obwohl natürlich innerhalb einzelner Populationen morphologische Veränderungen auftreten können.

Für ein tieferes Verständnis dieser Phänomene wird es notwendig sein, eine bessere räumliche Auflösung der Verbreitung und geographischen Differenzierung von fossilen Arten über möglichst lange Zeiträume hinweg zu erzielen. Dies wird natürlich nur für bestimmte „Modellorganismen" möglich sein, die rezent gut bekannt und populationsgenetischen Untersuchungen zugänglich sind und zudem einen sehr guten Fossilbericht aufweisen. Die Arbeiten von JACKSON & CHEETHAM (z. B. 1999) über die Evolution von Moostierchen (Bryozoa) in der Karibik über einen Zeitraum von mehr als 10 Millionen Jahren hinweg sind ein gutes Beispiel für ein solches Modell. Neben höher aufgelösten empirischen Daten werden aber auch verbesserte Modellierungen notwendig sein, in die diese empirischen Befunde integriert werden können.

In den letzten Jahren ist auch die Selektion von Arten wieder verstärkt diskutiert worden (z. B. GOULD 2002, JABLONSKI 2007, 2008b, 2009). Dabei wird jedoch betont, dass die Selektion von Arten nicht im Widerspruch zur natürlichen Selektion von Organismen auf der Ebene von Populationen steht (z. B. JABLONSKI 2008b). Diese Betrachtung geht von einer hierarchischen Struktur von Evolutionsprozessen auf verschiedenen Ebenen aus (Gene, Organismen, Populationen, Arten, phylogenetische Linien). Damit sollen makroevolutive Muster erklärt werden können, die aus der traditionellen Analyse von Individuen und Populationen allein nicht verständlich sind.

JABLONSKI (2007, 2008b) unterscheidet drei verschiedene Prozesse, die auf verschiedenen Ebenen wirksam sind und gleichzeitig wirken können:

- Natürliche Selektion im Sinne von Darwin; also differenzielles Überleben und differenzielle Fortpflanzung von Individuen in Populationen in Wechselwirkung mit der biologischen und physikalischen Umwelt.
- Differenzielles Aussterben und Artbildung (Speziation) innerhalb phylogenetischer Linien, wobei die unterschiedlichen Raten von Aussterben und Artbildung letztlich auf Eigenschaften der Organismen beruhen sollen. Ein Beispiel wäre etwa eine starke sexuelle Selektion (z. B. durch die Entwicklung komplexer Gesänge zur Partnerfindung bei Vögeln oder Insekten; ▸ 8.11), die zu einer deutlichen Zunahme der Artbildungsrate führt. Solange dadurch nicht auch die Aussterberate zunimmt, etwa durch Verringerung der Populationsgröße oder Überspezialisierung, wird es als Nebenprodukt der Selektion von Merkmalen insgesamt zu einer deutlichen Erhöhung der Diversität kommen. Dieser Effekt wurde von der Paläontologin Elisabeth S. Vrba als Effekt-Makroevolution bezeichnet (VRBA 1980, VRBA & GOULD 1986; ▸4).
- Differenzielles Aussterben und Artbildung (Speziation) innerhalb phylogenetischer Linien durch das Wirken von emergenten Eigenschaften der Arten, d. h. Eigenschaften, die nicht auf die Einzelindividuen reduziert werden können. Dies wird auch als Artselektion im engeren Sinne bezeichnet. Die meisten Beispiele für solche emergenten Eigenschaften beziehen sich auf die unterschiedliche geographische Verbreitung von Arten (JABLONSKI 2008b), denn die Verbreitung von Arten variiert beträchtlich und kann sich dadurch signifikant auf die Überlebensfähigkeit und die Bildungsrate von neuen Arten auswirken. Schließlich soll die Verbreitung auch erblich sein, in dem Sinne, dass nah verwandte Arten ähnlichere Verbreitungsmuster aufweisen, als es aufgrund von zufälliger Über-

einstimmung zu erwarten wäre. Beispiele liegen für marine Mollusken, Vögel und Säugetiere vor (JABLONSKI 2007, 2008b).

Diese Überlegungen zur hierarchischen Struktur der Evolution sollten nicht als Abkehr von Darwin oder der Synthetischen Evolutionstheorie verstanden werden. Sie versuchen lediglich ein vollständigeres Bild von den Ursachen makroevolutiver Muster und ihren Ursachen zu rekonstruieren. Wie auch immer man zu einzelnen Ergebnisse und Interpretationen dieser Untersuchungen stehen mag, ihr heuristischer Wert ist nicht zu bestreiten und bietet ein reiches interdisziplinäres Forschungsfeld für die Paläontologie und die Biowissenschaften.

## Nichtlineare Effekte von Aussterben und Radiationen

In ▸5 wurde bereits ausführlich über Massenaussterben und ihre Ursachen berichtet. Zukünftige Untersuchungen sollten sich jedoch nicht nur mit den populären und extremen „Big Five"-Ereignissen, sondern mit Aussterbeereignissen verschiedener Intensität und unterschiedlicher Auswirkungen befassen (z. B. ERWIN 2008, JABLONSKI 2004, 2009). Große Bedeutung sollte dabei auch der vergleichenden Analyse der Selektivität von Aussterbeereignissen unterschiedlicher Intensität beigemessen werden, denn dies ist eine wichtige Voraussetzung, um die Bedeutung von solchen Ereignissen für die Evolution bewerten zu können. So gibt es z. B. eine Reihe von Eigenschaften von marinen Organismen, wie etwa Artenreichtum innerhalb übergeordneter Taxa, große lokale Häufigkeit, weite Tiefenzonierung oder geringe Körpergröße, die zu normalen Zeiten das Überleben sichern konnten, während sie zur Zeit des Massenaussterbens wie am Ende der Kreide keine Bedeutung hatten (z. B. JABLONSKI 2004). Allgemein zeichnet sich bislang nur ab, dass eine sehr weite geographische Verbreitung die Chance des Fortbestehens von übergeordneten Taxa während der Zeiten von Massenaussterben offenbar erhöht hat (JABLONSKI & RAUP 1995, HARPER & RONG 2001, JABLONSKI 2005, PAYNE & FINNEGAN 2007, JABLONSKI 2008c). Analysen der Selektivität von Aussterbeereignissen können außerdem zu einer Klärung der Ursachen dieser Ereignisse beitragen, wenn etwa Unterschiede zwischen Aussterbemustern an Land und in den Ozeanen oder zwischen flachen Schelfgebieten (▸ 8.12) und offenen ozeanischen Gebieten vorliegen.

Aussterbeereignisse sind immer mit einer Vielzahl von zum Teil einschneidenden ökologischen Veränderungen verbunden, und die Organismen eines Ökosystems sind auf vielfältige Weise miteinander vernetzt. Dies hat zur Folge, dass bei der Analyse von Aussterbeereignissen die Wechselbeziehungen zwischen den Organismen, z. B. in Nahrungsnetzen, oder auch Aspekte von Konkurrenz um Raum und Ressourcen berücksichtigt werden sollten. Eine erste Modellierung eines Nahrungsnetzes, die auf terrestrische Lebensgemeinschaften am Ende des Perms angewendet wurde, konnte z. B. Erklärungen für die Instabilität von triassischen Lebensgemeinschaften nach dem Massenaussterben liefern (ROOPNARINE et al. 2007). Die Anwendung derartiger Modelle auf fossile Lebensgemeinschaften, die ja immer nur in Ausschnitten bekannt sind, ist vielversprechend, aber natürlich mit einigen Schwierigkeiten verbunden.

8.11 Flügelbasis mit Gesangsapparat einer fossilen Laubheuschrecke *(Pseudotettigonia amoena)* aus dem Unteren Eozän von Dänemark. Indem die Schrillader des linken Flügels über die Schrillkante des rechten Flügels gestrichen wird, entstehen Töne, aus denen komplexe Gesänge entwickelt werden. Diese Gesänge dienen der Partnerfindung und unterliegen einer starken sexuellen Selektion, wobei der Gesang auch eine Barriere gegenüber der Paarung mit Fremdarten darstellt. Dadurch kann es zu einer deutlichen Zunahme der Artbildungsrate gegenüber phylogenetischen Linien kommen, denen ein komplexes Fortpflanzungsverhalten fehlt.

8.12 Riffkorallen, wie diese rezente Form der Gattung *Turbinaria* von der Ostküste Borneos, leben im Flachwasser tropischer Schelfgebiete. Aufgrund der Symbiose mit photosynthetisch aktiven Algen, sogenannten Zooxanthellen, bei denen es sich um Dinoflagellaten handelt, können sie nur in sehr flachem Wasser optimal gedeihen. Außerdem sind sie auf sauerstoffreiches, warmes Wasser und ein ausreichendes Nahrungsangebot angewiesen. Riffkorallen reagieren deshalb sehr empfindlich auf Umweltveränderungen und waren vielfach von Aussterbeereignissen betroffen. Auch heutige Korallenriffe werden durch den Klimawandel und anthropogene Einflüsse bedroht.

Auch Kaskadeneffekte, die durch das Aussterben von vielleicht nur wenigen Arten initiiert werden und sich dann aber durch ganze Lebensgemeinschaften fortsetzen können, wie ökologische Modellierungen und Untersuchungen an rezenten Gemeinschaften zeigen (z. B. Ebenman & Jonsson 2005, Eklöf & Ebenman 2006, Owen et al. 2008), werden noch zu wenig in Rekonstruktionen von Aussterbeereignissen einbezogen. Modellierungen solcher Kaskadeneffekte, die sich an Rekonstruktionen fossiler Nahrungsnetze orientieren, konnten Erklärungen für einige Phänomene anbieten (Roopnarine 2006), so etwa die Dominanz sogenannter Disaster-Taxa, die nach einigen Massenaussterben kurzzeitig mit großer Häufigkeit auftreten können (z. B. die Brachiopode *Lingula* oder Farne an Land). Es sind ökologische Überlebenskünstler und Pioniere, die mit schwierigen Umweltbedingungen besonders gut zurechtkommen.

Ein für die Zukunft zunehmend wichtiges Forschungsfeld der Paläontologie ist die Untersuchung der Erholung von Lebensgemeinschaften und Ökosystemen nach Aussterbeereignissen. Bei den meisten bisherigen Untersuchungen stehen natürlich auch hier die großen Massenaussterben („Big Five") im Vordergrund. Grundsätzlich dauern die Erholungsphasen stets deutlich länger als die Aussterbeereignisse (z. B. Jablonski 2005).

Kirchner & Weil (2000) berechneten für den phanerozoischen Fossilbericht, um welche Größenordnung Maxima des Aussterbens gegenüber Maxima des Ursprungs neuer Taxa versetzt sind. Im Ergebnis waren es etwa 10 Millionen Jahre. Dieser Wert ist jedoch vermutlich für viele Massenaussterben zu hoch. So wird für die Erholungsphase nach dem Massenaussterben am Ende des Perms von einem Zeitraum von etwa 5 Millionen Jahren ausgegangen (z. B. Sepkoski 1998), wobei für ausgewählte Gruppen, wie z. B. die Ammonoideen, auch schnellere Erholungsphasen von weniger als 2 Millionen Jahren nachgewiesen werden konnten (Brayard et al. 2009; ▸ 8.13). Ein Zeitraum von ungefähr 5 Millionen Jahren bedeutet, dass es sich bei Erholungsphasen um langfristige, ökologisch komplexe Entwicklungen handelte,

8.13 Die Ceratiten aus dem Oberen Muschelkalk bilden eine eigenständige Entwicklung innerhalb des sogenannten Germanischen Beckens. Sie gehören einer großen Radiation innerhalb der Ammonoideen in der Trias an, die im Gegensatz zur Radiation sehr vieler anderer Organismengruppen nach weniger als 2 Millionen Jahren nach dem Massenaussterben am Ende des Perms begann.

die für jedes Ereignis einen eigenständigen Verlauf erwarten lassen. Derart lange Zeiträume bereiten zudem Schwierigkeiten im Hinblick auf den Fossilbericht, der für Analysen von Erholungsphasen natürlich bestimmten Anforderungen an Vollständigkeit und hoher räumlicher sowie zeitlicher Auflösung gerecht werden sollte.

Nach einem Aussterbeereignis gibt es nicht immer nur eindeutige Verlierer und Gewinner. Häufig liegen stark verarmte Lebensgemeinschaften vor, die zumindest kurzzeitig von wenigen, oft generalistischen bzw. ökologisch toleranten Arten dominiert werden, wie z. B. die bereits erwähnten Disaster-Taxa. Hier kann noch nicht von einer Erholung der Ökosysteme gesprochen werden, sondern es handelt sich vielmehr um eine Überlebensphase (Erwin 2001). Manche Gruppen, die ein Aussterbeereignis überlebt haben, also scheinbar Gewinner sind, verschwinden einige Millionen Jahre später vollständig. Dieses Muster des verspäteten Aussterbens wurde von Jablonski (2002) in Anlehnung an den Oscar-prämierten Film *„Dead man walking"* (der deutsche Titel heißt „Sein letzter Gang") treffend als *„dead clade walking"* bezeichnet. Andere Gruppen haben offenbar nur in kleinen Populationen in begrenzten Refugien überlebt, wie z. B. manche Brachiopoden und Trilobiten nach dem Massenaussterben im Oberen Ordovizium. Im Fossilbericht treten sie während und unmittelbar nach dem Ereignis nicht in Erscheinung, sondern sie tauchen erst später im Unteren Silur wieder in Erscheinung (Erwin 2001). Nach der biblischen Figur des Lazarus von Bethanien, der durch Jesus von den Toten auferweckt wurde, werden diese Gruppen als Lazarus-Taxa bezeichnet (Jablonski 1986).

Erholungsphasen haben eine ausgeprägte räumliche Komponente (z. B. Jablonski 2008c). So gibt es z. B. nach dem Massenaussterben am Ende der Kreide bei manchen marinen Molluskengruppen eine deutliche, kurzzeitige Radiation in Nordamerika, während dieselben Gruppen in Nordeuropa, Nordafrika und Pakistan keinen Anstieg der Diversität erkennen lassen (Jablonski 2004, 2005). Auch für terrestrische Ökosysteme sind unterschiedliche Entwicklungen von Erholungsphasen auf verschiedenen Kontinenten nachgewiesen worden. Quantitative und qualitative Analysen von Fraßspuren auf Blattfloren aus dem Paläozän von Nordamerika im Vergleich mit Fraßspuren aus paläozänen Vorkommen in Mitteleuropa zeigen, dass die nordamerikanischen Gemeinschaften im Paläozän noch nicht vollständig regeneriert waren, während in Europa bereits ausgereifte und hoch spezialisierte Ökosysteme existierten (Wappler et al. 2009).

Diese wenigen Beispiele zeigen, dass Aussterbeereignisse in erheblichem Maße zu einem Wandel in der Entwicklung des Lebens beigetragen haben. Jedes Ereignis hat zu einer neuen evolutionären Ausgangslage geführt, die sich immer und in unvorhersehbarer Weise vom vorherigen Zustand unterscheidet. Vor dem Hintergrund des gegenwärtigen Artensterbens und den Bemühungen um die Erhaltung der heutigen Biodiversität sind Untersuchungen von Aussterbeereignissen und Erholungsphasen in der Erdgeschichte von größter Bedeutung, unter anderem um die komplexen Ursachen und langfristigen Auswirkungen des Verlustes von Diversität besser verstehen zu können. Ohne Zweifel liegt hier auch zukünftig ein bedeutendes interdisziplinäres Arbeitsfeld für die Paläontologie.

## Die räumliche Dynamik der Evolution

Sehr viele Aspekte der Evolution unterliegen einer starken räumlichen Steuerung. Beispiele sind etwa Artbildungsprozesse (3), die Entstehung makroevolutiver Muster (4) oder Massenaussterben (5 sowie der vorherige Abschnitt). Jedoch ist gerade die räumliche Vollständigkeit des Fossilberichts, je nach Organismengruppe und Lebens- bzw. Ablagerungsraum oft unzureichend. So ist z. B. der Abbau organischer Substanz in tropischen terrestrischen Ökosystemen in der Regel so vollständig und schnell, dass es besonderer Umstände bzw. taphonomischer Fallen bedarf, damit Organismen als Fossilien überliefert werden. Beispiele sind Seen, Flüsse oder Baumharz, das nach komplizierten diagenetischen Prozessen schließlich als Bernstein vorliegt und dreidimensional erhaltene Fossileinschlüsse liefert (▸ 8.14). Im marinen Raum sind es z. B. hoch energetische Lebensräume wie Brandungsküsten, die praktisch keine Fossilüberlieferung zulassen. Auch die räumliche Auflösung des Fossilberichts von Organismengruppen auf unterschiedlichem systematischen Niveau ist häufig sehr unvollständig. Hier gibt es zukünftig sicherlich einen erhöhten Bedarf, diese Auflösung im Hinblick auf konkrete Fragestellungen gezielt zu verbessern. Das betrifft auch die Erfassung der Verbreitung fossiler Taxa in elektronischen Datenbanken, um sie analytischen Methoden und Modellierungen besser zugänglich zu machen. Zudem würde dadurch auch die Skalierung der räumlichen Erfassung des Fossilberichts homogener werden, die bislang vor allem durch lokale stratigraphische Aufsammlungen sowie globale Übersichten geprägt ist, während dazwischenliegende regionale Auswertungen oft fehlen (JABLONSKI 2009).

Übergeordnete Aspekte der räumlichen Dynamik der Evolution betreffen etwa die Entwicklung und Veränderung des latitudinalen Gradienten der organismischen Vielfalt (z. B. WILLIG et al. 2003, ROY & GOLDBERG 2007), also die generelle Zunahme der Artenvielfalt und der morphologischen sowie ökologischen Diversität von den Polargebieten in Richtung der Tropen oder die räumliche Entwicklung und zeitlichen Veränderungen von sogenannten Megadiversitätsgebieten (*biodiversity hotspots*; z. B. MYERS et al. 2000) mit einer sehr hohen Artenvielfalt oder die räumliche Dynamik von Aussterbeereignissen (z. B. JABLONSKI 2008c). Das sind Forschungsbereiche, bei denen eine enge Kooperation von Geowissenschaften, Paläontologie und Biowissenschaften erforderlich ist. Bislang ist es jedoch insbesondere nicht in genügendem Maße gelungen, die Geowissenschaften stärker in die Biodiversitäts- und Evolutionsforschung einzubeziehen. Ohne diese Kompetenz sind aber viele geodynamische Prozesse und die durch sie hervorgebrachten Muster und ihre Bedeutung für die Evolution nicht zu verstehen bzw. für Analysen und Modellierungen nicht zu nutzen. Es ist z. B. kein Zufall, dass viele der heutigen Megadiversitätsgebiete in plattentektonisch aktiven Gebieten liegen. Untersuchungen von marinen Faunen des Ordoviziums haben etwa eindrucksvoll gezeigt, dass die ordovizische Radiation sehr eng mit einer Zunahme der tektonischen Aktivität (Orogenese) gekoppelt war (z. B. MILLER & MAO 1995, MILLER 1998). Hochauflösende plattentektonische Bewegungen, präzise Rekonstruktionen der räumlichen und zeitlichen Entwicklung von Gebirgsbildungen (Orogenesen) oder genauere Rekonstruktionen der ozeanischen Strömungsmuster über lange Zeiträume hinweg sind nur einige Bereiche, in denen die Geowissenschaften wertvolle Beiträge zur Biodiversitäts- und Evolutionsforschung leisten können.

Die räumliche Dynamik der Evolution bezieht sich nicht nur auf Veränderungen der geographischen Verbreitungsmuster von Arten und übergeordneten Taxa (z. B. GASTON 2003, GRANTHAM 2007). Eine fruchtbare Verbindung besteht etwa zwischen Ökologie, Biogeographie und evolutionärer Paläobiolo-

8.14 Eine Ameise als Einschluss im miozänen Dominikanischen Bernstein. Neben dem Mexikanischen, Burmesischen und Indischen Bernstein gehört der Dominikanische Bernstein zu den wenigen Vorkommen dieser Art, die in tropischen Regionen gebildet wurden.

gie, aus der z. B. ein Modell für die Ausbildung des latitudinalen Gradienten der Vielfalt hervorgegangen ist (WIENS & DONOGHUE 2004). Interessante Resultate hat auch die Untersuchung der zeitlichen Dynamik sogenannter ökologischer Räume geliefert (*ecospaces*; BAMBACH et al. 2007). Unter ökologischen Räumen werden dabei die autökologischen Beziehungen, also die Wechselwirkungen einer Art mit ihrer Umwelt, verstanden (hier Ernährung, Bewegungsvermögen, Lebensort), die in einer einfachen Klassifikation erfasst werden können und jeweils eine Achse des ökologischen Raums darstellen. Aus dieser Klassifikation ergeben sich durch Kombination 216 mögliche Lebensweisen für marine Tiere. Der ökologische Raum wird nun durch die tatsächlich realisierten Lebensweisen charakterisiert, die zu einer bestimmten Zeit verwirklicht sind. Die Auswertung dieser ökologischen Räume für markante zeitliche Abschnitte in der Entwicklung der Biodiversität zeigt eine deutliche Zunahme von realisierten Lebensweisen im ökologischen Raum vom Neoproterozoikum (12), über das Kambrium (18 bzw. 22) und Ordovizium (30) bis heute (92; BAMBACH et al. 2007). Derartige Untersuchungen von komplexen ökologischen, räumlichen und zeitlichen Zusammenhängen bieten ohne Zweifel noch viele Möglichkeiten für zukünftige paläontologische Evolutionsforschung.

## Literatur


ALLISON, P. A. & BOTTJER, D. J. (2010): Taphonomy, Second Edition – Process and bias through time. Topics in Geobiology Vol. 32. Springer Verlag, Berlin.

ALLMON, W. D. (2005): The importance of museum collections in paleontology. Paleobiology 31. S. 1–5.

AMBROSETTI, P. (1968): The Pleistocene dwarf elephants of Spinagallo (Siracusa, south-eastern Sicily). Geol. Rom. 7. S. 277–398.

ARTHUR, W. (2002): The emerging conceptual framework of evolutionary developmental biology. Nature 415. S. 757–764.

BAMBACH, R. K., BUSH, A. M., ERWIN, D. H. (2007): Autecology and the filling of ecospace: Key metazoan radiations. Palaeontology 50. S. 1–22.

BARNOSKY, A. D. (2001): Distinguishing the effects of the Red Queen and Court Jester on Miocene mammal evolution in the Northern Rocky Mountains. J. Vert. Paleont. 21. S. 172–185.

BENTON, M. J. (2009): The Red Queen and the Court Jester: Species Diversity and the Role of Biotic and Abiotic Factors Through Time. Science 323. S. 728–732.

BOUCOT, A. J. (1990): Evolutionary Paleobiology of Behavior and Coevolution. Elsevier, Amsterdam.

BOUCOT, A. J. & POINAR, G. O. JR. (2010): Fossil Behavior Compendium. CRC Press, Taylor & Francis Group.

BRAYARD, A., ESCARGUEL, G., BUCHER, H., MONNET, C., BRÜHWILER, T., GOUDEMAND, N., GALFETTI, T., GUEX, J. (2009): Good Genes and Good Luck: Ammonoid Diversity and the End-Permian Mass Extinction. Science 325. S. 1118–1121.

BRIGGS, D. E. G. (2003): The Role of Decay and Mineralization in the Preservation of Soft-Bodied Fossils. Annu. Rev. Earth Planet. Sci. 2003, 31. S. 275–301.

BRIGGS, D. E. G. (2010): Decay distorts ancestry. Nature 463. S. 741–742.

CAROLL, S. B. (2006): Endless Forms Most Beautifull – The New Science of Evo-Devo and the Making of the Animal Kingdom. Weidenfeld & Nicolson, London. [Die deutsche Ausgabe ist 2008 unter dem Titel „Evo Devo – Das neue Bild der Evolution“ bei Berlin University Press erschienen.]

CHEN, J.-Y., BOTTJER, D. J., LI, G., HADFIELD, M. G., GAO, F., CAMERON, A. R., ZHANG, C.-Y., XIAN, D.-C., TAFFOREAU, P., LIAO, X., YIN, Z.-J. (2009): Complex embryos displaying bilaterian characters from Precambrian Doushantuo phosphate deposits, Weng'an, Guizhou, China. Proc. Nat. Acad. Sci. 106. S. 19056–19060.

COLLINS, D. (1996): The evolution of *Anomalocaris* and its classification in the arthropod class Dinocarida (nov.) and Radiodonta (nov.). Journal of Paleontology 70. S. 280–293.

CONWAY MORRIS, S. (2000): The Cambrian "explosion": Slow-fuse or megatonnage? Proc. Nat. Acad. Sci. 97. S. 4426–4429.

CONWAY MORRIS, S. (2006): Darwin's dilemma: the realities of the Cambrian "explosion". Phil. Trans. R. Soc. B 361. S. 1069–1083.

DAVIDSON, E. H. & ERWIN, D. H. (2006): Gene Regulatory Networks and the Evolution of Animal Body Plans. Science 311. S. 796–800.

DAVIDSON, E. H. & ERWIN, D. H. (2010): Evolutionary Innovation and Stability in Animal Gene Networks. J. Exp. Zool. (Mol. Dev. Evol.) 31 4B. S. 182–186.

DIETL, G. P. & KELLEY, P. H. (2002): The fossil record of predator-prey arms races: coevolution and escalation hypotheses. Paleont. Soc. Papers 8. S. 353–374.

DUNNE, J. A., WILLIAMS, R. J., MARTINEZ, N. D., WOOD, R. A., ERWIN, D. H. (2008): Compilation and Network Analyses of Cambrian Food Webs. Plos Biology 6. e102.

DUSHECK, J. (2002): It's the ecology, stupid! Nature 418. S. 578–579.

EAGLE, R. A., SCHAUBLE, E. A., TRIPATI, A. K., TÜTKEN, T., HULBERT, R.C. EILER, J. M. (2010): Body temperatures of modern and extinct vertebrates from $^{13}C-^{18}O$ bond abundances in bioapatite. Proc. Nat. Acad. Sci. 107. S. 10377–10382.

Ebenman, B. & Jonsson, T. (2005): Using community viability analysis to identify fragile systems and keystone species. Trends Ecol. Evol. 10. S. 568–575.

Eklöf, A. & Ebenman, B. (2006): Species loss and secondary extinctions in simple and complex model communities. J. Animal Ecol. 75. S. 239–246.

Eldredge, N., Thompson, J. N., Brakefield, P. M., Gavrilets, S., Jablonski, D., Jackson, J. B. C., Lenski, R. E., Lieberman, B. S., McPeek, M. A., Miller, W. III (2005): The dynamics of evolutionary stasis. Paleobiology 31. S. 133–145.

Erwin, D. H. (2001): Lessons from the past: Biotic recoveries from mass extinctions. Proc. Nat. Acad. Sci. 98. S. 5399–5403.

Erwin, D. H. (2008): Extinction as the loss of evolutionary history. Proc. Nat. Acad. Sci. 105 (suppl. 1). S. 11520–11527.

Erwin, D. (2009a): A call to the custodians of deep time. Nature 462. S. 282–283.

Erwin, D. H. (2009b): Early origin of the bilaterian developmental toolkit. Phil. Trans. R. Soc. B 364. S. 2253–2261.

Erwin, D. H. & Davidson, E. H. (2009): The evolution of hierarchical gene regulatory networks. Nature Reviews Genetics 10. S. 141–148.

Friedman, M. (2008): The evolutionary origin of flatfish asymmetry. Nature 454. S. 209–212.

Frood, A. (2008): The Cambrian smorgasbord. Nature 453. S. 717–718.

Gaston, K. J. (2003): Structure and dynamics of geographic ranges. Oxford University Press, Oxford.

Gilbert, S. F. (2001): Ecological Developmental Biology: Developmental Biology Meets the Real World. Developmental Biology 233. S. 1–12.

Gilbert, S. F. (2010): Developmental Biology. Sinauer Associates, Inc.

Gingerich, P. D., ul Haq, M., Zalmout, I. S., Khan, I. H. & Malkani, M. S. (2001): Origin of whales from early artiodactyls: hands and feet of Protocetidae from Pakistan. Science 249. S. 154–157.

Gingerich, P. D., ul Haq, M., Koenigswald, W. v., Sanders, W. J., Smith, B. H., Zalmout, I. S. (2009): New Protocetid Whale from the Middle Eocene of Pakistan: Birth on Land, Precocial Development, and Sexual Dimorphism. PLoS ONE 4(2). e4366.

Göhlich, U. B. & Chiappe, L. M. (2006): A new carnivorous dinosaur from the Late Jurassic Solnhofen archipelago. Nature 440. S. 329–332.

Gould, S. J. (1977): Ontogeny and Phylogeny. The Belknap Press of Harvard University Press, Cambridge, Massachusetts.

Gould, S. J. (2002): The Structure of Evolutionary Theory. The Belknap Press of Harvard University Press, Cambridge, Massachusetts, London.

Grantham, T. (2007): Is macroevolution more than successive rounds of microevolution? Palaeontology 50. S. 75–85.

Hagadorn, J. W., Xiao, S., Donoghue, P. C. J., Bengtson, S., Gostling, N. J., Pawlowska, M., Raff, E. C., Raff, R. A., Turner, F. R., Chongyu, Y., Zhou, C., Yuan, X., McFeely, M. B., Stampanoni, M., Nealson, K. H. (2006): Cellular and Subcellular Structure of Neoproterozoic Animal Embryos. Science 314. S. 291–294.

Hall, B. K. (2002): Palaeontology and Evolutionary Developmental Biology: A Science of the Nineteenth and Twenty-First Centuries. Palaeontology 45. S. 647–669.

Hall, B. K., Pearson, R. D., Müller, G. B. (2004): Environment, Development, and Evolution: Toward a Synthesis. – 328 S., MIT Press, Cambridge, Massachusetts.

Harper, D. A. T. & Rong, J.-Y. (2001): Palaeozoic brachiopod extinctions, survival and recovery: patterns within the rhynchonelliformeans. Geol. J. 36. S. 317–328.

Haug, J., Waloszek, D., Haug, C., Maas, A. (2010): High-level phylogenetic analysis using developmental sequences: The Cambrian †*Martinssonia elongata*, †*Musacaris gerdgeyeri* gen. et sp. nov. and their position in early crustacean evolution. Arthropod Structure & Development 39. S. 154–173.

Jablonski, D. (1986): Causes and consequences of mass extinctions: a comparative approach. In: Elliott, D. K. [Hrsg.]: Dynamics of Extinction. John Wiley & Sons, New York. S. 183–229.

Jablonski, D. (1999): The Future of the Fossil Record. Science 284. S. 2114–2116.

Jablonski, D. (2002): Survival without recovery after mass extinctions. Proc. Nat. Acad. Sci. 99. S. 8139–8144.

Jablonski , D. (2004): The evolutionary role of mass extinctions: disaster, recovery and something in-between. In: Taylor, P. D. [Hrsg.]: Extinctions in the History of Life. Cambridge University Press. S. 151–177.

Jablonski, D. (2005): Mass extinctions and macroevolution. Paleobiology 31. S. 192–210.

Jablonski, D. (2007): Scale and hierarchy in macroevolution. Palaeontology 50. S. 87–109.

Jablonski, D. (2008a): Biotic interactions and macroevolution: extensions and mismatches across scales and levels. Evolution 62. S. 715–739.

Jablonski, D. (2008b): Species Selection: Theory and Data. Annu. Rev. Ecol. Evol. Syst. 39. S. 501–524.

Jablonski, D. (2008c): Extinction and the spatial dynamics of biodiversity. Proc. Nat. Acad. Sci. 105. S. 11528–11535.

Jablonski, D. (2009): Paleontology in the Twenty-first Century. In: Sepkoski, D. & Ruse, M. [Hrsg.]: The Paleobiological Revolution – Essays on the Growth of Modern Paleontology. The University of Chicago Press, Chicago & London. S. 364–382.

Jablonski, D. & Raup, D. M. (1995): Selectivity of end-Cretaceous marine bivalve extinctions. Science 268. S. 389–391.

Jackson, J. B. C. & Cheetham, A. H. (1999): Tempo and mode of speciation in the sea. Trends in Ecology and Evolution 14. S. 72–77.

Jansen, U. & Steininger, F. F. (2002): Die paläontologischen Sammlungen in Deutschland – Inhalte, Erfassung und Gefährdung. Kleine Senckenberg-Reihe 42. E. Schweizerbart'sche Verlagsbuchhandlung.

Janvier, P. (2008): Squint of the fossil flatfish. Nature 454. S. 169–212.

Kelley, P. H., Kowalewski, M., Hansen, T. A. [Hrsg.] (2003): Predator-Prey Interactions in the Fossil Record. Topics in Geobiology 20. Kluwer Academic/Plenum Publishers, New York.

Kemp, T. S. (1999): Fossils and Evolution. Oxford University Press, Oxford, New York.

Kiessling, W., Nützel, A., Korn, D., Kröger, B., Müller, J. (2010): German palaeontology in the early 21st century. Palaeontologia Electronica 13. 1. 2E.

Kirchner, J. W. & Weil, A. (2000): Delayed biological recovery from extinctions throughout the fossil record. Nature 404. S. 177–180.

Knoll, A. H. (2003): Life on a young planet – The first three billion years of evolution on earth. Princeton University Press, New Jersey.

KNOLL, A. H. & CARROLL, S. B. (1999): Early Animal Evolution: Emerging Views from Comparative Biology and Geology. Science 284. S. 2129–2137.

KOHN, M. J. & LAW, J. M. (2006): Stable isotope chemistry of fossil bone as a new paleoclimate indicator. Geochimica et Cosmochimica Acta 70. S. 931–946.

KÜHL, G., BRIGGS, D. E. G. & RUST, J. (2009): A Great-Appendage Arthropod with a Radial Mouth from the Lower Devonian Hunsrück Slate, Germany. Science 323. S. 771–773.

LABANDEIRA, C. C. (1998): Early history of arthropods and vascular plant associations. Annu. Rev. Earth Planet. Sci. 26. S. 329–377.

LABANDEIRA, C. C. (2006): The four phases of plant-arthropod associations in deep time. Geologica Acta 4. S. 409–438.

LABANDEIRA, C. C., JOHNSON, K. R., WILF, P. (2002): Impact of the terminal Cretaceous event on plant-insect associations. Proc. Nat. Acad. Sci. 99. S. 2061–2066.

LEINFELDER, R. (2009): Palaeontologia Quo Vadis? – Zur Situation und Zukunft der paläontologischen Forschung. Berliner paläobiologische Abhandlungen 10. S. 229–243.

MAAS, A., BRAUN, A., DONG, X. P., DONOGHUE, C. J., MÜLLER, K. J., OLEMPSKA, E., REPETSKI, J. E., SIVETER, D. J., STEIN. M. & WALOSZEK, D. (2006): The „Orsten“ – More than a Cambrian Konservat-Lagerstätte yielding exceptional preservation. Palaeoworld 15. S. 266–282.

MAYNARD SMITH, J. (1984): Palaeontology at the high table. Nature 309. S. 401–402.

MCGINNIS, W., GARBER, R. L., WIRZ, J., KUROIWA, A., GEHRING, W. J. (1984): A homologous protein-coding sequence in drosophila homeotic genes and its conservation in other metazoans. Cell 37. S. 403–408.

MILLER, A. I. (1998): Biotic transitions in global marine diversity. Science 281. S. 1157–1160.

MILLER, A. I. & MAO, S. (1995): Association of orogenic activity with the Ordovician radiation of marine life. Geology 23. S. 305–308.

MYERS, N., MITTERMEIER, R. A., MITTERMEIER, C. G., DA FONSECA, G. A. B., KENT, J. (2000): Biodiversity hotspots for conservation priorities. Nature 403. S. 853–858.

OSCHMANN, W., DULLO, C., MOSBRUGGER, V., STEINIGER, F. F. [Hrsg.] (2000): Evolution des Systems Erde – Geobiologische und paläobiologische Prozesse als Antrieb. Kleine Senckenberg-Reihe 35. Frankfurt a. M.

OWEN, P., EKLÖF, A., BORRVALL, C., EBENMAN, B. (2008): Trophically unique species are vulnerable to cascading extinctions. Amer. Nat. 171. S. 568–579.

PAYNE, J. L. & FINNEGAN, S. (2007): The effect of geographic range on extinction risk during background and mass extinction. Proc. Nat. Acad. Sci. 104. S. 10506–10511.

RAFF, R. A. (2000): Evo-devo: the evolution of a new discipline. Nature Reviews Genetics 1. S. 74–79.

RAFF, R. A. (2007): Written in stone: fossils, genes and evo-devo. Nature Reviews Genetics 8. S. 911–920.

ROOPNARINE, P. D. (2006): Extinction cascades and catastrophe in ancient food webs. Paleobiology 32. S. 1–19.

ROOPNARINE, P. D., ANGIELCZYK, K. D., WANG, S. C., HERTOG, R. (2007): Trophic network models explain instability of Early Triassic terrestrial communities. Proc. R. Soc. B 274. S. 2077–2086.

ROOT, R. B. (1967): The niche exploitation pattern of the blue-gray gnatcatcher. Ecol. Monogr. 37. S. 317–350.

ROTH, V. L. (1992): Inferences from allometry and fossils: dwarfing of elephants on islands. Oxford surveys in Evolutionary Biology 8. S. 259–288.

ROY, K. & GOLDBERG, E. E. (2007): Origination, Extinction, and Dispersal: Integrative Models for Understanding Present-Day Diversity Gradients. Amer. Nat. 170 (Suppl.). S. S71–S85.

SANDER, P. M., MATEUS, O., LAVEN, T., KNÖTSCHKE, N. (2006): Bone histology indicates insular dwarfism in a new Late Jurassic sauropod dinosaur. Nature 441. S. 739–741.

SANDER, P. M., CHRISTIAN, A., CLAUSS, M., FECHNER, R., GEE, C. T., GRIEBELER, E.-A., GUNGA, H.-C., HUMMEL, J., MALLISON, H., PERRY, S. F., PREUSCHOFT, H., RAUHUT, O. W. M., REMES, K., TÜTKEN, T., WINGS, O., WITZEL, U. (2010): Biology of the sauropod dinosaurs: the evolution of gigantism. Biol. Rev. DOI 10.1111/j.1469–185X.2010.00137.x.

SANSOM, R. S., GABBOTT, S. E., PURNELL, M. A. (2010): Non-random decay of chordate characters causes bias in fossil interpretation. Nature 463. S. 797–800.

SEPKOSKI, D. & RUSE, M. [Hrsg.] (2009): The Paleobiological Revolution. The University of Chicago Press, Chicago & London.

SEPKOSKI, J. J. (1998): Rates of speciation in the fossil record. Phil. Trans. R. Soc. B 353. S. 315–326.

SHUBIN, N., TABIN, C., CARROLL, S. (2009): Deep homology and the origins of evolutionary novelty. Nature 457. S. 818–823.

SIMBERLOFF, D. & DAYAN, T. (1991): The guild concept and the structure of ecological communities. Annu. Rev. Ecol. Syst. 22. S. 115–143.

SMITH, M. R. & CARON, J.-B. (2010): Primitive soft-bodied cephalopods from the Cambrian. Nature 465: S. 469–472.

SULTAN, S. E. (2007): Development in context: the timely emergence of eco-devo. Trends in Ecology and Evolution 22 (11). S. 575–582.

THEWISSEN, J. G. M., WILLIAMS, E. M., ROE, L. J. & HUSSAIN, S. T. (2001): Skeletons of terrestrial cretaceans and their relationship of whales to artiodactyls. Nature 413. S. 277–281.

THEWISSEN, J. G. M., COHN, M. J., STEVENS, L. S., BAJPAI, S., HEYNING J., HORTON, W. E. JR. (2006): Developmental basis for hind-limb loss in dolphins and origin of the cretacean bodyplan. Proc. Nat. Acad. Sci. 103. S. 8414–8418.

VALENTINE, J. W. & JABLONSKI, D. (2003): Morphological and developmental macroevolution: a paleontological perspective. Int. J. Dev. Biol. 47. S. 517–522.

VAN VALEN, L. (1973): A new evolutionary law. Evol. Theory 1. S. 1–30.

VERMEIJ, G. J. (1987): Evolution and Escalation: An Ecological History of Life. Princeton University Press, Princeton, New Jersey.

VERMEIJ, G. J. (1994): The evolutionary interaction among species: selection, escalation, and coevolution. Annu. Rev. Ecol. Syst. 25. S. 219–236.

VOS, J. D., VAN DEN HOEK OSTENDE, L., VAN DEN BERGH, G. (2007): Patterns in insular evolution of mammals: a key to island palaeogeography. Biogeography, time, and place: distributions, barriers, and islands. Topics in Geobiology 29. S. 315–345.

VRBA, E. S. (1980): Evolution, species and fossils: how does life evolve? S. Afr. J. Sci. 76. S. 61–84.

VRBA, E. S. (2005): Mass turnover and heterochrony events in response to physical change. Paleobiology 31. S. 157–174.

VRBA, E. S. & GOULD, S. J. (1986): The hierarchical expansion of sorting and selection: sorting and selection cannot be equated. Paleobiology 12 (2). S. 217–228.

Wappler, T., Currano, E. D., Wilf, P., Rust, J., Labandeira, C. C. (2009): No post-Cretaceous ecosystem depression in European forests? Rich insect-feeding damage on diverse middle Palaeocene plants, Menat, France. Proceedings of the Royal Society of London B. 276. S. 4271–4277.

West, J. B., Bowen, G. J., Cerling, T. E., Ehleringer, J. R. (2006): Stable isotopes as one of nature's ecological recorders. Trends in Ecology and Evolution 21 (7). S. 408–414.

Whiteaves, J. F. (1892): Canadian Record of Science 5. S. 205–208.

Whittington H. B. & Briggs D. E. G. (1985): The Largest Cambrian Animal, Anomalocaris, Burgess Shale, British Columbia. Phil. Trans. Royal Soc. London B 309. S. 569–609.

Wiens, J. J. & Donoghue, M. J. (2004): Historical biogeography, ecology and species richness. Trends Ecol. Evol. 19. S. 639–644.

Wilf, P. & Labandeira, C. C. (1999): Response of plant-insect associations to Paleocene-Eocene warming. Science 284. S. 2153–2156.

Williams, R. J. & Martinez, N. D. (2000): Simple rules yield complex food webs. Nature 404. S. 180–183.

Willig, M. R., Kaufman, D. M., Stevens, R. D. (2003): Latitudinal gradients of biodiversity: pattern, process, scale, and synthesis. Annu. Rev. Ecol. Evol. Syst. 34. S. 273–309.

Xiao, S., Zhang, Y., Knoll, A. H. (1998): Three-dimensional preservation of algae and animal embryos in a Neoproterozoic phosphorite. Nature 391. S. 553–558.

# Register

## E



## F



## G



## H



## I